·养老问题研究文库·

# 社会网络视角下家庭资产配置与老年人福利互动关系研究

何 圆◎著

中国经济出版社
CHINA ECONOMIC PUBLISHING HOUSE
·北 京·

**图书在版编目(CIP)数据**

社会网络视角下家庭资产配置与老年人福利互动关系研究 / 何圆著. -- 北京 : 中国经济出版社, 2025. 4.
ISBN 978-7-5136-8150-6

Ⅰ. TS976. 15; D632. 1

**中国国家版本馆 CIP 数据核字第 2025AN3178 号**

组稿编辑　崔姜薇
责任编辑　夏军城
责任印制　李　伟
封面设计　任燕飞

**出版发行**　中国经济出版社
**印 刷 者**　宝蕾元仁浩（天津）印刷有限公司
**经 销 者**　各地新华书店
**开　　本**　710mm×1000mm　1/16
**印　　张**　16. 75
**字　　数**　292 千字
**版　　次**　2025 年 4 月第 1 版
**印　　次**　2025 年 4 月第 1 次
**定　　价**　88. 00 元
**广告经营许可证**　京西工商广字第 8179 号

**中国经济出版社** **网址** http://epc. sinopec. com/epc/ **社址** 北京市东城区安定门外大街 58 号 **邮编** 100011
本版图书如存在印装质量问题,请与本社销售中心联系调换(联系电话:010-57512564)

# 前言
PREFACE

我国正面临着渐趋严重的老龄化问题，人口老龄化对我国社会经济和个体家庭产生了广泛影响。2021年，《中华人民共和国国民经济和社会发展第十四个五年规划和2035年远景目标纲要》把积极应对人口老龄化上升为国家战略，并出台相关政策积极发展各项老龄事业。作为一个规模庞大的群体，老年人的生活状况引起了社会的高度关注。与此同时，我国面临着传统家庭养老功能日益弱化和社会福利制度不健全的困境，如何提升老年人的福利水平成为学术界关注的重点议题。影响老年人福利状况的因素很多，而聚焦家庭资产配置决策对主体福利状况的影响成为近年来金融领域的研究热点，积累养老资产是应对老龄化、改善老年人福利水平的有效路径。对此，政策层面上积极推动养老第三支柱建设，不仅能够有效增加养老保障供给、完善新型养老路径，还能变储蓄养老为投资养老，更好地满足老年群体多层次的养老需求，维护老年人的养老话语权和生活自主权。提高老年人参与金融市场的程度、降低参与风险是持续推进养老第三支柱建设的基本着眼点。庞大的基数与拥有巨大的财富量决定了我国中老年群体在金融市场日趋重要的地位，尤其在非正规金融市场。这就使得，从学理上探讨养老第三支柱发展和老年主体金融市场参与的影响因素和机制，以及进一步研究家庭资产配置决策对老年主体福利的影响和路径，具有重要的理论价值和现实意义。

探究影响养老第三支柱发展及老年人金融市场参与的因素，不应该脱离我国的社会现状，要基于中国特殊的社会文化传统。中国是个传统的关系型社会，以亲属关系联结的社会关系网络影响着社会的各个方面，以社会互动为特征的社会网络对我国老年群体家庭资产配置和生活福利水平产生了重要影响。忽略社会互动关系这种社会属性因素，就无法从心理基础和内在机制上理解老年人的家庭资产配置行为。老年人更需要从社会网络所蕴含的社会互动关系中获取养老支持，社会网络不仅对其福利状况产生不可忽视的直接影响，还会通过家庭资产配置决策的传导间接影响老年人的福利水平。因此，本书基于人际互动关系在老年人养老过程中的独特且重要的作用，旨在透过社会网络视角，研究不同层次的社会互动关系对老年人的家庭资产配置效率以及福利状况的影响，厘清家庭资产配置决策和老年主体福利之间的相互作用机制，从而为人口老龄化背景下切实有效地提高老年人自主养老质量和福利水平提供可行的政策参考。同时，对了解中老年人群的金融决策模式、理解我国金融体制的现状与未来发展、深化金融体制改革、推进老龄化事业发展具有重要意义。

本书借助于中国家庭追踪调查（CFPS）数据库和中国健康与养老追踪调查（CHARLS）数据库提供的高质量微观数据，使用 Stata16 计量分析软件，结合经济学、金融学、社会学、行为金融学和微观计量学等相关理论和方法，在对社会网络与社会互动、家庭资产配置决策、主体福利影响因素、非正规金融市场参与、消费行为与消费升级等领域的研究文献进行梳理和评述的基础上，运用 Probit、Tobit 等计量模型对相关研究目标进行实证研究。本书的基本研究目标是以中国人口老龄化为研究背景，以社会网络为切入视角，以家庭资产配置为重要讨论方向，紧紧围绕老年主体福利问题开展研究，主要论述不同层次的社会互动关系对老年人家庭资产配置决策和老年人福利状况的影响和作用机制，以及在社会网络中老年主体资产配置决策与自身福利状况之间的互动关系和形成机制。本书的核心章节研究内容如下：

第 5 章研究了老年主体社会互动的第一个层次——老年主体与其子女间的代际互动关系对老年人家庭资产配置决策及其福利水平产生的重要影响。分析了亲子关系对养老第三支柱建设的影响及作用机制，并深入探讨在老龄化叠加少子化背景下老年主体与子女同住促进养老第三支柱发展的福利效应。第 6 章和第 7 章研究了老年主体社会互动关系的第二个层次——老年主体与其他社会成员间的社会交往关系对老年人家庭资产配置产生的重要影响。研究落脚于社会关系对中老年群体非正规金融市场参与过程、参与风险的影响及作用机制，并试图挖掘社会互动通过金融市场传导对老年主体产生的间接福利效应。第 8 章基于老年人消费决策视角，剖析了社会互动行为与中老年群体消费升级的关系，集中探讨了社会关系对老年人福利的直接影响，并从社会互动广度和社会互动深度两个方面对社会关系影响老年人福利的作用途径进行机制验证。第 9 章特别关注了数字化社会网络对老年人社会互动的增强效应，从而进一步为社会互动促进老年人福利改善提供了实证支持。第 10 章以健康问题对于新农保参与的影响为例，检验了老年主体福利状况对于家庭资产配置的反馈作用。

本书的创新主要有以下几点：一是在研究视角方面，基于我国的文化背景和养老现状，考虑了老年人金融决策和消费决策的社会属性，从以社会互动为特征的社会网络视角切入，可以更好地理解老年人资产配置效率和福利水平改善的可能途径和内在机理，同时为老年主体社会网络、家庭资产配置决策和福利状况三者关系的联结提供了崭新的研究视角；二是在学术思想方面，引入影响老年人金融决策和消费决策的社会属性因素，将金融学、社会学等学科的核心概念和人口学的重要议题有机结合，丰富了关于家庭资产配置决策影响因素和作用机理的研究，提升了老年人福利状况的研究深度，拓展了研究工具，体现了跨学科视角下学科知识横向迁移的研究优势；三是在学术观点方面，基于社会网络视角探讨了家庭资产配置影响老年主体福利状况的新机理，提出了老年社会网络福利效应发挥作用的新路径。

本书得到国家社会科学基金青年项目“社会网络视角下家庭资产配置与老年人福利互动关系研究”（批准号：17CRK016）的资金支持；笔者的学生佘超、钱雨婷、李轲、李艳楠和闫恒俐在书稿撰写过程中提供了资料收集、整理和助研支持，在此一并感谢！

# 目 录
CONTENTS

# 1 引 言

首先，本章针对研究的现实背景，阐述了研究的学术价值和应用价值；其次，按照本书的研究对象、研究脉络和章节安排，介绍各部分研究的具体目标和主要内容，并对研究的重点和难点进行集中展示；再次，为明确研究计划和开展具体研究，画出了逻辑思路图，并阐明研究过程中使用的具体方法；最后，对研究的创新点和不足进行了总结。

## 1.1 研究背景

我国既是世界上老年人口最多的国家，也是人口老龄化发展速度最快的国家之一。第七次全国人口普查数据显示，60 岁及以上人口的比重达到 18.70%，其中 65 岁及以上人口比重达到 13.50%。2021 年，《中华人民共和国国民经济和社会发展第十四个五年规划和 2035 年远景目标纲要》把积极应对人口老龄化上升为国家战略，并作了专门部署，推进建设与人口老龄化进程相适应的老龄事业和养老服务体系。人口老龄化对中国社会经济和个体家庭产生了广泛影响。如何让老年人老有所养、幸福养老、生活宽裕而体面是每个家庭的关切，更是国家推动新时代老龄事业高质量发展的宗旨，关键在于合理利用各种养老途径、调动所有潜在的养老资源以提升老年人的福祉。

### 1.1.1 养老第三支柱建设助力老龄化事业发展

基于我国的社会现实和文化背景，与子女同住的家庭养老是我国最为普遍的养老方式。但我们也看到，在人口老龄化日益严峻的当下，我国正面临着传统家庭养老功能日益弱化和社会福利制度不健全的困境，如何提升老年人的福利水平成为学术界关注的重点社会议题。影响老年人福利状况的因素很多，而针对家庭资产配置决策对主体福利状况的影响成为近年来家庭金融领域的研究热点，促进大龄人口积累养老资产是应对老龄化的有效路径之一。当前，政策层面上我国养老保障体系以“三支柱”为主要形式，由于第一支柱深度不足、第二支柱覆盖有限等现实问题,[①] 推动发展养老第三支柱成为健全具有中国特色的多层次社会保障体系的核心举措。2021 年 3 月,“规范发展第三支柱养老保险”首次写入《政府工作报告》,凸显了我国养老第三支柱建设的重要性。2021 年 11 月,中共中央、国务院印发了《关于加强新时代老龄工作的意见》,强调要“……促进和规范发展第三支柱养老保险。探索通过资产收益扶持制度等增加农村老年人收入”。“十四五”以来,养老第三支柱被寄予越来越多的期望以解决养老问题。[②] 作为多层次养老体系中最具发展潜力的部分,养老第三支柱的建设不仅能有效增加养老保障供给,更好地满足老年群体多层次、多方面养老需求,还能变储蓄养老为投资养老,完善新型养老保障路径,最大限度上维护老年人的养老话语权和生活自主权。

### 1.1.2 中老年群体非正规金融市场参与活跃

提高老年人金融市场参与程度是持续推进养老第三支柱建设的基本着眼点。当前,我国中老年群体人口规模及其掌握的财富总量巨大,在金融市场中的地位日趋重要。但相当一部分中老年人受限于客观金融素养与传统观念,依旧延续着高储蓄、低风险的投资传统,其财富主要以现金或存款形式存放,股票与债券等风险资产配置比例较低,表现为金融市场“有限参与之谜”。值得注意的是,与相对低迷的正规金融市场风险资产投资相比,中国家庭在非正规金融领域的表现却相对活跃,主要表现形式为民间借贷。在中老年群体正规金融风险资产配置相对不足的背景下,探究中老年群体参与潜在风险较高的非正规金融活动的动因与内在逻辑,深入理解中老年群体资产配置行为,有利于引导中老年家庭资产配置合理化,找出带动老年人通过养老第三支柱改善其福利状况的有效路径。

### 1.1.3 社会网络深刻影响我国老年主体家庭资产配置决策

探究影响养老第三支柱发展及老年人金融市场参与的因素,不应该脱离我国社会的养老现状。基于中国特殊的社会文化传统,以社会互动为特征的社会网络对我国老年群体家庭资产配置和生活福利水平产生了重要影响,忽略社会互动关系这种社会属性因素,就无法从心理基础和内在机制上理解老

① 来自《上海证券报》:2020 年我国第一支柱收入仅为 48712 亿元,支出却不降反增,达到 54563 亿元,首次出现养老基金当期结余为负的情况。第二支柱方面,全国仅有 10.5 万户企业建立了企业年金,且以大中型国有企业为主;参加职工仅占城镇职工基本养老保险人数的 5.96%,绝大多数中小企业员工无法享受企业年金政策。

② 第三支柱是指个人利用金融手段增加养老保障供给的个人商业养老,广义上包含储蓄、保险、基金、银行理财等金融产品,具有自主灵活的特点。

年人的家庭资产配置行为。受儒家文化熏陶，我国传统社会形成了以人伦关系为核心的“差序格局”（费孝通，1998）。在传统社会伦理关系网中，个体与其周边人群彼此负有相当义务，形成了有机联系的整体（孙英春，2008）。这种社会组织形式下，中国社会形成了强调个体从属于集体、个人利益服从集体利益的集体主义价值倾向，个体与周边群体相互依存，个体行为决策易受周边人群的舆论与行为的引导（陈经超、黄晨阳，2020）。尽管随着市场经济的发展，新思潮冲击下的传统社会格局与人际观念发生了较大改变，但中老年群体由于特殊的时代背景与成长经历，在行为与思想上依然沿袭着“熟人社会”的处世哲学，为维持熟人关系既重视信誉又强调互惠互利（Zhang 和 Zhang，2006）。为研究以老年群体为中心节点的社会网络，本书主要关注两个层面：一为老年人与子女间的代际互动关系，二为老年人与其他社会群体间的社会互动关系，两种不同来源的社会互动都对老年人家庭资产配置决策产生重要影响。第一层面，亲子关系对老年人家庭资产配置的影响：传统文化和社会现实决定了我国现今最普遍的养老方式是以与子女同住和提供代际支持为主的家庭养老方式，老年人依靠养老第三支柱实现自我投资养老能否与这种家庭养老现状相互适应、协同发展，很大程度上决定了养老第三支柱发展顺利与否。现有研究认为，家庭养老与养老第三支柱建设之间存在两种截然相对的关系：一是以与子女同住为重要方式的家庭养老通过增加代际往来提高了老年人的幸福感和安全感，从而促进了养老第三支柱的发展，两者为相辅相成、相互促进的互补关系；二是与子女同住加重了父母的生活负担，减少了老年人获得的经济支持和休闲时间，从而阻碍养老第三支柱的发展，两者为相互替代的关系，与子女同住会对养老第三支柱的发展产生挤出效应。为积极应对老龄化，国家“鼓励成年子女与老年父母就近居住或共同生活，履行赡养义务、承担照料责任”，同时扶持养老第三支柱建设。研究两项政策之间是否能够相互兼容促进，从内在机制上探讨老年人与子女的代际互动关系对其金融养老效果的影响，分析验证在现有家庭养老为主的养老模式基础上发展养老第三支柱的可行性，对于提升养老政策的有效性具有重要意义，有助于深入地理解中国情境下老年人正规金融市场“有限参与”的产生根源，为探索养老第三支柱建设提供新视角。第二层面，社会关系对老年人家庭资产配置的影响：中老年群体人口规模和财富拥有量巨大，是为金融市场的重要参与者和资金供给者，在我国的金融市场上具有重要战略地位。相较于正规金融市场上的“有限参与”，“熟人社会”的文化观念对中老年群体影响深刻，使得我国中老年群体更容易参与到以“关系”为纽带的非正规金融活动中。社会网络是非正规金融存在、发展和得以运作的核心因素，而社会互动是个体建立与巩固社会网络的实践基础，沿着该逻辑链条延伸，社会互动必然是研究居民非正规金融参与决策不可忽视的社会性因素。从社会关系视角出发，研究以民间借贷为代表的中老年人非正规金融参与行为，深入剖析社会互动影响老年人市场参与过程及参与风险的机制，对于了解中老年人群的金融决策模式、理解我国金融体制的现状与未来发展、深化金融体制改革有重要意义。

### 1.1.4　社会网络对改善老年人福利水平起到重要作用

中国是个传统的关系型社会，以亲属关系联结而成的社会关系网络影响着社会的各个方面（费孝通，1998）。老年人更需要从社会网络所蕴含的社会互动关系中获取养老支持，社会网络不仅对其福利状况产生不可忽视的直接影响，还会通过家庭资产配置决策的传导间接影响老年人的福利水平。本书有关社会互动的福利效应研究关注三个层面，前两个层次延续前述背景。第一层面，亲子关系对老年人福利的影响：在人口老龄化不断加深的大背景下，老年人的生活和身体状况极易发生一系列“副作用”，诱发孤独感并降低社会参与能力，从而使老年群体产生抑郁、焦虑等问题。与子女同住形成的代际互动如果能够有效推动老年人进行自我投资养老，并通过养老第三支柱的传导抑制老年群体的抑郁情绪。在推进老龄化事业过程中，可以通过家庭养老和自我养老的结合，促进老年人的心理健康，发挥这一个路径的福利效应，提升老年人的幸福感、获得感。第二层面，社会关系对于老年人福利的影响：适度合理的消费水平和丰富多样的消费结构是老年群体享受养老福利的具体体现。在“国内大循环”新格局下，扩大内需是战略基点，消费升级是提振消费扩大内需的重要驱动力，老年群体以其庞大的人口规模和积累的财富具备形成超大规模消费市场的潜力，其消费升级是扩大内需不容忽视的力量。如何进一步激发老年人消费升级，成为老龄化社会“变危为机”的关键。因此，基于现实重新审视老年人的消费行为、剖析老年人的消费升级背后的驱动力尤为重要。随着研究的深入，我们发现影响老年人心理特质的社会互动必然会嵌入老年人的消费情境中，是解析老年人消费升级内在逻辑不可或缺的视角。从社会互动视角探讨老年人消费升级背后的驱动力，有助于理解老年人的消费特征，是促进银发市场发展构建内循环格局，切实找到提升老年福利的有效途径。第三层面，数字化社会网络对于老年人福利的影响：近年来，以互联网为重要载体的数字经济发展迅速，蕴含了巨大发展潜力，已普遍渗入生产领域和消费领域。为此，国家提出要加快建设数字经济，数字经济已成为我国构建新发展格局的关键力量。老年人因其庞大的数量规模和财富积累量成为我国扩大内需构建国内大循环格局不可忽视的重要消费群体，数字经济对老年人消费福利的影响是数字经济发展过程中不可忽视的问题。结合社会互动对老年人消费升级的重要促进作用，互联网作为新的信息传播媒介，扩展了传统社会互动形式，互联网以及社交软件的使用可提高老年人与社会群体的互动频率。在社交过程中，经济条件较好的老年人会通过互联网带来的创新拓宽消费内容，起到了示范作用，促使经济水平较低、对互联网接触不深的老年人去效仿，促进老年群体消费结构改变。数字经济对老年人的福利效应研究可为数字经济全面均衡发展提供新视角，有助于通过释放数字红利激发银发经济发展，构建老龄事业新发展格局。

综上，在人口老龄化形势日益严峻的背景下，基于中国社会现实，为应对老龄化，国家应鼓励家庭养老、社会养老与以金融养老相结合的自我养老以实现“老有所养”，并通过激发消费市场和数字经济潜力来改善老年人的福利状况。为考察老年人家庭资产配置的养老功能及福利效应，挖掘其作用发挥的内在机制，考虑我国特殊的传统文化，本书基于人际互动关系在老年人养老过程中起到的独特且重要作用，旨在透过社会网络视角，研究不同层面的社会互动关系对老年人的家庭资产配置效率及福利状况的影响，厘清家庭资产配置决策和老年主体福利之间的作用机制，为人口老龄化背景下如何切实有效地提高老年人的福利水平提供政策参考。

## 1.2 研究意义

### 1.2.1 学术意义

第一，本书深入研究了社会网络提升老年人福利水平的作用机制，将老年人的社会关系分为亲子关系、社会交往、互联网三个层次，全面揭示了老年人资产配置决策背后的社会因素、行为动机和形成机制。

第二，本书将家庭养老和以金融养老为主要方式的自我养老置于同一研究框架，并深入微观个体层面探讨了老年人的养老决策及机制，有助于深入地理解中国情境下老年人金融市场“有限参与”的产生根源，为老年人自主高质量养老提供了可行参考。

第三，本书探讨了社会互动对中老年群体非正规金融参与的影响作用和内在机理，对影响非正规金融市场的社会特征因素给予研判，契合中老年人生活场景，视角更符合实际，为揭示我国老年人金融市场参与程度与潜在风险提供经验证据。

第四，本书对家庭资产配置与主体福利水平的互动关系进行了有益探索，从养老第三支柱建设和金融市场参与的现实状况出发，深入分析了老年人依靠自我投资养老获得的福利效应，以及非正规金融市场参与风险对老年人福利的影响，丰富了现有关于两者间作用机制的文献研究。

第五，本书从社会互动和数字经济视角切入，尝试挖掘老年人消费升级背后的社会属性，将视角置于老年群体消费决策全景中，诠释了老年人消费升级行为的逻辑和动机，拓展了老年人消费升级行为研究视角。

### 1.2.2　应用意义

第一，本书深入研究社会网络对老年人福利水平提升的影响，有助于探析现阶段老年人依靠各种社会互动关系获取养老资源的有效途径，为老年人社会关系网络的营造和功能化完善提供意见和对策，有助于推动老年人生活福利水平的提高。

第二，本书从社会互动关系角度把握老年人资产配置行为特征和金融市场参与状态，有助于金融机构开发更多服务于老年群体的金融创新产品。理解老年家庭资产配置行为的特征，有助于深入认识中国金融市场“有限参与”的成因，有利于剖析我国金融系统改革的福利效应，为资本市场发展提供新的政策视角。

第三，本书结合参与过程与风险两个维度综合分析社会互动对中老年人非正规金融参与的影响及内在机制，不仅可为推动金融普惠化提供政策启示，还能为缓解家庭金融风险、制定有效的中老年人反诈政策、保护中老年人金融财产安全提供实证支持。

第四，本书选取广场舞这一备受关注的老年社会互动形式来研究社会互动对老年人消费福利的影响。研究回应了广场舞经济价值等热点关切，同时为孝心经济与隔代抚育对老年人的影响等社会议题补充了更为丰富的现实依据。

第五，本书回应了数字经济迅猛发展过程中老年人面临的“数字鸿沟”是否对其消费福利产生影响等社会关切，研究结论可为国家更好地推动数字化、信息化城市构建，促进老年人消费需求向更高层次转变等提供参考。

## 1.3　研究内容

### 1.3.1　研究对象

本书从社会网络视角切入，分析老年人家庭资产配置决策与其福利状况之间的相互影响。研究主要分为三个层面：一是社会网络中的亲子关系对老年人家庭资产配置和福利的影响；二是社会网络中的社会关系对老年人家庭资产配置和福利的影响；三是数字经济发展对老年人福利水平的影响，寻找在当前养老和金融制度背景下提高老年人福利水平的有效政策途径。

本书的研究对象所涉相关概念界定如下：

首先，社会网络、社会关系、社会互动、社会参与四个概念的界定与关联。社会网络这一概念最早由英国社会学家 Radcliffe Brown 提出，是指社会个体成员之间因为互动而形成的相对稳定的关系体系，形成人与人连接的基本形式（Radcliffe-Brown，1940）。社会网络和与其相近的概念如社会关系、社会互动、社会参与之间的关系如下：社会网络是由一系列网络节点之间的关联关系构成的集合，包括"点"和"线"两个基本要素，"点"代表网络中的行动者，老年主体可以看成是老年人社会网络的中心节点，其他社会成员包括其子女、配偶、亲友、邻里等社会成员为构成该社会网络的节点；而"线"代表着网络中各节点之间的联系，正是因为老年主体与其他社会成员之间的长期互动而形成相对稳定的关系网络（张友琴，2001）。可见，社会网络关注的是人们之间的互动和联系，社会互动或社会参与是社会网络形成的重要原因和表现特征，社会互动会影响人们的社会行为，因而本书在研究过程中引入社会互动来衡量社会网络。三者之间的关系可以理解为：社会网络是社会关系的集合，社会互动或社会参与是社会关系形成的主要方式和途径。

从分类角度来看，社会网络的结构通常由多种层次组成，如家庭关系、朋友关系和邻里关系（刘轶锋，2022）。社会护航模型认为个体一生都萦绕于圈层式护航轨道的社会关系网络之中，这种圈层能够帮助老年人改善物质生活和精神文化水平（Antonucci et al.，2014）。从人际关系的亲疏和家庭特征来看，我国老年人的社会圈层从内到外分别为家人、亲友以及其他关系（姚远，2001）。此外，在数字化时代，网络的发展成为影响老年人社会网络的一个重要因素（唐丹等，2022）。因此，为研究以老年群体为中心节点的社会网络，本书主要关注三个层面：一是老年人与子女间形成的代际互动关系，二是老年人与其他社会群体间形成的社会互动关系，三是通过互联网形成的数字化社会网络，三个层面的社会互动都对老年人家庭资产配置决策产生重要影响。

对第一层面互动的刻画，本书主要以老年人是否与子女共同居住来衡量。与子女同住狭义上是指父母与子女共同居住在一起。随着社会不断发展广义上的子女同住更倾向于就近生活，典型例子是子女和父母居住在同一个小区（社区）或者是同一街道。本书采用狭义上父母是否和子女共同居住来刻画老年人的居住模式，即是否存在物理外出；若短期离开但三个月内会回来且会在家中长住视为住在这个家，强调亲子在空间上和时间上是否共同居住。此外，获取家庭养老资源的方式并不仅仅是通过与子女同住才能实现，很多子女虽然不与老年人同住，但依旧会通过转移支付等方式向老年人提供家庭经济支持（Bian et al.，1998）。本书在对老年人与子女共同居住的刻画上除了强调时间和空间上的共同居住外，在稳健性检验部分采用“父母和子女经济上是否在一个家”这种方式进行刻画，强调父母和子女的经济往来。具体刻画方式是采用 CFPS 数据库调查父母和子女经济上是否在一个家，即是否同灶吃饭。若不需要供养这个家庭，也不需要这个家庭供养即为经济不同住，强调经济上的联系。对于第二层面互动的刻画，老年群体持续地参与社区和社会的活动是与其他群体间互动建立人际网络的主要渠道（赵耀辉等，2019）。因此，本书重点从老年人参与的社会活动来分析老年人社会互动的现状。对于第三层面互动的刻画，本书采用老年人外部互联网环境状况作为衡量指标。尽管存在“数字鸿沟”的问题，但数字包容发展得到了越来越多的关注。一般而言，互联网环境越好越能促进老年人的网络使用。

其次，家庭资产配置是指一个家庭所有资产是如何进行规划和分配的。本书主要通过 CFPS 数据库中的信息进行实证研究，通过数据清理和整合，可以看出家庭资产主要包括金融资产和房产，其中，金融资产包括现金、存款、股票、基金、国债、信托、外汇等。本书第 5 章主要考虑与子女共同居住对老年家庭产金融资产配置的影响，金融资产根据风险程度可以划分为风险金融资产（股票、基金、国债、信托、外汇等）和无风险金融资产（现金和存款），本书从是否参与配置风险金融资产和风险金融资产参与程度两个维度进行分析。

从分类角度来看，家庭资产配置可以分为正规金融资产配置和非正规金融资产配置，前者包含股市参与、保险参与等，后者主要指民间借贷参与。本书第 6 章之所以重点关注后者，主要是出于以下原因：一是社会互动对正规金融参与的影响已得到了众多文献的充分检验，如李涛（2006）、宋涛等（2012）、郭士祺和梁平汉（2014）、魏昭等（2018）、李丁等（2019）、刘金华和吴静（2019）等相关研究。社会互动对于非正规金融的影响尚没有得到足够关注。现实中，大量中老年人依旧延续着正规金融领域高储蓄、低风险投资的传统，使得以民间借贷为代表的非正规金融参与成为其选择的一种较为特殊却广泛存在的金融决策。二是从社会互动的视角研究中老年人的非正规金融具有合理性。社会网络是非正规金融存在、发展和得以运作的核心因素。从民间实际来看，非正规金融交易往往都建立在一定的社会关系之上，这种特征在个体居民的亲友借贷活动中表现得尤为明显。社会互动是个体建立与巩固自身社会网络的实践基础，而非正规金融对社会网络具有极强的依赖性。沿着该逻辑链条延伸，社会互动必然是研究居民非正规金融参与决策不可忽视的社会性因素。

本书第 7 章是在第 6 章研究的基础上，从参与风险维度继续探讨社会关系对于老年人非正规金融参与可能产生的影响。金融受骗是中老年人非正规金融参与风险的主要体现。近年来，以中老年群体为目标的金融诈骗呈高发态势，严重侵害了中老年人的合法权益。相较于其他群体，中老年人承担风险损失的能力较差。一方面，当老年人积累的资金被骗后，由于年龄和退休等因素，老年人不再具备弥补损失的能力。因此，金融诈骗带给老年群体的打击是不可逆的。另一方面，遭受金融诈骗会打乱老年人的养老规划，使老年人在经济方面失去安全感，容易引发相关社会问题（李媛媛、单承芸，2020）。因此，探究涉老金融诈骗背后的影响机制对保障中老年人的财产安全和身心健康至关重要。本书第 7 章的研究结论既体现了社会互动对老年人资产配置决策的影响，又揭示了社会互动通过金融市场传导对老年人产生的间接福利效应。

最后，老年人福利是指以“老有所养、老有所医、老有所为、老有所乐”为目标，老年群体物质基础和精神文化生活需求得到满足的程度、享受健康生活的程度。周烁和张文韬（2021）采用受访者的幸福感、工作满意度、生活满意度三个变量衡量其主观福利水平。老年人福利效应是指老年人享受福利后是否会提升其幸福感、生活质量等福利水平。本书所指的老年人福利更为广义，老年人基本生活保障和精神生活需求满足等都被纳入老年人福利的范围。本书从多个维度衡量了老年人的福利，第 5 章探究了老年人与子女同住是否能提高老年人的幸福感、降低其抑郁程度等，采用幸福感、抑郁程度两个变量衡量了老年人的精神满足程度。第 8 章和第 9 章从老年人消费升级维度更直观地度量了老年人物质生活的改善程度，用于刻画老年人物质福利的提升。第 10 章从外生健康冲击维度衡量了老年人的福利状况。

### 1.3.2 总体框架

1. 老年人家庭资产配置、福利与社会网络现状

本书第 2 章借助 CHARLS 和 CFPS 问卷数据定量描述了老年人家庭资产配置状况、福利状况以及社会网络特征，以廓清基本事实，为后续分析奠定了现实基础。首先，从无风险家庭资产、风险家庭资产、房产数量角度描述了老年人家庭资产配置现状，对比分析了不同户口类型老年人家庭资产配置的

差异，并从金融受骗和民间借贷两个维度分析了老年人家庭资产配置的风险状况。其次，从物质生活、身体精神、情感心理、日常照料四个层面对老年群体的福利状况进行统计描述，分析了影响老年人福利的因素，并梳理总结了提升老年主体福利水平所面临的障碍，以期更全面、准确地了解中国老年人的福利状况。最后，从亲子关系、社会关系、数字化社会网络三个层面分析了老年人的社会网络特征。

2. 社会网络对家庭资产配置和主体福利状况影响的理论分析

本书第3章以2012—2022年Web of Science核心合集和中国知网（CNKI）中以家庭资产配置为主题的期刊论文为样本，运用CiteSpace软件对相关研究进行可视化分析，以图谱的形式梳理了国内外家庭资产配置的研究现状、脉络和前沿。此外，本书对有关家庭资产配置决策的影响因素及其对主体产生的福利效应的研究文献进行系统梳理，为关于家庭资产配置与老年人福利互动关系的研究奠定了理论基础。本书第4章引入社会网络，分析了其对家庭资产配置和主体福利状况的影响。在影响老年群体的家庭资产配置及福利水平的诸多因素中，以老年主体为中心节点的社会网络结构发挥的作用值得关注。社会互动是社会网络形成的重要原因和表现特征，因而本书第4章引入社会互动来刻画社会网络。该章对社会互动的基本含义及作用范围、社会互动对主体家庭资产配置决策的影响以及社会互动产生的福利效应等方面的研究文献进行了梳理和评述，为后续的实证研究奠定了理论基础。

3. 亲子关系对老年人家庭资产配置和福利的影响研究

本书第5章研究了老年主体社会互动的第一个层面——老年主体与其子女之间的代际互动关系对老年人家庭资产配置决策及其福利水平的影响。老年人与子女关系较为集中地体现于家庭养老方式中，故对亲子关系的刻画要从家庭养老视角切入。本书第5章采用与子女同住作为衡量家庭养老的强度指标，并结合微观数据库对老年人个体层面上的养老决策及机制进行了研究。一是探讨了亲子关系对养老第三支柱建设的影响，并分析了与子女同住对不同类型老年群体金融参与影响的异质性。二是从风险态度、代际支持和知识溢出三个角度揭示了家庭养老影响金融自养的内在机制，有助于深入地理解中国情境下老年人金融市场“有限参与”的产生根源。三是在老龄化叠加少子化的背景下，深入探讨了老年人与子女同住促进养老第三支柱发展的福利效应。在家庭养老和社会养老都面临重压的现实背景下，本书第5章的研究结论为老年人自主高质量养老提供了可行参考。

4. 社会关系对老年人家庭资产配置的影响研究

本书第6章从非正规金融参与过程视角切入，研究了老年主体社会互动关系的第二个层面——老年主体与其他社会成员间的社会交往关系对老年人家庭资产配置的重要影响，研究落脚于社会关系对中老年群体金融市场参与的影响及作用机制。考虑民间借贷是居民参与非正规金融的主要形式，研究聚焦于中老年群体社会互动与其民间借贷参与的关系。一是利用中国家庭追踪调查（CFPS）数据库 2018 年全国追踪调查数据，验证了社会互动对中老年人民间借贷参与的正向影响，并检验了促进社会关系发挥作用的潜在信息掌握机制和互助兑付预期机制，揭示了社会互动、人际网络与中老年人民间借贷参与的内在关系。二是探讨了社会资本、金融素养和地方普惠金融发展水平等因素对社会关系影响中老年人民间借贷参与的异质性，试图挖掘影响社会互动对老年人家庭资产配置的重要因素。

本书第 7 章从非正规金融参与风险视角切入，探讨了社会关系对于老年人金融参与风险和潜在后果的影响。中老年群体在一定程度上缺乏必要的金融素养和投资渠道，因此其非正规金融参与风险是难以忽视的议题。金融受骗是中老年人非正规金融参与风险的主要体现形式，近年来以中老年群体为目标的金融诈骗呈高发态势，严重侵害了中老年人的合法权益。因而，探究涉老金融受骗背后的影响机制对保障中老年人的财产安全和身心健康至关重要。一是聚焦于社会互动与老年人金融受骗的关系，从社会互动的视角分析了其对中老年人金融受骗的影响，契合中老年人的生活场景，更符合实际。二是提出并检验了社会互动通过信息传递和心理塑造功能影响老年人金融受骗可能性的作用机制。三是探讨了中老年人子女职业声望、尽职性特质、人生经历等特征在不同情境下社会互动对中老年人金融受骗影响的异质性，丰富了金融受骗影响因素的研究文献。本书第 7 章的研究结论既体现了社会互动对老年人资产配置决策结果的影响，又揭示了社会互动通过金融市场传导对老年人产生的间接福利效应。

5. 社会关系对老年人福利的影响研究

本书第 8 章从老年群体消费行为视角出发，基于中国健康与养老追踪调查（CHARLS）微观数据，集中探讨了社会互动关系对老年人福利状况的直接影响。一是以老年人多种类型的社交活动参与情况构建指标，剖析社会互动行为与中老年群体消费升级的关系。同时，特别评估了老年群体时下流行的社会互动行为——跳广场舞的独特经济价值，进一步探究了社会互动对老年人消费升级的影响。二是基于消费行为信息的示范效应理论和基于消费品信息的认知效应理论，分别从社会互动广度和社会互动深度两个方面对社会关系影响老年人福利的作用途径进行机制验证。三是将老年人的社会互动关系——子女代际关系和社会交往关系置于同一研究框架下，考虑子女提供的家庭养老支持和老年人的隔代抚育行为，进一步探究了社会互动对老年人福利水平的影响作用，试图为孝心经济、隔代抚育等社会议题与老年消费升级之间的关系提供实证证据。

6. 数字化社会网络对老年人福利的影响研究

在数字技术快速发展的背景下，社会网络形态逐渐数字化，交流从线下模式转变为线上模式，越来越多的老年人参与到数字化的社会网络中。数字经济具有极大的辐射潜力，拓展了老年人社会网络空间，数字经济发展程度能够较为全面地刻画老年人所面临的数字化社会网络的特征。因此，本书第9章用数字经济发展程度来衡量老年人面临的数字化社会网络。数字经济的发展激发了社会公众的消费活力，且在客观上通过加强老年人与其他成员间的社会互动为老年人消费升级增添了新的动力。本书第9章从老年群体消费行为视角出发，探讨了数字经济对老年人消费福利的影响作用，并基于城乡差异、人力资本差异、物质资本差异探讨了其影响的异质性。最后，从支付便利性、搜寻成本等因素出发，探究了数字经济促进老年人消费升级的作用机制，同时特别关注了数字经济对于老年人社会互动的增强效应，从而进一步为社会互动促进老年人福利改善提供了实证支持。

7. 老年主体福利状况对家庭资产配置的反馈作用

通过讨论社会网络对于老年主体资产配置以及福利的影响，基于现有文献发现主体福利状况会对家庭资产配置决策产生影响。但是如果直接以之前各章衡量老年主体福利状况方式进行检验可能存在互为因果的内生性问题，而健康问题作为外生事件为反馈作用的检验提供了突破口。本书第10章以健康问题对新农保参与的影响为例，检验了老年主体福利状况对于家庭资产配置的反馈作用。基于2018年中国健康与养老追踪调查（CHARLS）数据，从健康问题这一崭新视角探究其对新农保参与度的影响，并在此基础上研究了其与家庭金融脆弱性之间的内在联系。研究发现健康问题与新农保参与行为之间存在显著正相关性，且健康问题在教育水平高、家户成员数量多和年龄小的样本中与新农保参与行为之间正向关系更显著。丧失自理能力、工资收入降低以及家庭金融脆弱性是健康问题影响新农保参与力度的内在机制。研究成果为健康问题与新农保参与行为之间的关系提供了经验证据。

### 1.3.3 重点难点

1. 重点

第一，深入探索老年社会网络及其包含的社会互动关系在老年资产配置决策中的重要作用。社会互动是形成社会网络的重要原因和表现特征，因此可以刻画老年人社会网络的规模和强度。基于老年主体社会互动的两个层面——与子女间的代际互动和与其他社会成员间的社会交往，剖析社会互动关系对老年主体家庭资产配置和金融市场参与的潜在影响，是本书切入的关键研究视角。

第二，基于社会网络视角探索家庭资产配置与老年主体福利的相互影响机理。我国老年人的金融市场参与行为体现出明显的社会属性，老年人与其他成员之间的社会互动通过信息传递效应、互助兑付预期、心理塑造功能等途径影响老年人的家庭资产配置决策，进而通过金融市场的传导对老年人的福利产生间接影响。因此，选取社会互动视角对厘清家庭资产配置决策和老年人福利状况之间的互动关系具有重要意义，是研究的重点所在。

第三，从老年人消费行为和消费升级视角切入，研究社会互动对老年人福利的影响以及作用机制。消费水平和消费结构是影响老年人福利的重要因素，从社会互动视角理解老年人的消费行为及其福利效应具有现实意义。

第四，基于社会网络视角和家庭资产配置行为，探讨老年人福利水平改善的可能性。在人口老龄化程度加剧背景下，要立足于养老体系构建与金融市场发展现状，在准确把握社会关系网络和资产配置效率对老年人福利生活的影响机理基础上，为相关部门推动金融创新和制定养老政策提供理论依据和决策参考。

2. 难点

第一，在当前的养老现况下，理解老年主体进行家庭资产配置的内在动力和福利效果是需要解决的难点问题。社会现实和文化背景决定了家庭养老仍是我国老年人最普遍的养老方式，而老年人通过家庭资产配置获取收益为其自主高质量养老提供了可能性，厘清家庭养老途径和金融养老途径的关系有助于评估家庭资产配置对老年人产生的福利效应。已有文献对两者之间的关系没有做出定论，需要就其关系及影响机制进行进一步梳理和研究。

第二，我国金融市场明显地表现出老年人正规金融市场“有限参与之谜”，直接探讨老年人在正规金融市场中的资产配置效率可能无法达到研究目的。在此情形下，探究老年主体资产配置决策过程，需立足于老年金融市场参与特点找到独特的研究视角切入。

第三，本研究涉及面广，跨学科运用能力要求高。本书的研究涉及金融学、社会学、人口学、行为学等众多学科前沿领域，需要阅读大量文献资料以寻找理论层面的支持和实证研究基础，这些是研究需突破的难点。

### 1.3.4 主要目标

本书的主要研究目标是基于社会网络视角，通过探讨社会互动关系对老年主体家庭资产配置和福利水平的影响，揭示老年主体资产配置决策与其福利状况之间的相互影响机理，并最终提出改善老年人福利水平的长效政策建议。本书拟解决以下几个关键问题。

第一，基于社会网络视角，以不同层面的社会互动关系刻画老年人社会网络，把握社会互动在老年资产配置决策中发挥的特殊作用。从中老年群体非正规金融市场参与过程和参与风险两个角度，分析社会互动如何通过共享信息资源、提供社会支持、降低交易成本和风险敏感性等功能影响家庭资产配置，从而解释老年人资产选择行为背后的社会结构成因。

第二，基于社会网络视角，深入研究老年主体资产配置决策和福利状况的互动机制。通过寻找相关文献理论支持和采用微观数据实证分析研究两者的相互作用原理，揭示社会互动所产生的间接福利效应，探索实现老年人高效投资与改善福利水平的良性循环机制。

第三，探寻社会网络中包含的社会互动关系对老年人福利的影响以及作用机制。从老年群体的消费行为和消费升级视角评估老年人的福利状况，深入分析社会互动在老年人福利状况提升过程中发挥的重要作用，致力于寻求提高老年人福利的有效路径。

## 1.4 研究思路

### 1.4.1 基本思路

本书以中国人口老龄化为研究背景，以社会网络为切入视角，以家庭资产配置为重要讨论方向，紧紧围绕老年主体福利问题开展研究，主要论述不同层面的社会互动关系对老年人家庭资产配置决策和老年人福利状况的影响和作用机制，以及在社会网络影响下老年主体资产配置决策与自身福利状况之间的互动关系和形成机制。本书的研究技术路线见图 1-1。

### 1.4.2 具体研究方法

1. 文献研究法

基于大量国内外关于家庭资产配置、主体福利影响因素、社会互动、非正规金融参与、消费升级、数字经济等研究文献，本书第 2 章和第 3 章重点

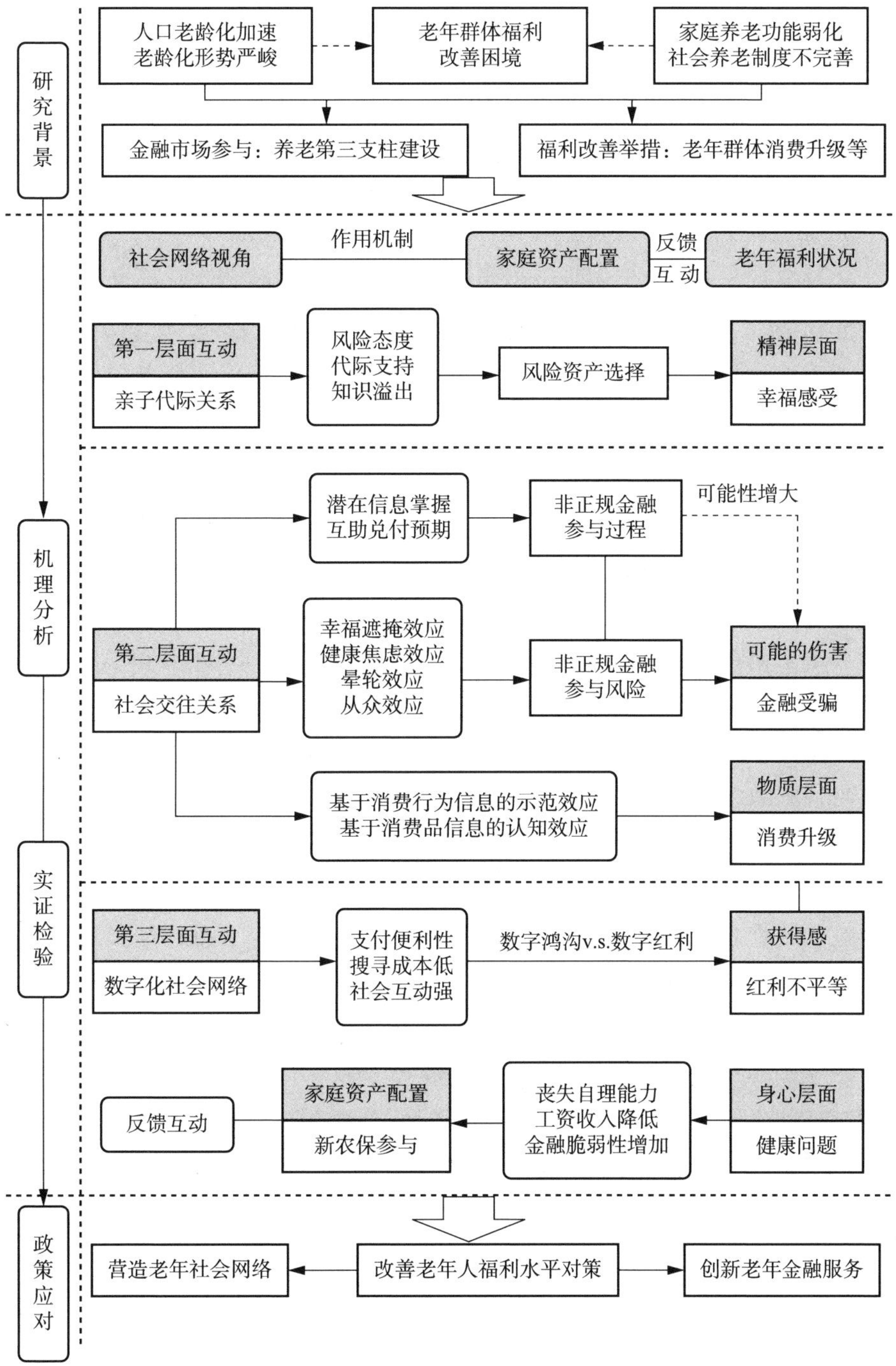

研究背景
人口老龄化加速
老龄化形势严峻
老年群体福利
改善困境
家庭养老功能弱化
社会养老制度不完善
金融市场参与：养老第三支柱建设
福利改善举措：老年群体消费升级等
社会网络视角
作用机制
家庭资产配置
反馈
互动
老年福利状况
第一层面互动
亲子代际关系
风险态度
代际支持
知识溢出
风险资产选择
精神层面
幸福感受
机理分析
潜在信息掌握
互助兑付预期
非正规金融
参与过程
可能性增大
第二层面互动
社会交往关系
幸福遮掩效应
健康焦虑效应
晕轮效应
从众效应
非正规金融
参与风险
可能的伤害
金融受骗
基于消费行为信息的示范效应
基于消费品信息的认知效应
物质层面
消费升级
实证检验
第三层面互动
数字化社会网络
支付便利性
搜寻成本低
社会互动强
数字鸿沟v.s.数字红利
获得感
红利不平等
反馈互动
家庭资产配置
新农保参与
丧失自理能力
工资收入降低
金融脆弱性增加
身心层面
健康问题
政策应对
营造老年社会网络
改善老年人福利水平对策
创新老年金融服务


**图 1-1　研究技术路线**

梳理了家庭资产配置及其福利效应、社会互动对家庭资产配置影响及其福利效应、社会互动与消费升级、数字经济与消费升级方面的相关研究成果。对现有文献的共识与争议进行了评述，指出现有文献存在的不足和有待深化的研究方向。根据已有研究成果，对本书的研究对象之间的关系和可能的影响机制提供定性分析，为后文实证研究奠定基础。

2. 实证研究法

在文献研究基础上，本书采用了中国家庭追踪调查（CFPS）数据库2014年、2016年、2018年全国追踪调查数据，中国健康与养老追踪调查（CHARLS）数据库2015年、2018年全国追踪调查数据，并结合腾讯研究院中国“互联网+”指数，运用Stata16计量分析软件，通过Probit、Tobit等模型针对相关研究目标进行实证研究。本书第5章首先采用与子女同住作为衡量亲子关系的指标，从参与程度和配置水平两个角度分析与子女同住对养老第三支柱建设的影响，并进行了稳健性检验和异质性分析；从风险态度、代际支持和知识溢出三个角度揭示了家庭养老影响金融自养的机制；最后在老龄化和少子化背景下进一步研究与子女同住对老年人福利的影响。本书第6章和第7章聚焦中老年人民间借贷行为与金融受骗后果，分别从参与过程和参与风险两个维度研究社会互动对中老年人非正规金融参与的影响，并在保障基准回归结果稳健性基础上，从潜在信息掌握、互助兑付预期、信息传递、心理塑造等视角进一步分析了社会互动对中老年人非正规金融参与的内在影响机理。本书第8章以老年人多种类型的社交活动参与情况构建指标，剖析社会互动行为对中老年群体消费升级的影响。特别研究了跳广场舞对老年人消费升级的影响，揭示了以跳广场舞为代表的社会互动行为的经济价值，并评估了社会互动对老年人消费升级影响的异质性和内在机理。本书第9章探讨了数字经济发展能否让老年人享受数字红利这一问题，并用工具变量和倾向得分匹配法检验了结论的稳健性。同时，分析了数字经济影响老年人消费升级的机制以及不同老年群体在享受数字红利时存在的“强者愈强”效应，研究了数字经济通过对社会互动的影响进而促进老年人消费福利改善的内在机理。本书第10章以健康问题对新农保参与的影响为例，检验了老年主体福利状况对家庭资产配置的反馈作用，并在此基础上研究它们与家庭金融脆弱性之间的内在联系，研究成果为健康问题与新农保参与行为之间的关系提供了经验证据。本书通过经验证据印证理论分析，获得了相对客观准确的研究结论。

### 1.4.3 研究数据说明

1. 本书使用的CFPS和CHARL数据库特点和主要优势

中国家庭追踪调查（China Family Panel Studies，CFPS）[①] 由北京大学中国社会科学调查中心（ISSS）实施，是北京大学和国家自然科学基金委资助的重大项目。CFPS问卷样本覆盖25个省（自治区、直辖市）共计16000户，包含个体、家庭、社区三个层面的数据，通过社区问卷、家庭成员问卷、家庭经济问卷、成人问卷和少儿问卷四种主体问卷反映中国家庭在经济、健康、教育等方面的变迁。CFPS重点关注中国居民的经济与非经济福利，以及经济活动、教育成果、家庭关系与家庭动态、人口迁移、健康等诸多研究主题，是一项全国性、大规模、多学科的社会跟踪调查项目。CFPS在2008年、2009年分别于北京、上海、广东三地开展了初访与追访的测试调查，2010年正式开展访问。经2010年基线调查界定出来的所有基线家庭成员及其血缘/领养子女将作为CFPS的基因成员，成为永久追踪对象。

CFPS对家庭关系与家庭成员的信息开展了全方位、更具深度的调查，为研究者提供了更具研究价值的家庭结构与家庭成员信息。CFPS相比其他调查最为突出的一个优势是，研究者通过CFPS的个人编码体系可以对家庭成员进行准确定位，从而得出精确的家庭关系网络。一般的调查项目对家庭关系的调查通常以家庭中的一两位受访者为核心，采集其家庭背景信息及其他家庭成员的情况，收集到的信息极为有限。相比之下，CFPS的调查对象不仅仅是一位或少数几位成人，而是覆盖了所有家庭成员。凡是满足条件的家庭成员（包括儿童在内）均需要自答/代答其相应的个人问卷，从而提供更详细、准确、全面的数据。

中国健康与养老追踪调查（China Health and Retirement Longitudinal Survey，CHARLS）[②] 是由北京大学国家发展研究院主持、北京大学中国社会科学调查中心与北京大学团委共同执行的大型跨学科调查项目，该项目样本覆盖全国28个省150个县区的450个村，约有1.9万名45岁及以上中老年人受访者，旨在收集中国45岁及以上中老年人家庭和个人的一系列高质量微观数据，用以分析我国人口老龄化问题，推动老龄化问题的跨学科研究，为我国制定和完善相关政策提供更加科学的依据。CHARLS曾于2008年在浙江、甘肃两省

① 参见CFPS官方网址：http：//www.isss.pku.edu.cn/cfps/。

② 参见CHARLS官方网址：http：//charls.pku.edu.cn/。

开展预调查；全国基线调查始于2011年，并于2011年、2013年、2015年和2018年在全国开展调查访问。此外，CHARLS还分别于2014、2016年组织实施了“中国居民生命历程调查”“共和国初期基层经济历史调查”两项全国性专项访问，亦完全覆盖上述样本地区。CHALRS的问卷设计包含“个人基本信息”“家庭结构和经济支持”“健康状况”“医疗服务利用和医疗保险”“工作、退休和养老金”“收入、消费、资产”等模块。CHARLS的访问应答率和数据质量在世界同类项目中位居前列，调查数据获得学术界广泛应用和认可。

CHARLS项目的设计特色在于提供了跨学科研究的数据基础。CHARLS数据涵盖了公共管理学、经济学、医学、社会学、金融学等学科的重要信息，尤其是收集了很多生物标识指标。针对本书研究的问题，CHARLS还具有大样本优势。目前，老年社会关系方面的研究有地区局限性、样本量较小和不具代表性等问题，而CHARLS能够提供全国范围内随机抽样的大样本数据，且从多维度微观视角来定量分析老年人群社会参与的具体情况。

2. 本书使用CFPS和CHARLS数据库的具体原因

本书第5章和第6章使用了CFPS数据库。第5章检验了与子女同住对老年人资产配置的影响。目前，研究与子女同住的文献使用的数据可以分为四类：一是使用CFPS数据，如王金水和许琪（2020）的研究。二是使用CHARLS数据，如余央央和陈杰（2020）、吴伟和周钦（2019）、孙涛等（2018）、许琪（2018）的研究。三是使用CLHLS数据，如刘一伟（2018）、江克忠和陈友华（2016）、沈可等（2013）的研究。四是其他数据，如宋月萍（2019）采用2014年中国计划生育家庭发展追踪调查数据。后三种数据库的不足之处是有关“金融资产”的问题非常少，且没有对金融资产进行细分，这导致我们无法对不同资产类型的影响进行更为精细的分析。针对本书第5章的研究问题，CFPS最大的优势是既提供了子女共同居住的数据，又提供了能够用于分析家庭资产配置的问题。综上所述，CFPS数据库满足了本书第5章的分析需要。同理，以上也是本书第6章分析社会关系对民间借贷影响时使用CFPS的原因。

本书第7章、第8章、第9章、第10章使用了CHARLS数据库。本书第7章分析社会关系对于金融诈骗的影响。上述数据库中只有CHARLS问卷有金融诈骗相应的问题。受访者对“过去一年，是否有人试图对您进行诈骗”“损失了多少钱”两个问题的回答，为构建金融诈骗变量提供了可能。本书第8章和第9章在分析中使用了消费升级作为被解释变量。上述数据库中只有

CHARLS 提供了更为详细的消费分类数据。本书第 8 章和第 9 章将所关注的被解释变量消费升级分解成两个方面：一方面是消费规模的扩大；另一方面是消费结构的优化。结构优化用享用型消费占总消费的比重衡量，比重上升则意味着消费结构得以优化。假定老年人在不同时间周期内消费基本不变，根据受访者在“收入、支出与资产”模块中对“您家过去一个月在以下各项消费中的支出”等相关问题的回答，构建了生存型消费与享用型消费两类消费指标以探究社会互动、数字经济对老年人消费升级的影响。本书第 10 章使用了外生健康问题作为解释变量，选取了五个问题对该变量赋值，分别为“身体的哪个器官或部位患有或曾经患有癌症”“您是否有下列残疾问题”“您是否经历过交通事故，或任何重大意外伤害，并接受了治疗”“事故导致的伤害是否影响现在的日常生活”“您认为您的健康状况怎样”。CHARLS 数据库对外生健康问题的衡量极为细致，这是其他微观数据库所不具备的优势。

## 1.5 创新之处与研究不足

### 1.5.1 创新之处

1. 研究视角

基于我国的社会文化传统和养老现状，考虑老年人金融决策和消费决策的社会属性，从以社会互动为特征的社会网络视角切入，能够更好地理解老年人资产配置效率和福利水平改善的可能途径和内在机理。同时，通过剖析围绕老年人的社会互动关系，将各种养老途径置于同一研究框架，为老年主体社会网络、家庭资产配置决策和福利状况三者关系的联结提供崭新的研究视角。

2. 学术思想

分层次提炼存在于老年人社会网络中的社会互动关系，使得社会网络对家庭资产配置和老年人福利的影响研究有了具体的着眼点，细化了社会网络对于微观主体金融和消费决策的影响；将金融学、社会学等学科的核心概念和人口学的重要议题有机结合，扩展了家庭资产配置和老年福利状况的影响因素和作用机理的研究工具，加深了老年人福利状况的研究深度，体现出跨学科视角下知识横向迁移的研究优势。

3. 学术观点

研究了社会网络所包含的各种社会互动关系对老年主体家庭资产配置产

生的不可忽视的影响，从而拓宽了对家庭资产配置影响因素的理解；基于社会网络视角，探讨了家庭资产配置影响老年主体福利状况的新机理，尝试探寻影响和加强二者互动关系的社会关系因素；提出了老年人社会网络福利效应发挥作用的新路径，从而凸显了社会网络在提升老年人福利水平中所扮演的重要角色。

### 1.5.2 研究不足

第一，受限于数据可得性，本书难以找到一个统一且完备的微观数据库作为研究非正规金融参与的数据支持。因此，实证过程中，在民间借贷参与维度使用了 CFPS 2018 年数据，在金融受骗维度使用了 CHARLS 2018 年数据，这种折中选择可能会对结论产生一定的影响。值得注意的是，在处理两个数据库数据过程中，在保留中老年人样本的基础上，在涉及民间借贷参与金额（CFPS）和受骗损失金额（CHARLS）相关问题上现有数据拒访率较高，有效样本较少，限制了在个体民间借贷参与程度与受骗损失程度方面的深入探索。

第二，在变量刻画方面存在一定局限性。在民间借贷参与维度，尽管以人情礼金支出与交通通信支出刻画个体社会互动强度的方式大量存在于该领域的现有文献，但仍存在难以全面衡量个体社会网络规模的局限性；在金融受骗维度，对于中老年人是否金融受骗变量的刻画是基于受访者对“过去一年，是否有人试图对您进行诈骗”问题的回答。经历骗局是上当受骗的前提，频繁经历骗局会提高当事人上当受骗概率。这种刻画方式虽然具有一定合理性，但确实存在一定的度量误差，对于该问题的解决有待于相关调查工作的进一步深入。

# 2 老年人家庭资产配置、福利与社会网络现状

本章主要借助CHARLS和CFPS问卷数据定量描述老年人家庭资产配置状况、福利状况以及社会网络特征，以廓清基本事实，为后续分析奠定现实基础。首先，用无风险家庭资产、风险家庭资产、房产数量描述老年人家庭资产配置现状，对比分析了不同户口类型老年人家庭资产配置的差异，并从金融受骗和民间借贷两个维度分析了老年人家庭资产配置的风险状况。其次，从物质生活、身体精神、情感心理、日常照料四个层面对老年群体的福利状况进行统计描述，分析了影响老年人福利的因素，并梳理总结了提升老年主体福利水平所面临的障碍，以期更为全面、准确地了解中国老年人的福利状况。最后，从亲子关系、社会关系、数字化社会网络三个层面分析了老年人的社会网络特征。

## 2.1 老年人家庭资产配置现状

随着金融市场的不断发展与完善，老年人家庭对资产多元化配置的需求进一步提升。本书使用2018年CHARLS和CFPS数据分析了我国45岁及以上中老年人的家庭资产配置现状。本书参考崔颖和刘宏（2019）、沈悦和余若涵（2021）的研究，分别从无风险家庭资产、风险家庭资产、金融受骗与民间借贷角度介绍老年人家庭资产配置现状，并研究不同户口类型老年人家庭资产配置的差异。

### 2.1.1 老年人家庭资产类型

基于数据的可得性，本书选用CHARLS 2018年的数据对老年人家庭资产现状进行刻画。将老年人家庭资产分成三个部分，具体如下：

第一，老年人家庭无风险资产：包括现金、存款及债券。根据受访者在收入、支出与资产模块中对“您和您爱人现在家里有多少现金”“您现在在金融机构存了多少钱”“您现有的所有债券总共面值多少”等问题的回答，构建老年人家庭无风险资产变量。对相关数据进行处理可得，老年人家庭无风险资产持有率高达 97.8%，其中债券参与率仅为 0.372%。由表 2-1 可知，老年人家庭持有的现金及存款均值为 2.22 万元，债券持有均值仅为 0.011 万元。这表明老年人普遍选择持有现金和存款等无风险资产。

第二，老年人家庭风险资产：包括股票、基金、借出款。狭义的家庭风险资产是指股票和基金，考虑借出款的收回存在较大的不确定性，本书采用广义风险资产。根据受访者在收入、支出与资产模块中对“您现在持有的股票当前价值多少”“您现在持有的基金当前价值多少”“一共拖欠您多少工资”等问题的回答，构建了老年人家庭风险资产变量。根据现有数据计算可得，风险资产的总参与比例为 11.281%，其中股票和基金的参与占比分别为 0.995%和 0.504%。由表 2-1 可知，老年人家庭的股票、基金、借出款均值分别为 0.071 万元、0.027 万元、0.193 万元。这表明老年人对于风险资产投资持谨慎态度。

第三，老年人房产。房产是一种重要的保障性资产，可以帮助老年人应对未来的不确定性支出。老年人在退休后缺乏收入来源，而房产市场具有较高的进入壁垒（朱涛等，2014），因此老年群体会提前进行资产布局，将积累的劳动所得投资于房产市场。根据受访者在房产和住房情况模块中对“您和配偶名下有几处房产”等问题的回答构建房产变量。老年人置办房产的均值为 1.881 套，房产参与率为 72.8%。这表明老年人普遍选择购买 1~2 套房产以提高养老保障。

**表 2-1 老年人家庭资产配置的总体情况** 单位：万元，套

| 老年人家庭资产配置 | 观测值 | 均值 | 标准差 | 最小值 | 中位数 | 最大值 |
|---|---|---|---|---|---|---|
| 资产总额 | 7535 | 3.394 | 19.801 | 0.000 | 0.400 | 1001.200 |
| 现金及存款 | 7535 | 2.220 | 13.437 | 0.000 | 0.300 | 1001.200 |
| 债券 | 7535 | 0.011 | 0.340 | 0.000 | 0.000 | 20.000 |
| 股票 | 7535 | 0.071 | 1.244 | 0.000 | 0.000 | 53.000 |
| 基金 | 7535 | 0.027 | 0.957 | 0.000 | 0.000 | 70.000 |
| 借出款 | 7535 | 0.193 | 4.314 | 0.000 | 0.000 | 330.000 |
| 民间借出金额 | 7535 | 0.696 | 12.222 | 0.000 | 0.000 | 700.000 |

续表

| 老年人家庭资产配置 | 观测值 | 均值 | 标准差 | 最小值 | 中位数 | 最大值 |
|---|---|---|---|---|---|---|
| 民间借入金额 | 7535 | 0.017 | 0.293 | 0.000 | 0.000 | 10.000 |
| 金融受骗损失 | 593 | 0.389 | 2.642 | 0.000 | 0.000 | 40.000 |
| 房产数量 | 7531 | 1.881 | 1.334 | 0.000 | 2.000 | 7.000 |

### 2.1.2　老年人家庭资产配置的户口差异

本书将样本数据进一步划分为农业户口与非农业户口，探究户口类别差异对老年人家庭资产配置的影响。由于在 CHARLS 2018 年的数据中农业户口为 6197 人、非农业户口为 1338 人，样本群体差异较大，故对老年人家庭资产进行取均值处理以保证数据的可比性。

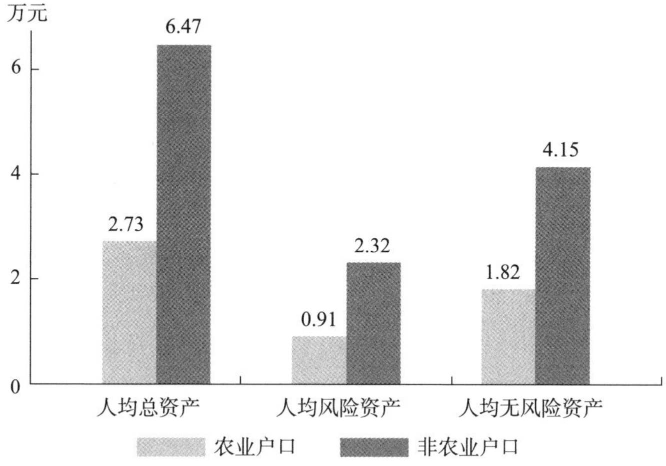


图 2-1　CHARLS 2018 年数据中老年人家庭资产配置的差异：按户口分组

结果如图 2-1 所示：一是农业户口与非农业户口老年人家庭资产平均持有量分别为 2.73 万元和 6.47 万元，约为 2.4 倍关系；二是农业户口与非农业户口老年人家庭风险资产平均持有量分别为 0.91 万元和 2.32 万元，约为 2.5 倍关系；三是农业户口与非农业户口老年人家庭无风险资产平均持有量分别为 1.82 万元和 4.15 万元，约为 2.3 倍关系。以上数据表明，非农业户口老年人家庭资金持有量明显高于农业户口家庭，非农业户口的老年群体拥有较为充沛的家庭资金。但资产总额的差异并未明显改变农业与非农业家庭对无风险资产和风险资产的持有比例，即不同户口类别的老年人都倾向于持有无风险资产。这是因为老年人进行资产配置的目的是保值而非增值，老年人被动配置安全性较高的无风险资产以保障自身的养老需求。

### 2.1.3 老年人家庭资产风险分析

近年来，随着数字经济、移动支付等信息技术的发展，我国金融市场的规模不断扩大，但金融诈骗等问题也日益严重。其中，老年群体因欠缺认知能力和金融素养等，成为金融风险的主要受害者。相较于其他群体，中老年人承担风险损失的能力较差。一方面，当老年人积累的资金被骗后，由于年龄和退休等因素，老年人不再具有弥补损失的能力。因此，金融诈骗带给老年群体的打击是不可逆的。另一方面，遭受金融诈骗会打乱老年人的养老规划，使老年人在经济方面失去安全感，容易引发相关社会问题（李媛媛、单承芸，2020）。鉴于此，在我国人口老龄化日益严峻的大背景下，探究如何防范老年人家庭资产风险显得极其必要。本书运用 CHARLS 和 CFPS 2018 年的数据，探究老年群体的民间借贷和金融受骗情况，为进一步探究相关问题提供了数据支撑。

1. 金融受骗

本书根据受访者在收入、支出与资产模块中对“过去一年，是否有人试图对您进行诈骗”“损失了多少钱”等问题的回答，构建了老年人金融受骗变量。数据表明，仅在一年内就共有 159 位老年人受骗，约为样本人数的 2.11%，即每 50 位老年人中就有一人被骗，金融受骗总金额达到 230.692 万元。据此，本书进一步分析了不同年龄区间老年人金融受骗金额，结果如图 2-2 所示。45~64 岁中老年人金融受骗总金额较高，应重视针对该群体的金融风险预防。老年人金融受骗的金额较高且涉及人数较多，如何预防老年群体受骗已成为亟待解决的社会问题。

2. 民间借贷

老年人由于收入减少，难以通过正规金融渠道贷款（杨青等，2016）。因此，民间借贷成为了老年人借贷的主要渠道之一。本书结合 CHARLS 和 CFPS 问卷中老年人对相关问题的回答，分析老年人的民间借贷情况，并从借入和借出两个角度分析老年人民间借贷现状。

第一，民间借入规模。根据受访者在 CHARLS 问卷收入、支出与资产模块中对“您还欠其他家庭、个人或单位的钱总数是多少？不包括前面提到的贷款及信用卡欠款等”等问题的回答，构建了老年人民间借入变量。数据表

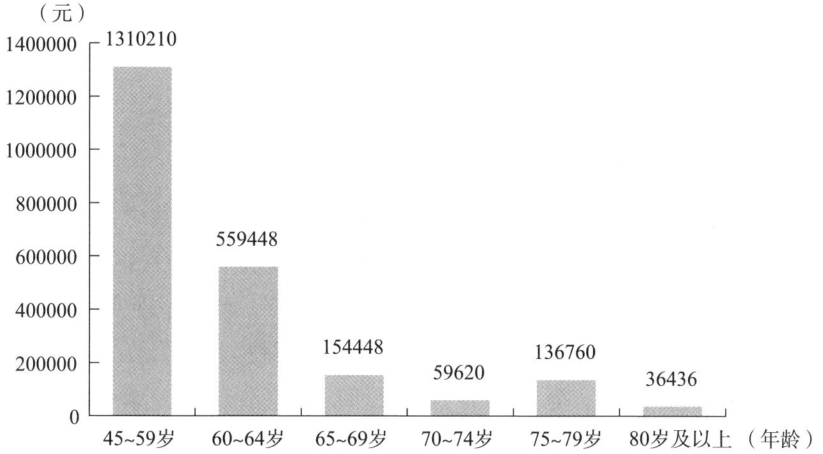


图 2-2　CHARLS 2018 年数据中不同年龄区间老年人金融受骗金额

明，老年人民间借入总金额约为 128.3 万元，参与民间借入的共有 67 人，占问卷人数的 0.889%，即每 100 位老年人中大约有 1 位老年人通过民间借贷获得贷款。此外，根据受访者在 CFPS 问卷金融资产与债权债务模块中对“待偿民间借贷总额”等问题的回答构建了老年人民间借入变量。数据表明，老年人民间借入规模达到了 649.8 万元，参与人数为 104 人，占总人数的 1.188%。

第二，民间借出规模。根据受访者在 CHARLS 问卷收入、支出与资产模块中对“目前，有单位拖欠您的工资吗”“除了前面提到的未返还的集资款和拖欠的工资，现在还有没有人或单位欠您的钱没还的”等问题的回答，构建了老年人民间借出变量。数据表明，老年人民间借出总金额约为 5242.74 万元，参与人数为 717 人，参与占比约为 9.5%，即每 100 位老年人中有 9～10 人通过民间借贷借出资金，人均借出金额约为 7.3 万元。

数据表明，老年群体整体上参与民间借贷的规模较大，以民间借贷为代表的非正规金融参与成为一种老年人选择的特殊却广泛存在的金融决策。尽管我国民间借贷具有合法化特征，但由于相关部门缺少对民间借贷行为的有效监督，老年人在进行民间借贷时承担了较大风险。基于此，政府及相关部门应进一步加强对民间借贷行为的监管，为老年群体搭建安全的借贷平台，进而保护老年人家庭资产的安全性。

## 2.2 老年人福利现状

### 2.2.1 事实特征

当前，我国人口老龄化不断加剧，日益严峻的养老问题引起学术界广泛关注。我国养老保障体系是以“三支柱”为主要支撑，但存在第一支柱深度不足、第二支柱覆盖有限、第三支柱尚未真正“支”起来等现实问题。因此，积极应对人口老龄化，改善老年人福利水平迫在眉睫。

老年人福利是指以“老有所养、老有所医、老有所为、老有所乐”为目标，老年群体物质和精神文化生活的需求得到满足的程度、享受健康生活的程度。周烁和张文韬（2021）采用受访者的幸福感、工作满意度、生活满意度三个变量来衡量老年人的主观福利水平。老年人福利效应是指老年人享受福利后是否会提升其幸福感、生活质量等福利水平。本书所指的老年人福利更为广义，把保障老年人的基本生活和满足其精神生活需求等要素都纳入老年人福利的范围。本书从多个维度衡量了老年人的福利水平，第 5 章探究了老年人与子女同住是否能提高老年人的幸福感、降低其抑郁程度等，用幸福感、抑郁程度衡量了老年人的精神满足程度。第 8 章和第 9 章采用老年人消费升级直观地度量了老年人物质生活改善的程度，用于刻画老年人物质福利的提升情况。第 10 章采用健康问题衡量了老年人的福利状况。鉴于提升老年人福利的主要目标是保障老年人的基本物质生活条件、维护老年人身心健康和充实老年人精神文化生活，本书使用 CHARLS 和 CFPS 2018 年数据从物质生活、身体精神、情感心理、日常照料四个层面对老年人福利进行统计描述。

1. 物质生活

（1）养老保险

卫小将（2022）研究发现，目前中国重点关注的社会福利是满足人们物质层面的需求，物质福利是衡量老年人福利状况的一项重要指标。对老年人来说，物质福利指的是物质待遇和各种补助，养老保险是其具体形式之一。已有研究表明，老年人参加养老保险能够实现“以养促养”（阳义南、肖建华，2019）。相对于医疗保险来说，养老保险可以帮助老年人支付基本生活开支、医药费以及照护费等，对保障参保人的日常生活有预防作用，还能通过改善老年人的生活条件、营养状况等对老年人健康产生积极效应（Schatz 等，2012）。

近年来，中国养老保险业获得长足发展。据国家统计局统计，截至2021年底，养老保险参保人数达10.25亿，占全国人口的72%，养老保险的覆盖人群正在稳步增长。据中国健康与养老追踪调查（CHARLS）统计，2018年，88.72%的中老年人参与养老保险。其中，城镇居民参与养老保险的比例高达91.76%，农村居民参与养老保险的比例约为88.06%。中国家庭追踪调查（CFPS）数据显示，城镇居民参与养老保险的比例达到了88.46%，高于农村居民的77.84%（见图2-3）。整体而言，养老保险覆盖率明显提升，城镇居民的养老保险覆盖率高于农村居民。

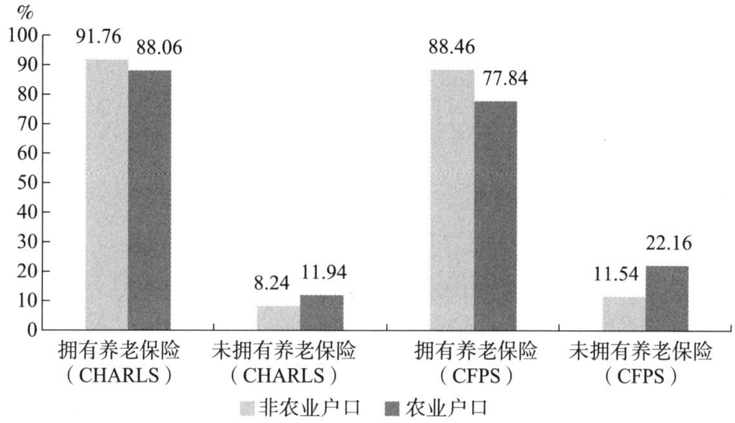


**图2-3 CHARLS和CFPS数据中老年人参与养老保险情况：按户口分组**

（2）消费状况

Michelon（1954）认为老年人拥有较多的养老金和闲暇时间，成为“新有闲阶级”，消费是老年人晚年生活的重要组成部分，对老年人晚年生活愈发重要。消费的最终目的不仅仅是获取商品的使用权，更重要的是可反映老年人的情绪和体验，越来越多的老年人主要通过购买休闲商品和服务获得社会认同（Therkelsen和Gram，2008；林晓珊，2018）。既有闲情逸致又有足够财富积累的老年人无疑是最有潜力的消费者。相比其他群体，老年人在消费时更容易受到环境和身边人影响，消费出现趋同，经由身边人的示范、攀比等向更高层次转变。

本书从规模和结构两个方面来研究老年人的消费，规模方面用每月生存型消费、每月人均生存型消费、每月享用型消费和每月人均享用型消费来刻画；结构方面用每月生存型消费与家庭月总生活支出之比和每月享用型消费与家庭月总生活支出之比来刻画。这些变量主要源自CHARLS 2018年数据库中“您家过去一个月/一年在以下各项消费中的支出”两个问题及选项。表2-2给出了基于CHARLS 2018年数据构建的中老年人消费状况描述性统计。从表2-2可以看出，老年人各项消费的最小值与最大值差距较大。其中中老年人每月享用型消费和每月人均享用型消费的均值虽然很小，分别是183.1元与88.4元，但是从标准差可以看出老年人在享用型消费方面具有高度的异质性。

**表2-2　CHARLS数据反映的老年人消费状况**　　单位：元

| 消费指数 | 观测值 | 均值 | 标准差 | 最小值 | 最大值 |
|---|---|---|---|---|---|
| 每月生存型消费 | 7535 | 2698.6 | 3863.7 | 0 | 122934.3 |
| 每月人均生存型消费 | 7535 | 1276.3 | 2383.1 | 0 | 122934.3 |
| 每月生存型消费与家庭月总生活支出之比 | 7481 | 88.2 | 19.5 | 0 | 100 |
| 每月享受型消费 | 7535 | 183.1 | 1018.2 | 0 | 44958.3 |
| 每月人均享受型消费 | 7535 | 88.4 | 644.4 | 0 | 41708.3 |
| 每月享受型消费与家庭月总生活支出之比 | 7481 | 3.5 | 9.1 | 0 | 100 |

2. 身体精神

(1) 健康状况

随着我国人口老龄化愈发严重，健康状况欠佳的老年人逐渐增加，社会面临较大的养老负担。老年人健康水平提高不仅能够缓解现阶段老龄化带来的社会负担，还能够提高老年人的晚年福利。相较于年轻人，老年人面临更多潜在的健康问题，严重影响了老年人的生活质量。健康状况是衡量老年人生活质量极为重要的维度之一。

为了能够全面评估老年人的健康水平，首先要根据老年人主观上的“自评健康”分析其健康状况，其次要结合医学诊断综合评价。老年人自评健康状况能够全面反映其健康情况，本书根据CHARLS 2018年数据库问卷中问题“您认为您的健康状况怎样”选项分析老年人的健康状况，选项分为“很好、好、一般、不好、很不好”五个等级，图2-4报告了其结果。为便于分析，将健康状况为“很好、好和一般”的老人认定为健康状况好，“不好和很不好”的老人认定为健康状况不好。由图2-4可以看出，较多老年人主观上认为其是健康的，城镇分别有16.64%和4.02%的老年人认为其健康状态为不好和很不好，农村老年人认为其健康状态不好和很不好的更高，分别达到了22.92%和6.72%。整体而言，农村老年人的健康状况没有城镇老年人好，可能是因为农村老年人享受的照料和服务较差。

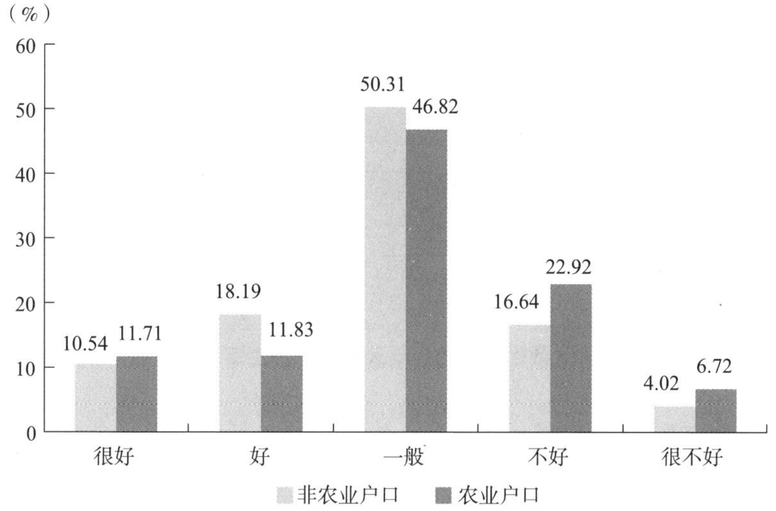


**图 2-4 CHARLS 数据反映的老年人健康状况：按户口分组**

（2）残疾问题与慢性病

老年人相较于年轻人来说更容易出现健康问题，导致健康状况不佳（Levine 等，2018）。身体机能上，他们常面临着视力、听觉、记忆力的下降，以及手指、关节等灵活性降低等问题，患高血压、脑血管和糖尿病等慢性病的老年人也在逐渐增加。残疾和慢性病是危害老年人身体健康的重要因素，严重影响老年人的生活质量。本书使用 2018 年 CHARLS 问卷中老年人对"您是否有下列残疾（包括躯体残疾、大脑受损/智力缺陷、失明或半失明、耳聋或半耳聋、哑或严重口吃）"问题和"是否有医生曾经告诉过您有以下这些慢性病（包括高血压、血脂异常、糖尿病和癌症等）"问题的应答来统计老年人的患病概率，符合其中任意一项即认为患有残疾问题/慢性病。图 2-5 展示了中老年人面临的慢性病和残疾问题，城镇残疾老年人占 10.54%，低于农村老年人的 13.56%；而城镇老年人患有慢性病的比率为 46.71%，高于农村老年人的 43.83%。这可能是由于残疾不需要诊断可观察，同时由于较低的医疗服务水平，导致农村居民诊断出患有慢性病的比率较低。

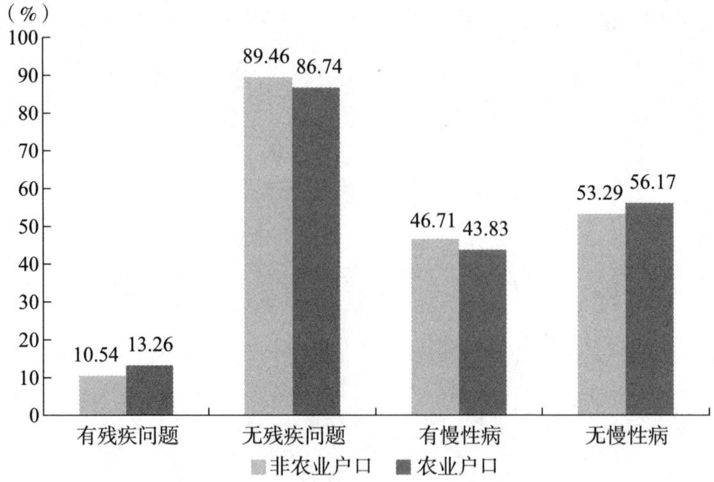


**图 2-5 CHARLS 数据反映的老年人残疾和慢性病问题：按户口分组**

3. 情感心理

（1）生活满意度

随着经济的发展以及国家对老年人的关注，老年人的生活水平获得了较大提高，老年人开始有了精神文化方面的需求；不仅要提升老年人的生活福祉，还要积极应对老龄化，为全社会减轻养老负担、创造美好生活。党的二十大报告提出，增进民生福祉，提高人民生活品质。实现这一目标就需要全面衡量居民的生活质量，生活满意度是衡量老年人晚年生活福祉和幸福感的重要指标。在老龄化和养育负担加重的背景下，分析老年人的生活满意度可充分了解其福利状况。

2018 年 CHARLS 问卷询问了受访者整体上对其生活的满意度，本书根据老年人对问卷五个等级问题的回答进行统计描述，五个等级的具体内容和 45 岁及以上中老年人整体生活满意度见图 2-6。总体来看，大约 87.1%的中老年人对其生活感到满意。其中，分别有 4.97%、28.35%和 53.78%的中老年人对其生活感到极其满意、非常满意和比较满意；而对其生活感到不满意的老年人占比较低，约为 11.91%。其中，有 9.1%的中老年人对其生活感到不太满意，3.81%的中老年人对其生活一点也不满意。可以看出大多数中老年人对其生活感到满意，生活幸福感较高。

本书从户口分类的角度分析了中老年人的生活满意度，满意度的五个等级和分析结果如图 2-7 所示。为便于分析，本书将前三个等级定义为中老年人对生活感到满意，后两个等级定义为其对生活感到不满意。此外，将拥有

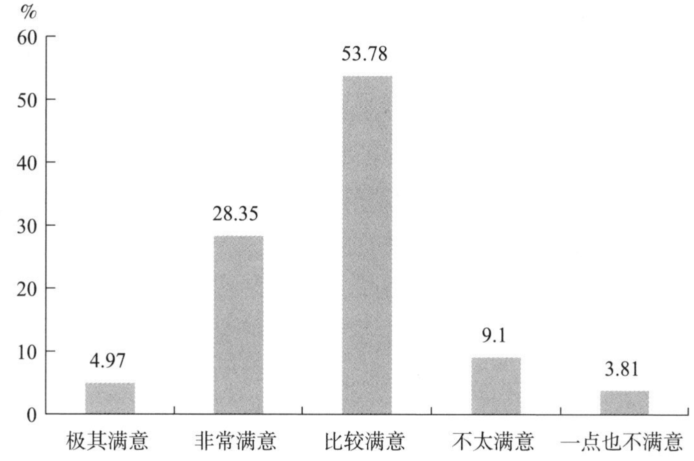


图 2-6 CHARLS 数据反映的中老年人生活满意度

非农业户口的中老年人定义为城镇居民，拥有农业户口的中老年人定义为农村居民，以分析中老年人生活满意度的城乡差异。从图 2-7 可以看出，有 90.98%的城镇居民对其生活感到满意，86.25%的农村居民对其生活感到满意；城镇中老年人比农村中老年人对生活感到满意的比率更高。

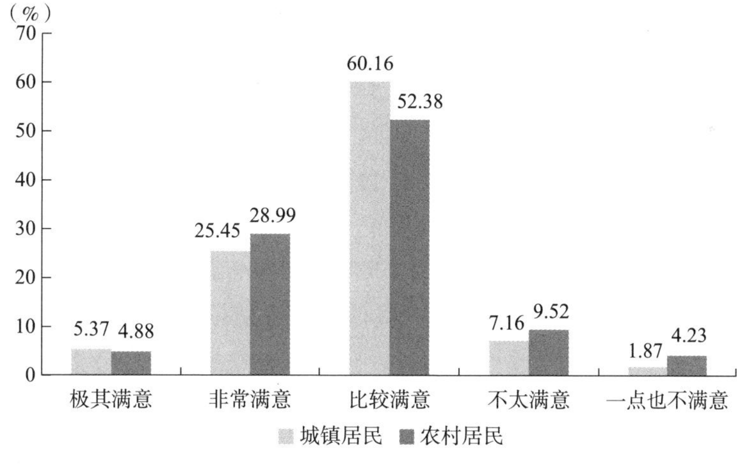


图 2-7 CHARLS 数据反映的中老年人生活满意度：按户口分组

为更细致地描述不同年龄层老年人的生活满意度，本书将中老年人分为 45~59 岁、60~64 岁、65~69 岁、70~74 岁、75~79 岁、80 岁及以上六个年龄段，从户口和性别的角度比较了不同年龄组人群的生活满意度，分析结果如图 2-8 所示。可以看出 45~74 岁城镇男性、女性居民的生活满意度分别高于农村男性、女性居民，65~79 岁男性居民的生活满意度高于女性居民。整体来看，各年龄组中老年人的生活满意度都较高，达到80%以上。

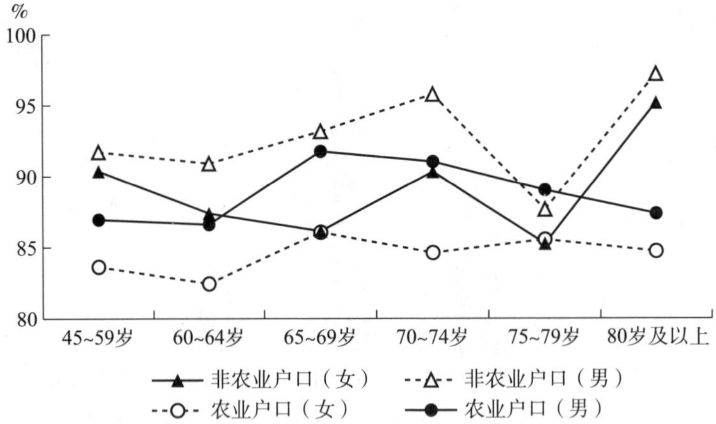


图2-8　CHARLS数据反映的中老年人生活满意度：按年龄、户口、性别分组

（2）抑郁状况

中国国民心理健康发展报告显示，大部分（72%）老年人的生活幸福感较高，但仍存在31%的老年人具有中轻度抑郁倾向，且生活得不到保障和支撑的老年人抑郁倾向和程度更明显。老年人随着年龄的增长，丧偶以及子女流动性大容易导致其精神衰弱，进而引发其出现抑郁倾向。张玲等（2011）认为我国老年人发生抑郁的概率为22.6%，且女性抑郁概率高于男性。老年人的精神健康问题愈加严峻，抑郁不仅危害老年人的精神健康，还会威胁老年人的身体健康，老年人的心理健康问题不容忽视。2018年CHARLS数据库使用抑郁量表调查了45岁及以上中老年人的抑郁风险。该表一共设置了3个抑郁情绪问题、5个躯体症状问题和2个积极情绪问题。受访者根据自身对上一周的感觉在四个选项中进行选择，具体条目和选项如表2-3所示，时间分别为不到1天、1~2天、3~4天和5~7天。调查结果显示大多数老年人的回答为很少或根本没有，说明绝大多数老年人的生活幸福感较高。

表2-3　CHARLS数据有关中老年人抑郁量表的回答情况

| 抑郁状况 | 占比（%） | | | |
|---|---|---|---|---|
| | 很少或根本没有 | 不太多 | 有时或者说有一半时间 | 大多数时间 |
| 因一些小事而烦恼 | 49.49 | 21.16 | 15.22 | 14.13 |
| 做事时很难集中精力 | 49.59 | 20.53 | 15.87 | 14.01 |
| 情绪低落 | 49.04 | 20.84 | 15.81 | 14.31 |

续表

| 抑郁状况 | 占比（%） | | | |
|---|---|---|---|---|
| | 很少或根本没有 | 不太多 | 有时或者说有一半时间 | 大多数时间 |
| 觉得做任何事都很费劲 | 49.35 | 17.74 | 14.33 | 18.58 |
| 对未来充满希望 | 30.73 | 13.77 | 15.82 | 39.67 |
| 感到害怕 | 78.04 | 9.98 | 6.21 | 5.78 |
| 睡眠不好 | 45.20 | 16.43 | 14.69 | 23.68 |
| 很愉快 | 21.06 | 13.47 | 19.05 | 46.42 |
| 感到孤独 | 65.33 | 12.08 | 9.51 | 13.08 |
| 觉得无法继续生活 | 76.13 | 9.03 | 7.13 | 7.70 |

此外，依据抑郁程度对每个选项进行赋值，从抑郁程度最高的选项到最低的选项依次赋值 3、2、1、0。将 10 道问题的得分相加得出取值范围为［0，30］的抑郁量表值。本书将抑郁得分为 10 分及以上认定为高抑郁风险，将其赋值为 1；反之赋值为 0。总体来看，45 岁及以上中老年人高抑郁风险概率达到了 36.55%。从图 2-9 中可以看出，女性的高抑郁风险占比要高于男性，农业户口的男性、女性高抑郁风险概率分别高于非农业户口的男性、女性。

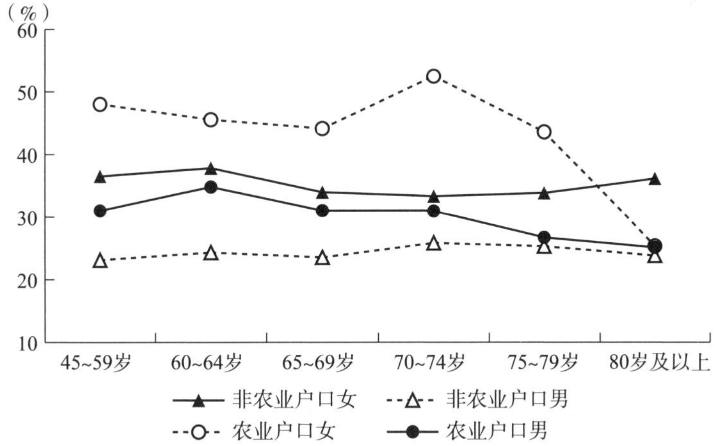


图 2-9　CHARLS 数据反映的中老年人抑郁状况：按年龄、户口、性别分组

4. 日常照料

（1）经济支持

人口老龄化已成为我国的“基本国情”，与之相伴的是老年人的照料问题。吴帆（2016）认为，未来我国老年人的照料负担将持续提高，在21世纪30年代进入重负阶段，40年代进入超重负阶段，甚至在2080年会成为全球老年人照料负担最重的国家。承担照料老年人责任的子女压力不小。

第七次全国人口普查数据显示，我国流动人口总量不断加大，从2010年的22143万人增加至2020年的37582万人，年均增长率高达6.97%。人口流动性的大幅提高导致空巢老人等问题，多数子女无法照料收入减少和身体机能下降的老年人，只能通过提供物质支持作为补偿，家庭间代际支持在改善老年人基本生活水平方面仍旧发挥关键作用。本书通过观察子女对老年人的经济照料，如图2-10所示，发现45~69岁农业户口居民能得到较多的经济支持，70岁以上非农业户口居民能得到较多的经济支持。整体上看，各年龄段中老年人每月平均能得到子女提供200~600元的经济支持。

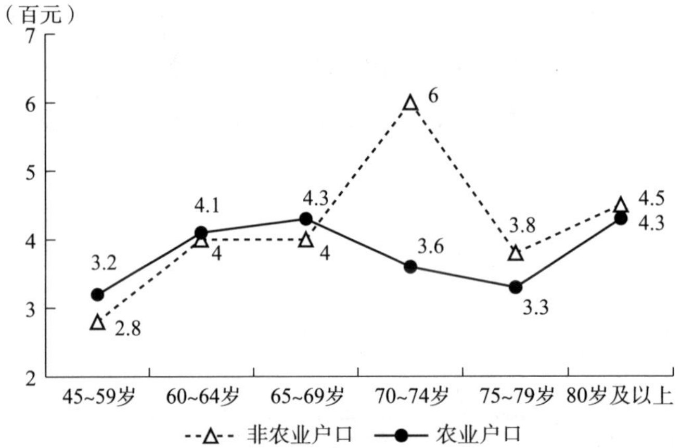


**图2-10　CHARLS数据反映的子女对中老年人月均代际支持：按年龄、户口分组**

（2）是否有人照料

当老年人不能自理时，就会产生照料需求。2018年CHARLS问卷通过让老年人自评洗澡、买东西和做家务等11项日常行为是否有困难来反映其日常生活自理能力，并且问卷进一步询问有照料需求的老年人其日常是否获得他人帮助。本书通过老年人对2018年CHARLS问卷中设置的问题“请问在以上（主要包括11项日常行为）困难中，都有谁帮助您”的回应来刻画是否有人照料中老年人，选项中任何一项都不满足赋值为0，满足1项及以上赋值为1。

从图2-11中可以看出，随着年龄的增加，60岁以上能够得到照料的老年人比率逐渐下降，且非农业户口老年人得到照料的比率高于农业户口老年人，可能的原因是60~79岁的城镇老年人拥有较好的经济条件和寻求照料的意识，从而可获得更好的照料服务。

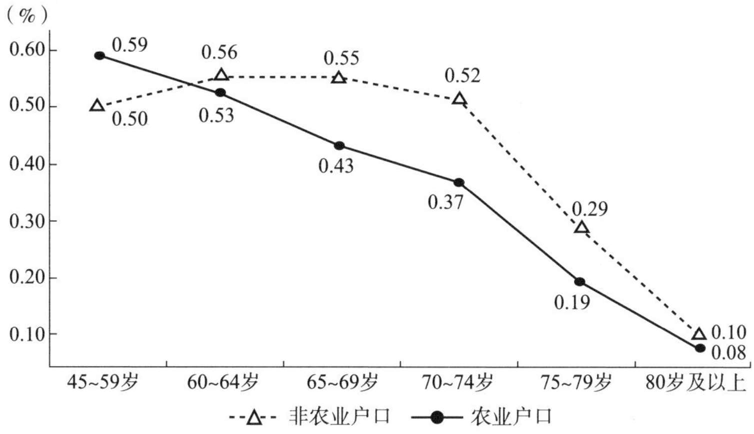


图2-11　CHARLS数据反映的中老年人有照料需求时是否有人照料：按年龄、户口分组

## 2.2.2　影响老年人福利状况的因素

本书主要从养老模式、社会参与和身心健康这三个较为重要的因素探究其对老年人福利状况的影响，以此来健全和改善相关法律法规及社会福利政策，提高老年人的生活水平和生活质量。

第一，养老模式方面。“养儿防老”观念根植于中国传统家庭，但是“啃老族”颠覆了部分人的传统观念，加重了老年人的负担，影响了老年人的生活体验。从家庭养老和居住安排看，子女提供经济支持和照料的养老模式是影响老年人物质生活水平、生活满意度和健康状况的重要因素（王萍、李树茁，2011；王俊等，2012）。从社会养老来看，社会保障可落实老年人的健康医疗卫生服务。Poterba（2014）发现美国社会底层老人的主要经济来源是社会保障，社会提供的服务可影响其幸福感。此外，老年人能否自立养老也是影响其福利状况的重要因素。经济方面，老年人通过合理配置资产能够改善其经济状况，直接关系其晚年的生活照料服务和精神生活（楚军红，2001）；生活方面，老年人如果能独立照料自己，会更有尊严地享受幸福的晚年生活（Lette等，2017）；精神方面，不怕老和不服老的态度能够对提升老年人生活满意度和幸福感发挥积极作用。

第二，社会参与方面。伴随着经济的发展以及国家加大对老年人福利的支持力度，老年人的生活需求已得到了基本满足。在满足了基本生活需求的基础上进行社会参与能够缓解老年人的孤独感，改善老年人的生活质量（孔泽宇，2021）。适度的社会参与对老年人和社会都有着积极影响，对于老年人个体而言，老年人通过社会参与可获得更多社会资本和交流机会进而影响其身心健康（胡宏伟等，2017）。随着数字技术的发展，人们的社会参与方式发生了相应的变化：交流逐渐从线下转换为线上。得益于社会的支持，越来越多的老年人开始使用智能设备。在数字化背景下，老年人可以通过刷短视频消磨闲暇时间，还可以和远方的家人或朋友交流，这在一定程度上缓解了老年人的孤独感，丰富了其晚年精神生活。

第三，身心健康方面。健康对老年人而言极其重要，身体和心理健康都是老年人晚年生活幸福的前提条件。一方面，随着年龄的增长，老年人因为身体机能日渐衰退面临较高的健康风险，进而产生不可避免的医疗支出，在一定程度上影响了老年人的晚年生活质量（陈英姿、邓俊虎，2011）。老年人身体机能的损伤和下降会导致其自控能力下降甚至丧失一部分生活技能，在一定程度上损害了老年人的自尊（McAuley et al.，2006）。另一方面，人们更多关注老年人的物质条件，而忽略了其精神上的需求。有文献表明，老年人的肌体、心理以及自评健康对提高其生活质量有着积极的作用，且其心理健康和自评健康的影响程度大于肌体健康（李建新、刘保中，2015）。特别是抑郁，在各种影响心理健康的因素中作用最为明显（张秀敏等，2017），患有抑郁症和焦虑症等心理问题的老年人生活质量较低。

### 2.2.3 改善老年人福利的主要困难

改善老年人福利状况面临很多困难，主要体现在以下几个方面。

第一，老年人缺少子女陪伴，心理诉求无法得到有效满足。据《中国老年人生活质量发展报告（2019）》，我国拥有小学文化程度及以下的老年人占七成左右，整体文化水平偏低，无法及时跟上时代，部分老年人仍然无法通过网络表达自身需求。尽管我国60岁及以上的老年人口已接近4亿人，但这一群体经常被社会各界所遗忘和忽视。尤其是随着人口流动性增强，为了帮助儿女照顾孩子，随迁老年人在逐渐增加。随迁老年人在文化适应方面存在一定的滞后性（池上新，2021）。老年人无法适应新的生活环境，因情绪无法疏导而加剧其抑郁程度。但是以医院、基层医疗卫生机构和专业公共卫生机构为核心的医疗卫生服务体系却没能及时完善满足这一需求，普遍缺乏可以为老年人提供专业心理咨询、精神慰藉的心理健康门诊和诊所。

第二，老年人的生活质量难以真正得到改善。面向失独老人、孤寡老人、空巢老人、残疾老人等的政府补贴仅限于保障其基本生活，其生活质量仅维持在最低水平。在低层次需求即基本生活获得保障后，老年人会有更高的生活质量和精神文化需求，养老需求对社会提出了更新、更高的要求。如何深化养老机构改革，真正改善孤寡独鳏老人的生活质量对政府来说是个艰巨的任务。

第三，改善老年人的福利缺乏必要的养老模式支撑。我国的养老模式基本呈现“0973”架构，即90%的老年人选择居家养老，7%的老年人选择社区养老，只有3%左右的老年人选择机构养老。在我国，家庭养老一直占有重要地位，但随着家庭规模的小型化以及养老负担的加重，以血缘关系为纽带的家庭养老功能逐渐弱化。此时，社区养老和机构养老就应该及时发挥其补充作用。但是目前我国社区养老存在法律法规不健全、养老志愿服务队伍管理制度不完善、养老志愿者规模小且时间难以确定等问题（王越英，2022）。同时，受传统观念的影响，部分偏远地区的养老机构入住率不高，人们对其接受度较低。以居家养老、社区养老、机构养老为核心的中国基础养老模式无法有效结合，家庭作为单一的福利主体无法有效负担和增加老年人的养老福利。

为解决上述问题，本书提出了以下几个具体的解决办法。

第一，营造社会各界关心、爱护老人的舆论氛围，提倡邻里间的帮扶。各级政府、有关部门、基层群众性自治组织积极组织老年人文化娱乐活动，建设有利于老年人身心健康的设施，开设专门的医疗卫生机构和心理健康门诊，关注和改善老年人的心理健康。

第二，加深福利社会化程度，细化企业、个人、政府之间的分工合作。国家要加强对福利事业的整体引导和特困人群的政策扶持，相关部门强化对福利机构的监管以提高福利机构工作成效。企业作为政府和个人之间的重要环节需要加强自身监管，整合社会资源，为政府提供必要的资金支持。同时，在社会大力营造“尊老爱老”的舆论氛围，形成志愿服务的良好风尚，为鳏寡孤独老人的日常生活提供有力保障并改善其生活质量。

第三，促进养老模式多元化，不单依托家庭养老来承担主要的养老责任，要让社区养老、居家养老和机构养老深度结合，加强社区和家庭之间的联系。社区要把上门服务、生活护理等具体措施落到实处，真正减轻家庭养老的负担，缓解家庭养老压力。同时，增加养老机构资金资助和政策扶持，提高办理质量、加大宣传力度，切实保障老年人的生活质量和物质福利水平。

## 2.3 老年人社会网络现状

社会网络这一概念最早由英国社会学家 Radcliffe-Brown 提出，是指社会个体成员之间因为互动而形成的相对稳定的关系体系，是人与人连接的基本形式（Radcliffe-Brown，1940）。社会网络与其相近的几个概念，如社会关系、社会互动、社会参与之间的关系如下：社会网络是一系列网络节点之间的关联关系构成的集合，包括“点”和“线”两个基本要素。“点”代表网络中的行动者，老年主体可以看作是老年人社会网络的中心节点，其他社会成员包括其子女、配偶、亲友、邻里等社会成员为构成该社会网络的节点；而“线”代表着网络中各节点之间的联系，正是因为老年主体与其他社会成员之间的长期互动而形成相对稳定的关系网络（张友琴，2001）。可见，社会网络关注的是人们之间的互动和联系，社会互动或社会参与是社会网络形成的重要原因和表现特征。社会互动会影响人们的社会行为，因而本书在研究过程中引入社会互动来衡量社会网络。三者之间的关系可以理解为：社会网络是社会关系的集合，社会互动或社会参与是社会关系形成的主要方式和途径。

从分类的角度来看，社会网络通常有多种层次，如家庭关系、朋友关系和邻里关系（刘轶锋，2022）。社会护航模型显示个体一生都萦绕于圈层式护航轨道的社会关系网络之中，这种圈层能够帮助老年人改善物质生活和精神文化水平（Antonucci et al.，2014）。从人际关系的亲疏和家庭特征来看，我国老年人的社会圈层从内到外分别为家人、亲友以及其他关系（姚远，2001）。此外，在数字化背景下，网络的发展已成为影响老年人社会网络的一个重要因素（唐丹等，2022）。因此，为了研究以老年群体为中心节点的社会网络，本书主要关注三个层次：一是老年人与子女间形成的代际互动关系，二是老年人与其他社会群体间形成的社会互动关系，三是通过互联形成的数字化社会网络，这三个层次的社会互动对老年人家庭资产配置决策产生重要影响。

### 2.3.1 亲子关系

发达国家经历了很长时间的人口老龄化过程，社会保障体系已经覆盖了大部分老年人群。中国的人口老龄化发生于经济发展水平较低、社会保障体系还不完善的时期。因此，子女仍然是照料老年人的主体，通过共同居住、转移支付和交往等方式来照料父母。子女流动容易导致老年人精神衰弱，进而引发其产生抑郁。人口流动带来的居住方式的改变是加重老年人孤独感的重要因素之一（Ng 和 Northcott，2015）。为考察老年人的亲子关系，本书运用 CHARLS、CFPS 两个数据库 2018 年的数据，分析老年人的居住安排、子女与父母之间转移支付的情况以及子女和父母之间的交往。

1. 老年人的居住安排

对于第一层面，以老年人是否与子女共同居住来衡量。老年群体与其子女同住是我国家庭代际生活方式的特征之一，这种代际居住安排是实现代际支持和交换功能的重要途径（李婷、胡文波，2021）。本书将老年人的居住安排分为与子女同住（受访者有子女且是家庭成员）、不与子女同住两大类，与子女同住又分为和儿子同住、和女儿同住两类。此外，考虑获取家庭养老资源的方式并不仅仅是通过与子女同住才能实现。很多子女虽然不与老年人同住，但依旧会通过转移支付等方式向老年人提供家庭经济支持（Bian et al.，1998）。本书在对老年人与子女共同居住的刻画上除了强调时间和空间上的共同居住外，在稳健性检验部分采用“父母和子女经济上是否为一家”这种方式进行刻画，强调父母和子女的经济往来。若不需要供养家庭，也不需要家庭供养即为经济不同住，强调经济上的联系。

从图 2-12 中可以看出，与子女同住的老年人占 44.36%，还有一半以上老年人不与子女同住。与此同时，与子女同灶吃饭即在经济上与子女有联系的占 55.21%，说明大多数老年人在经济上与子女并未完全脱离。在与儿子还是女儿共同居住上，与儿子同住的比例为 33.82%，远高于与女儿同住的比例（16.84%）。这可能与中国“养儿防老”男性单系继承和“男娶女嫁”从夫居的传统文化背景有关。

2. 亲子代际支持

在“4+2+1”家庭结构下，“重幼轻老”现象日益明显，赡养老人和工作难以保持动态平衡，代际转移随着传统居家养老功能的弱化而发生改变。父母和子女间的代际支持主要体现在经济支持和劳动支持两个维度。经济支持分为父母给予子女、子女给予父母两个方向。前者本书采用 CFPS 数据库中过去 6 个月父母给予所有子女的经济支持总和衡量，后者本书采用过去 6 个月所有子女给予父母的经济支持总和衡量。劳动支持同样分为父母给予子女、子女给予父母两个方向。前者本书采用过去 6 个月父母帮助子女料理家务或

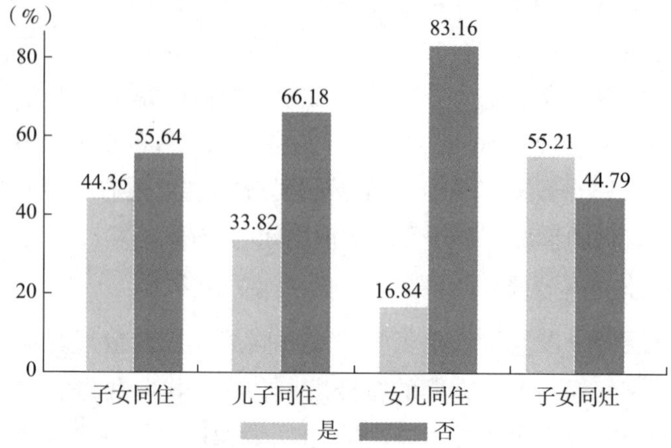


图 2-12　CFPS 数据反映的中老年人居住安排情况

照看孩子的频率衡量，后者本书采用过去 6 个月子女帮父母料理家务或照顾其饮食起居的频率衡量。

如表 2-4 所示，经济支持方面，父母给予子女经济支持的样本数量较少，仅占全部样本的 8.2%，但均值和方差较大；而子女给予父母经济支持的样本所占比例为 25.3%，均值和方差均小于父母给予子女经济支持。劳动支持方面，父母给予子女劳动支持与子女给予父母劳动支持的样本相差不大，为 16%~19%。但父母给予子女的平均照料时长每月高达 23.42 天，子女给予父母的平均照料时长每月 11.7 天。整体而言，"父母给予子女劳动支持，子女给予父母经济支持"是更为普遍的亲子代际支持模式。

表 2-4　CFPS 数据父母与子女转移支付统计

| 支持类型与方向 | 总样本量 | 分样本量 | 均值 | 方差 | 最小值 | 最大值 |
|---|---|---|---|---|---|---|
| 父母给予子女经济支持（元） | 8754 | 714 | 1741.58 | 6750.89 | 1.00 | 1.00e+05 |
| 子女给予父母经济支持（元） | 8754 | 2212 | 871.64 | 1903.49 | 1.00 | 50000.00 |
| 父母给予子女劳动支持（天） | 8754 | 1689 | 23.42 | 10.15 | 0.50 | 30.00 |
| 子女给予父母劳动支持（天） | 8754 | 1412 | 11.73 | 10.76 | 0.50 | 30.00 |

3. 与子女的交往

对于不和父母同住的子女来说，除了财和物的转移支付，会经常通过看望、打电话、发短信等方式和父母交往。CFPS 数据库调查问卷采用"见面频率"和"联系频率"对该情况进行了调查，具体以"过去 6 个月，您多久能见到孩子”来衡量见面频率，以“过去6个月，您多久通过电话、手机短信、信件或者电子邮件与孩子联系”衡量联系频率。本书将老年人对CFPS数据库调查问卷设置问题的回答进行标准化处理，以每个月交往天数作为基准进行衡量；对应“几乎每天”“一周3~4次”“一周1~2次”“一月2~3次”“一月1次”“几个月1次”分别赋值为30、16、8、3、1、0.5，并计算老年人与所有孩子平均交往天数。从图2-13可以看出，有近3/4的中老年人与子女的见面或者联系频率平均在一周3次以上，亲子交流频率较高。无论是见面还是通过电话等联系，几个月1次的情况少见；至少九成的样本，显示中老年人多于每月1次的频率与子女见面或联系。

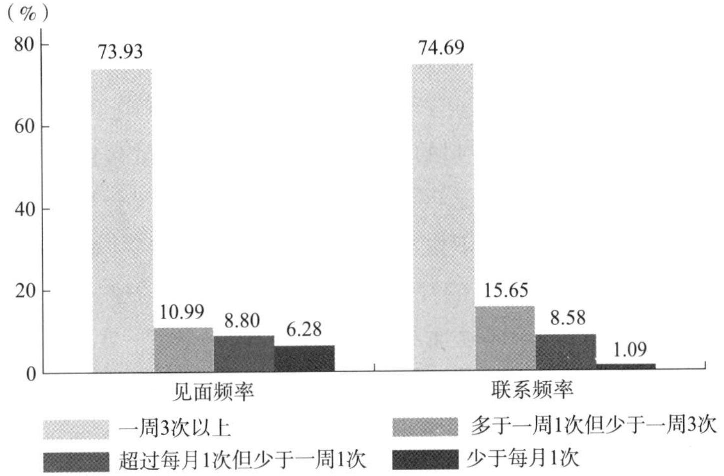


图2-13 CFPS数据反映的中老年人与子女的交往情况

## 2.3.2 社会关系

老年人的社会关系容易受到环境、家庭以及邻居等的影响。部分老年人为满足其精神需求积极构建多维度的社会网络，并从中汲取所需资源，达到情感的自我满足（刘轶锋，2022）。社会互动会影响个体的决策方式和行为，近年来，从社会互动角度研究社会经济问题的文献越来越多，如社会互动对股市参与（李涛，2006；郭士祺、梁平汉，2014）、投资选择（李涛，2006）、家庭创业（胡浩等，2018）、保险购买（刘金华、吴静，2019；何兴强、李涛，2009）、劳动力流动（潘静、陈广汉，2014）等的影响。受传统习俗等影响，人际观念是影响老年人群体最重要的因素。对于老年群体来说，持续地参与社区和社会的活动是建立人际网络、与其他群体互动的主要渠道（赵耀辉等，2019）。因此，本书重点从老年人参与的社会活动来分析老年人社会互动的情况，描述分析中老年人群社会参与的总体情况以及不同类型活动的具体结果。本书主要通过中老年人对 2018 年 CHARLS 数据库调查问卷设置的问题“您过去一个月是否进行了下列社交活动”的回答来刻画中老年人的社会参与，此问题调查了受访者 10 种不同类型的社会互动，其中第 9 种、第 10 种互动形式分别为炒股和上网。由于最后两种社会互动形式主要发生在互联网，因此将其归类为数字化社会网络。本书将前 8 种互动方式归类为通常意义上的社会关系，具体互动形式见表 2-5。

1. 社会互动参与比例

社会互动参与率无疑是考量老龄群体社会活动参与情况的一个最直接且重要的指标。根据活动目的对 8 种参与方式进行分类，并对样本进行统计分析，结果如表 2-5 所示。在老年群体的社会互动中，串门、与朋友交往比例最高，为 35.4%，向不住在一起的亲人、朋友或邻居提供帮助比例较高，为 12.6%。这表明与邻里、朋友之间的交往是老年人所有社会互动中最为普遍和受欢迎的方式。“打麻将、下棋、打牌、去社区活动室”与“跳舞、健身、练气功等”以兴趣爱好为特征的社会互动比例分别为 16.7%、6%，仅低于与邻里、朋友的交往。“上学或参加培训课程”的比例最低，不到 1%。虽然该种形式的社会互动参与率不高，但其是“积极老龄化”进程不可缺少的一部分，其巨大的潜在意义、价值和需求不容忽视，未来需要进一步加强。

表 2-5　CHARLS 数据反映的中老年人社会互动参与比例

| 社会互动形式 | 样本总量 | 参与比率 | 参与数量 |
|---|---|---|---|
| 串门、与朋友交往 | 7535 | 0. 354 | 2670 |
| 打麻将、下棋、打牌、去社区活动室 | 7535 | 0. 167 | 1261 |
| 向不住在一起的亲人、朋友或邻居提供帮助 | 7535 | 0. 126 | 946 |
| 跳舞、健身、练气功等 | 7535 | 0. 060 | 453 |
| 参加社团组织活动 | 7535 | 0. 024 | 178 |
| 志愿者活动或者慈善活动 | 7535 | 0. 015 | 114 |
| 照顾不住在一起的病人或残疾人 | 7535 | 0. 025 | 192 |
| 上学或参加培训课程 | 7535 | 0. 008 | 60 |

### 2. 社会互动参与频率

第二个重要指标是社会互动的参与频率。参与频率（Frequency）是指人们在单位时间内参与某项活动的次数，参与频率越高，则其社会互动的模式越稳定。有研究显示离退休老人的主观幸福感和心理健康水平直接受交往频率的影响，交往频率越高，孤独感越低，主观幸福感越高，心理健康水平越高（蒋怀滨、林良章，2008）。CHARLS 问卷通过设置问题“过去的一个月中，您每隔多长时间会做这些社交活动”就参与的具体社会活动对受访者逐一询问，并提供了三种选项，分别是“几乎每天”“几乎每周”“不经常”。相比一周一次，坚持每天参与特定的社会活动指向更为稳固的生活以及人际交往模式，但参与的频率有可能受到活动的类型、活动的设施以及主被动方式等外力影响。

表 2-6 显示了以日、周为单位，以及至少一周一次参加 8 种社会活动的人数比例。总体来看，“跳舞、健身、练气功等”的参与频率最高，至少每周一次的比例高达 85.65%，且集中为每日参与，每日参与的比例高达 66.89%，远超其他类型的社会互动。“志愿者活动或者慈善活动”的参与频度最低，至少每周一次的比例为 21.05%，表明有 3/5 左右的受访者不经常参与该活动。“串门、与朋友交往”“打麻将、下棋、打牌、去社区活动室”等娱乐性活动至少每周一次的比例均在 64%左右。

**表 2-6 CHARLS 数据反映的中老年人社会互动参与频率**

| 社会互动形式 | 参与频率（%） | | |
|---|---|---|---|
| | 每日参与 | 每周参与 | 至少每周一次 |
| 串门、与朋友交往 | 41.57 | 22.40 | 63.97 |
| 打麻将、下棋、打牌、去社区活动室 | 30.69 | 33.07 | 63.76 |
| 向不住在一起的亲人、朋友或邻居提供帮助 | 10.57 | 20.72 | 31.29 |
| 跳舞、健身、练气功等 | 66.89 | 18.76 | 85.65 |
| 参加社团组织活动 | 14.61 | 29.21 | 43.82 |
| 志愿者活动或者慈善活动 | 3.51 | 17.54 | 21.05 |
| 照顾不住在一起的病人或残疾人 | 23.44 | 20.31 | 43.75 |
| 上学或参加培训课程 | 11.67 | 30.00 | 41.67 |

### 3. 社会互动衡量方式的优劣分析

目前，对于社会互动的衡量尚未形成统一标准，现有研究衡量社会互动主要从以下四个方面入手：一是基于主观评价指标衡量社会互动强度，如李涛（2006）在研究社会互动对居民股市参与的影响时，使用了居民对其人际交往程度的主观评价作为社会互动强度的衡量指标。二是基于交往人群数量刻画社会互动强度，如认识的邻居数量（Hong et al.，2004）、春节拜访人数（李涛，2006）、亲友数量（曹扬，2015）等指标。三是基于社交行为支出衡量社会互动强度，如节假日和婚丧嫁娶等的礼金收入、支出和往来（马光荣、杨恩艳，2011；赵剑治、陆铭，2010），请客吃饭开支（何兴强、李涛，2009），通信支出（郭士祺、梁平汉，2014）等指标。四是其他测度指标，如参加宴席频率、户口是否在本市、寻找工作方式等指标刻画社会互动程度（曹扬，2015）。

但是，单纯使用上述几种刻画方法存在以下问题：一是采用主观评价指标的优点在于可以很好地衡量相关主体的心理距离，缺点在于对社会交往程度概念的理解因人而异，难以形成统一的标准，据此得出的结论可能存在偏差。二是交往人群数量可在一定程度上界定个体拥有的社会关系网大小，但这一指标难以分辨研究对象与交往个体之间的“远近亲疏”。不同研究主体的社会关系网络的人员构成存在差异，这种差异会使社会网络对人的影响存在个体异质性，单纯以这种方法难以准确衡量相关主体的社会互动强度。三是从社交行为支出角度衡量社会互动强度，可以在一定程度上衡量相关主体对社会网络的依赖和重视程度。但此类指标只能作为衡量社会互动强度的参考与辅助，无法单独衡量社会互动强度。如果忽视主体的社会关系网络规模，仅考虑其支出金额衡量社会互动强度容易产生偏误。① 四是其他的测度方式较小众，刻画不够精确。

基于已有研究和数据可得性，为避免采用单一指标造成的随机性缺陷，本书从社会互动本身维度出发，综合使用社会互动广度与社会互动深度两类指标来对社会互动的强度进行衡量。以这两个指标衡量社会互动有其必要性：一是社会互动广度往往能直接影响老年人获取消费信息的渠道。交际广泛的老年人所接触的人群更加多样化，凭借社交网络获取的消费信息更加丰富，其消费行为更容易受到社交同伴的影响。二是社会互动广度与深度对消费行为的影响存在差异。社交深度可能会促进消费行为，较高的社交频率会增进老年人与同伴之间的亲密度和信任度，而亲密度和信任度的积累会增强老人

---

① 如 A 和 B 皆支出 1000 元为朋友购买礼物，若 A 有 1 个朋友，B 有 1000 个朋友，则尽管 A 与 B 在社交支出上是相同的，但是我们很难从社交花费上判断 A 和 B 谁更重视并容易受朋友影响。

分享和表露其生活状态的意愿，特别是在分享新鲜事物方面（Utz，2015）。此外，老年人在消费决策过程中往往更加相信和重视从熟人处获得的信息，因此社交深度会使同伴行为更容易对老年人产生影响。但是值得注意的是，较强的社交深度也可能使老年人的社交关系固化，一方面限制了老年人信息渠道的扩张，另一方面使由从众攀比心理导致的消费升级在交往密切的群体中不显著。因为同伴之间交往密切且知根知底，任何超过其消费能力的从众或攀比消费都存在被揭穿的风险。综合以上分析可知，只有兼顾社会互动深度与广度，才能更加准确地衡量老年人的社会互动强度。本书以老年人每月所参与的社交活动种类（*num*）作为衡量老年人社会互动广度的代理变量，将老年人每月参加各种社交活动的总次数（*nsocial*）作为衡量老年人社会互动深度的代理变量。此外，本书以受访者上一年给予非同住亲戚的礼金支出和困难救济支出之和，构建社会互动代理变量人情礼金支出（*humangift*），作为检验社会互动的稳健性替代指标。

### 2.3.3　数字化社会网络

近年来，随着通信技术的发展，网络在全球范围不同人群中迅速普及，截至2022年6月，我国的互联网普及率达74.4%。[①] 与此同时，中国老年群体互联网的低使用率与老年人口占总人口的高比例形成巨大反差。许多研究证实，使用网络可以给老年人带来收益，特别是对有行动障碍的群体。它可以打破地域局限，提供与他人交流、互动机会，降低被社会孤立的可能性，提高老年人的生活质量和身心健康（Greysen et al.，2014）。本书以老年人外部互联网环境即数字经济的发展状况作为第三层面互动的衡量指标。尽管存在“数字鸿沟”的问题，但数字包容性发展得到了越来越多的关注。一般而言，互联网环境越好，越能促进老年人使用网络。在数字技术快速发展的背景下，社会网络形态也发生了相应变化，其中最明显的是社会网络逐渐数字化，人们交流逐渐从线下转为线上。互联网已成为大部分老年人生活中不可或缺的部分，越来越多的老年人逐渐参与到数字化社会网络中。

1. 网络使用差异

网络使用率总体上为12.43%，但各个年龄段的老年人网络使用差异较大。从图2-14可以看出，不论是农业户口还是非农业户口，随着年龄的增长，老年人使用网络的比例逐渐下降。以全样本计算，45~59岁、60~64岁、

① 参见中国互联网络信息中心发布的第50次《中国互联网络发展状况统计报告》。

65~69岁、70~74岁、75~79岁、80岁及以上六个年龄段老年人的上网比例分别为8.78%、1.67%、1.04%、0.56%、0.27%、0.09%，随年龄增长而下降的趋势非常明显。随着年龄的增长，老年人身体机能退化越来越严重，容易出现残障等不健康状况。尽管有相关辅助工具帮助老年人使用互联网，但是不健康的老年人学习技能下降，阻碍了老年人数字融入。此外，老年人通常易被贴上“数字难民”的标签，这种负面印象会使老年人产生“自我实现的预言”，久而久之，老年人因为受到年龄歧视而产生消极的思想情绪。Lagac等（2015）的研究表明，加拿大已经退休的老年人越是在意年龄歧视，越会排斥使用ICT。

在网络使用上，农业户口和非农户口调查样本存在显著差异。如图2-14所示，非农业户口调查样本的网络使用率在各个年龄段均高于农业户口调查样本的网络使用率。这可能由受教育程度、上网设施覆盖率等多种因素造成。非农业地区的上网设施覆盖率始终高于农业地区，且逐年扩大趋势明显。

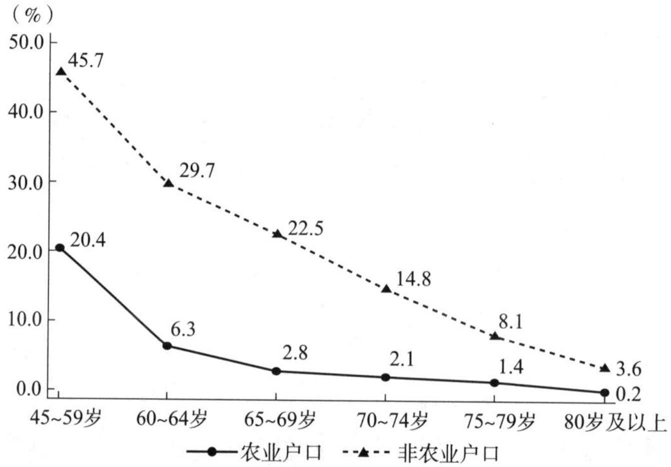


**图2-14 CHARLS数据反映的中老年人上网参与的比例差异：按年龄、户口分组**

2. 网络使用方式的差异

手机和台式计算机为主流上网终端，但手机在非农业户口受访者中更为普及。首先，从图2-15可以看到，老年人倾向于选择手机或台式计算机上网。但非农业户口和农业户口老年人上网方式略有不同，前者选择台式计算机的更多，而后者更多的选择手机。其次，非农业户口老年人使用平板电脑更加普及，这与非农业户口老年人较好的经济条件和对新科技较高的敏感度有关。

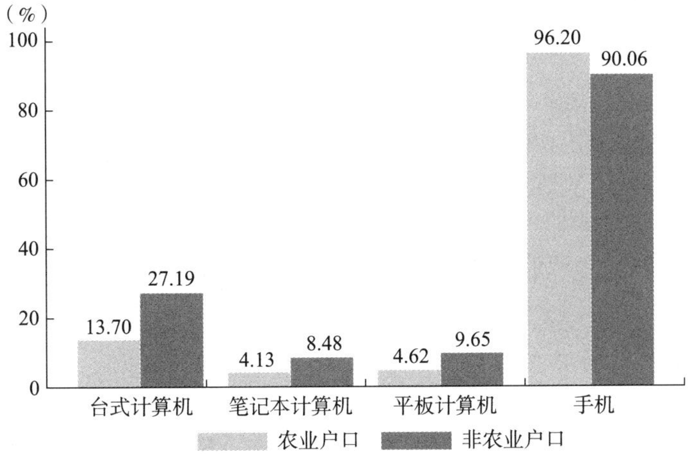


**图 2-15 CHARLS 数据反映的中老年人网络使用方式的差异：按户口分组**

## 2.4 本章小结

本章主要借助 CHARLS 和 CFPS 问卷数据定量描述老年人家庭资产配置状况、福利状况以及社会网络特征，以廓清基本事实，为后续分析奠定现实基础。首先，从无风险家庭资产、风险家庭资产、房产数量角度描述老年人家庭资产配置现状，对比分析了不同户口类型老年人家庭资产配置的差异，并从金融受骗和民间借贷两个维度分析了老年人家庭资产配置的风险状况。其次，从物质生活、身体精神、情感心理、日常照料四个层面对老年群体进行统计描述，分析了影响老年人福利的因素，并梳理总结了提升老年主体福利水平所面临的障碍，以期全面、准确地了解中国老年人的福利状况。最后，从亲子关系、社会关系、数字化社会网络三个层面分析了老年人的社会网络特征。研究发现：

第一，在资产配置类型方面，老年人家庭普遍选择持有现金和存款等无风险资产，对于风险资产投资持谨慎态度，普遍选择购买 1~2 套房产。在资产配置方面，非农业老年人家庭资金持有量明显高于农业家庭，具有非农业户口的老年群体拥有较为充裕的资金。但资产总额的差异并未明显改变农业与非农业家庭对无风险资产和风险资产的持有比例，即不同户口类别的老年人更倾向于持有无风险资产。在资产配置风险方面，老年人金融受骗和民间借贷金额较高且涉及人数较广，降低老年人资产风险、防范老年人受骗是现阶段亟待解决的社会问题。

第二，物质生活方面，老年人养老保险的覆盖率有明显提升，城镇居民的养老保险覆盖率高于农村居民，老年人在享用型消费方面具有高度异质性。身体精神方面，整体而言，农村老年人的健康状况比城镇老年人差，并且慢性病的老年患者逐渐增加，其中患有慢性病的城镇老年人比率为46.71%，高于农村老年人的43.83%。情感心理方面，大约87.1%的中老年人对生活感到满意，生活幸福感颇高。随着年龄的增长，老年人丧偶以及子女流动性大容易导致其精神衰弱，进而引发其产生抑郁情绪，45岁及以上中老年人高抑郁风险概率达到了36.55%。日常照料方面，随着年龄的增长，能够得到照料的60岁以上老年人比率逐渐下降。

第三，在老年人居住安排上，一半以上老年人不与子女同住，但大多数老年人在经济上与子女并未完全脱离。与子女同住的老年人大多选择与儿子而非女儿共同居住。“父母给予子女劳动支持，子女给予父母经济支持”是更为普遍的亲子代际支持模式。有近3/4的中老年人与子女见面或者联系的频率平均为一周3次以上，亲子交流频率较高。在社会活动参与方面，与邻里、朋友之间的交往是老年人所有社会互动中最为普遍和受欢迎的方式，而跳舞、健身、练气功等参与频率最高。在数字化社会网络方面，网络使用率总体上为12.43%，随着年龄的增长，老年人使用网络的比例逐渐下降；非农业户口调查样本的网络使用率在各个年龄段均高于农业户口调查样本的网络使用率，倾向于选择手机或台式计算机上网。

# 3 家庭资产配置与主体福利互动关系研究的文献述评

随着金融市场的不断发展，有关家庭金融的相关研究蓬勃发展，家庭资产配置是家庭金融领域十分重要的研究课题。厘清家庭资产配置相关文献的思路脉络，有助于对该领域进行深入研究，可以指导家庭对资产进行合理配置。基于此，本章总结并评述了家庭资产配置决策的相关研究成果，为老年人家庭资产配置决策与其福利间关系研究奠定理论基础。

## 3.1 数据来源与研究方法

1952 年美国著名经济学家哈里·马科维茨（Harry M. Makowitz）提出了资产配置概念，随着金融市场的日益成熟以及金融产品的不断丰富，家庭有了更多对其资产配置的需求，希望在规避风险的情况下获得更高的收益。具体来说，家庭通过股票、基金、期货等金融工具进行资产的优化配置，使得家庭资产收益最大化。家庭资产配置最重要的两个问题是风险与金融素养，以及影响家庭参与资产配置的因素。由此可见，家庭资产配置决策关注的是减少家庭错误的投资。

2006 年以来，学者们从多种角度对家庭金融展开了深入研究，形成了较为完善的知识体系，家庭资产配置逐渐成为学术界的研究重点。但作为一个新兴领域，国内外学者对家庭资产配置研究在发展现状、发展脉络、热点与趋势上的认识存在差异。因此，有必要对家庭资产配置的研究现状、研究脉络和研究热点与前沿趋势等进行系统梳理。

基于此，本章以 2012—2022 年 Web of Science 核心合集（WOS）和中国知网（CNKI）以家庭资产配置为主题的期刊论文为样本，运用 CiteSpace 软件对相关研究进行定量考察和可视化分析，以知识图谱的形式客观地展示相关家庭金融研究的总体框架和基本脉络，并重点评述奠基性文献和关键文献，以便广大学者更加直观地了解家庭资产配置的研究内容与研究热点，加深人们对家庭资产配置的认识，为家庭资产配置的后续研究提供参考和借鉴。

### 3.1.1 数据来源

为确保数据分析的准确性以及数据的权威性，本书选用来自 Web of Science 数据库和中国知网数据库的数据。资产配置概念最早由哈里·马科维茨于 1952 年提出。本书中的数据时间跨度为 2012—2022 年，WOS 数据库选择 WOS 核心合集，通过阅读相关英文文献得到家庭金融的英文表达方式，检索方法为：TS=（“household asset allocation” OR “family asset allocation”），手动剔除书籍章节、会议论文、回收的出版物、在线发表的无效文章等，最终得到 222 篇文献；中国知网数据库（CNKI）的数据选择 CSSCI 来源期刊，检索的主题词为“家庭资产配置”，并手工剔除目录、会议、征稿通知、书评、研究机构介绍等无效文章，最终得到有效论文 241 篇。

### 3.1.2 研究方法

CiteSpace 是由美国德雷克塞尔大学陈超美教授应用 Java 程序开发的可视化软件，该软件运用共引分析（Cocitation Analysis）对某一学科领域文献进行科学计量分析，其主要功能是通过合作网络、共现网络、共被引网络和文献耦合等可视化功能并使用夹角余弦距离（Cosine）计算节点之间的关系强度，展现和分析学科领域演化进程中的关键路径、转折点以及学科发展前沿。将数据导入 CiteSpace V 中，通过不断调整参数绘制国内外家庭金融领域的作者合作、机构合作、文献共被引时区图、关键词共现以及突现词检测的知识图谱。由于 CiteSpace 无法识别 CNKI 中文献的共被引信息，故对 CNKI 论文采用文献统计分析法进行分析。

## 3.2 研究现状分析

### 3.2.1 时空分布

发文量的时空分布是衡量某领域发展现状的重要指标。对文献分布进行历史的、地理的统计并绘制相应的分布图，可以较为全面地掌握该领域所处的阶段、研究力量分布进而预测其发展趋势。图 3-1 显示了 2008—2022 年

WOS 和 CNKI 发表论文数量及趋势。

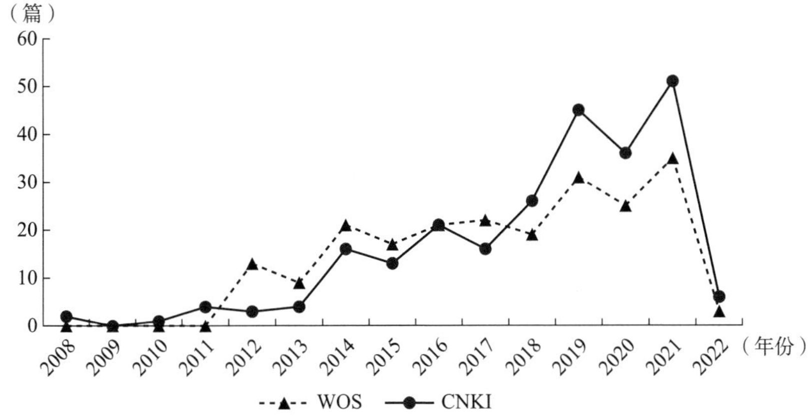


**图 3-1　2008—2022 年 WOS、CNKI 发表论文数量及趋势**

注：2022 年的数据仅为前 2 个月。

从图 3-1WOS 的曲线变化趋势可以看出，自 2012 年起，国外学者对其关注度逐渐增加，发文量持续攀升。尽管在 2013 年经历了短暂下滑，但之后上升态势明显，仅 2014 年发文量就高达 21 篇，说明在此阶段外国学者对于家庭资产配置方向十分关注。仔细观察图 3-1CNKI 的曲线变化趋势可以发现，在 2010 年以前，国内对家庭资产配置的研究进展缓慢，几乎很少有学者关注这一领域。2011 年，西南财经大学公布了《中国家庭金融调查》（CHFS）数据后，有学者开始关注家庭资产配置这一研究领域。自 2011 年起，CNKI 这一领域发文量开始逐渐增加，至 2021 年底，CNKI 发文量达到顶峰，高达 51 篇。总体而言，国内对家庭资产配置的关注度在不断提高。

## 3.2.2　发文作者合作情况

发文作者是研究的主体，通过对发文作者及其合作网络分析，能够明晰该领域的核心人物和研究团队。在 CiteSpace 的“Node Type”中选择“Author”，可以绘制出 WOS 和 CNKI 作者合作网络图谱。作者合作网络图谱中节点表示作者，节点大小表示作者的发文量，节点越大表示发文量越多。节点之间的连线代表两位作者有合作，粗连线代表两位作者的合作紧密；反之则合作较少。

WOS 中文献作者之间的合作相对零散，部分作者合作较集中。以 Xiaomeng Lu 为核心的团队、以 Francisco Gomes 为核心的团队，及以 Olivia's

Mitchell 为核心的团队是较大的合作团队。从合作强度来看，研究团队之间的合作较少较为独立，更多的是团体内部之间的合作。CNKI 中文献作者之间的合作较多，吴文生教授发表的相关论文最多，研究更深入，资产配置、投资学和资产定价是其主要研究方向；次之是吴卫星教授和卢亚娟教授，他们分别来自对外经济贸易大学和徐州医科大学，家庭金融是其共同研究方向，吴卫星教授的研究方向还包括金融工程及风险管理，而卢亚娟教授对农村金融及科技金融研究颇深。在家庭资产配置相关领域主要有三大研究团队，即以吴卫星为核心的研究团队，以卢亚娟、殷君瑶为核心的研究团队和以吴文生为核心的研究团队，其他的合作多发生在两人之间且合作频次较低。整体上看，该研究领域国内外的合作较为零散，这对进一步研究家庭资产配置不利。

### 3.2.3 合作机构分析

各文献作者所在机构是课题研究的中坚力量，研究合作机构的分布以及合作情况，能够很好地了解哪些机构对家庭资产配置方面的研究更为看重。WOS 中的相关文献，家庭资产配置的研究是以大学为中心的。甘犁教授是我国研究家庭金融领域论文发表最多的学者，领导完成了中国家庭金融调查，并主导建立了中国微观金融数据库，深入研究了家庭资产配置相关问题，为该领域的研究作出了重要贡献。经济政策研究中心（CEPR）和美国国家经济研究局（NBER）也对家庭资产配置做了很重要的研究，但是彼此之间并没有形成紧密的联系。CNKI 中家庭金融相关研究文献的发文机构也主要是大学，其中对外经济贸易大学是研究家庭资产配置的重要机构，研究方向为与家庭资产配置相关的家庭金融。发文量较多的作者吴卫星教授曾担任对外经济贸易大学金融学院院长，为对外经济贸易大学有关家庭资产配置的研究做出了重要贡献。此外，上海锐天投资管理有限公司积极参与家庭资产配置的研究，与高校合作推进了家庭资产配置研究的进程。

## 3.3 研究脉络分析

### 3.3.1 WOS 中关键文献分析

如果两篇文献被同一篇文献引用，那么这两篇文献就构成了共被引关系。通过绘制共被引文献的时区图并分析关键节点，可以揭示某个研究领域的奠基性文献以及在演变过程中起关键作用的文献。在 CiteSpace 节点类型“Cited Reference”中选择“timezone”即可生成文献共被引时区图，图中每个节点表示一篇文献，节点大小与文献被引频次正相关，节点圆圈颜色越深表示论文发表时间越早。同时，对文献共被引频次进行统计分析，可得到关键节点信息。

1. 家庭资产配置关键性文献分析

国外家庭资产配置的第一篇奠基性文献是 Lusardi A 和 Mitchell OS 于 2014 年发表在 *Journal of Economic Literature* 上的 *The economic importance of financial literacy: theory and evidence*，一共被引用 10 次，是 WOS 共被引时区图中较大的节点。这篇文章主要对快速增长的金融知识进行了评估，将金融知识作为一种人力资本投资加以概述性理论研究。金融知识的内生化对福利以及旨在提高更多人的金融知识水平的政策具有重要意义。Lusardi A 利用最近的调查来确定人们对于金融知识的理解程度，针对最不了解金融的群体来进行比对，全面讨论了金融知识储备对资产配置的影响。他在文中提出，丰富的金融知识会带来更多的好处，有利于储蓄和投资决策（Lusardi A 和 Mitchell OS.，2014）。

第二篇奠基性文献是 Von Gaudecker Hans-Martin 于 2015 年发表在 *Journal of Finance* 上的 *How does household portfolio diversification vary with financial literacy and financial advice?* 一文。家庭投资错误是研究人员和政策制定者的主要关切，投资组合的多样化不足有可能是代价最大的错误之一。本文献作者通过荷兰中央银行（DHS）家庭调查中受访者的详细投资组合，将单个投资组合与一系列历史回报率联系起来，计算出以有意义的经济术语衡量的多样化统计数据。结果显示，金融知识和更多地使用来自专业人士的金融建议，是旨在减少低效投资策略导致的财富损失的潜在切入点（Gaudecker，2015）。

2. 家庭金融关键节点分析

由表 3-1 可知，奠基性文献有较高的共被引频次，上述两篇奠基性文献在表 3-1 中分别排在第一位和第二位。文献共被引频次最高的学者为 Lusardi A。文献被引频次排在第三位的是 Guisoa L 和 Sodini P 于 2013 年发表在 *HDB EC Finance* 期刊的 *Household finance: an emerging field* 一文。本文对家庭金融进行了详细解析，对家庭资产配置涉及的诸多方面，如风险态度、风险偏好、金融知识储备、风险规避、信念和财务选择等进行了详细解读与分析（Guiso L 和 Sodini P，2013）。

表 3-1 WOS 中被引频次 TOP5 文献

| 文献 | 作者 | 期刊 | 发表年份 | 被引频次 |
|---|---|---|---|---|
| The economic importance of financial literacy：theory and evidence | Lusardi A，Mitchell O S. | *Journal of Economic Literature* | 2014 | 10 |
| How does household portfolio diversification vary with financial literacy and financial advice? | Von Gaudecker H M | *Journal of Finance* | 2015 | 10 |
| Household finance：an emerging field | Guiso L，Sodini P | *HDB EC Finance* | 2013 | 7 |
| International comparative household finance | Badarinza C，Campbell J Y，Ramadorai T | *Annual Review of Economics* | 2016 | 7 |
| Twin picks：disentangling the determinants of risk-taking in household portfolios | Calvet L E，Sodini P | *Journal of Finance* | 2014 | 6 |

排在第四名的是 Badarinza C、Campbell J Y 和 Ramadorai T 于 2016 年发表在 *Annual Review of Economics* 的"*International comparative household finance*"，共被引频次为 7 次。该文回顾比较了家庭金融方面的文献，介绍了 13 个发达国家的家庭资产负债表的汇总统计数据，并利用这些统计数据讨论了各国的共同特点和差异，最后讨论了退休储蓄、风险资产投资、无担保债务和抵押贷款对于家庭资产配置的影响（Badarinza C et al.，2016）。位居第五的是美国国家经济研究局研究员 Calvet L E 和 Sodini P 于 2014 年在 *Journal of Finance* 上发表的"*Twin picks：disentangling the determinants of risk-taking in household portfolios*"。该文测量了广泛的人口统计学、金融和投资组合特征的影响，并使用每年的双胞胎固定效应来控制基因和共同背景。作者在文中报告了风险资产市场参与和金融财富之间强烈的正相关关系，研究结果支持降低相对风险厌恶、习惯形成以及金融财富与风险份额、金融财富弹性之间在微观层面的负相关关系（Calvet L E 和 Sodini C，2014）。

### 3.3.2 CNKI 中关键文献分析

分析被引次数高的文献有利于针对家庭资产配置的后续研究。通过对 CNKI 中有关家庭资产配置研究文献的被引次数进行统计得到 CNKI 中相关文献被引频次情况（见表 3-2）。尹志超等于 2014 年发表在《经济研究》上的

《金融知识、投资经验与家庭资产选择》是被引频次最高的文献。作者运用Probit、Tobit模型研究了金融知识与投资经验是否会影响家庭参与金融市场以及家庭会如何根据现有的金融知识与经验对资产进行分配，并使用中国家庭金融调查（CHFS）数据对此进行研究分析。另外，运用两阶段工具变量法进行估计，防止内生性对结果产生影响。经过实证分析，发现金融知识和投资经验对家庭风险资产有明显的正向影响，同样对家庭风险资产配置有显著的正向影响，而且在经受金融知识洗礼之后，丰富的投资经验对股利盈利也产生了有效的正向影响。在股票收益以及基金投资盈利方面，丰富的金融知识对其并无显著影响（尹志超等，2014）。

尹志超等于2015年发表在《经济研究》上的《金融可得性、金融市场参与和家庭资产选择》位列被引频次第二位。西南财经大学2011年发布的《中国家庭金融调查》（CHFS）数据被各学者广泛使用。本文作者也使用了该数据，研究了对家庭金融市场参与和资产选择产生深远影响的因素——金融可得性。金融可得性的增强、金融市场的发展，是该文研究的重中之重。但金融可得性对其他方面的影响并未涉及，民间借贷的其他渠道是否受金融可得性的影响还需更为深入的讨论（尹志超等，2015）。文献被引频次位列第三的是吴卫星等的《健康与家庭资产选择》，该文于2011年发表于《经济研究》。作者在文中深入探讨了健康状况对居民家庭资产配置行为的影响，基于中国居民家庭微观调查数据，通过对此资产参与分配模型进行分析与研究，最终得出结论：参与股票市场以及风险市场的决定，并不受投资者健康的影响，而且健康状况好的投资者这些资产在总财富中占比较高（吴卫星等，2011）。

文献被引频次居于第四位的是陈斌开和李涛于2011年发表于《经济研究》上的《中国城镇居民家庭资产—负债现状与成因研究》。作者在二元Tobibt、Probit模型及2009年中国城镇居民经济状况与心态调整的数据基础上，统一框架对资产—负债状况的稳定性进行深入分析，最终得出更容易受到金融市场不利冲击的是户主年轻、受教育程度较低、健康状况较差和人口较多的家庭，这些群体在经济衰退期应受到更多的关注（陈斌开、李涛，2011）。文献被引频次居于第五位的是孟亦佳于2014年发表于《经济研究》的《认知能力与家庭资产选择》一文。该文研究了认知能力对中国城市家庭金融市场参与和家庭资产选择的影响，在家庭追踪调查数据（CFPS）的基础上，通过Tobit和Logit模型对家庭风险资产占金融资产比重的影响进行了全方位、多层次分析。研究表明，在提前控制家庭成员受教育年限的前提下，家庭在风险资产、股票资产的配置比重，家庭在合适条件下参与金融市场和股票市场的比例有显著的正向反馈（孟亦佳，2014）。

表 3-2　CNKI 中被引频次 TOP5 的文献

| 文献 | 作者 | 期刊 | 发表年份 | 被引频次 |
|---|---|---|---|---|
| 《金融知识、投资经验与家庭资产选择》 | 尹志超、宋全云、吴雨 | 《经济研究》 | 2014 | 844 |
| 《金融可得性、金融市场参与和家庭资产选择》 | 尹志超、吴雨、甘犁 | 《经济研究》 | 2015 | 397 |
| 《健康与家庭资产选择》 | 吴卫星、荣苹果、徐芊 | 《经济研究》 | 2011 | 303 |
| 《中国城镇居民家庭资产—负债现状与成因研究》 | 陈斌开、李涛 | 《经济研究》 | 2011 | 226 |
| 《认知能力与家庭资产选择》 | 孟亦佳 | 《经济研究》 | 2014 | 198 |

从以上分析来看，国外学者通过不同的方法与数据，主要对家庭在资产配置实践过程中存在的问题与家庭资产配置理论之间的冲突进行研究分析，而国内学者则偏向于研究影响家庭资产配置的各项因素并展示中国家庭的资产配置情况，更加关注投资决策失误给家庭产生的巨大影响。Campbell J Y 认为，家庭金融研究的核心问题是投资错误，这在一定程度上印证了上述说法。总体来看，国外学者更关心研究数据与模型的改进与创新，从不同视角解释家庭的投资错误；而国内学者则喜欢使用 Logit、Tobit、Probit 模型，注重具体应用。从文献的引用频次看，国内外学者都对家庭资产配置比较关注。

## 3.4　研究热点与前沿分析

### 3.4.1　研究热点

关键词既精练了一篇文章的主要内容，也展示了某一领域的研究热点和研究方向（罗良针、余正台，2017）。本书借助 CiteSpace 对文献的关键词进行共现分析，得到关键词知识图谱，其中每个节点表示一个关键词。节点大小表示关键词出现的频次，节点之间的连线表示两个关键词的共现关系，连线越粗表明共现程度越高，深色圆圈标记的节点表明该节点具有较高的中心性。资产配置领域中最大的关键词节点是“分配（allocation）”，其次是“消费（consumption）”“投资组合（portfolio choice）”“风险（risk）”“模型（model）”“险地（risky land）”“差异化利用（disparities utilization）”“资产

（asset）”等。其中资产配置和消费与其他关键词之间的联系较为密切，在文献中被提及的频率较高。对与高频关键词对应的相关文献的回顾发现，国外学者对家庭资产配置的研究主要集中在家庭资产配置的组合以及消费的影响上。

关于投资组合，Dimmock Stephen G 等调查了模糊性厌恶与五个家庭的投资组合：不参与股票、低股票配置、家庭偏见、自己公司的股票所有权和缺乏投资组合多样化选择问题之间的关系。在这项具有代表性的美国家庭调查中，调查者使用了一个基于 Ellsberg 构建设计的问题来测量模糊性偏好。测量结果显示，模糊性厌恶与股票市场分割、金融资产在股票中的份额、外国所有权呈负相关，与自己公司的所有权呈正相关。在拥有股票的前提下，“厌恶模糊性”与缺乏投资组合多样化有关，“厌恶模糊性”受访者更有可能在金融危机期间出售股票。研究结果表明，提高金融知识和股票市场能力的政策可以平稳金融决策和金融资产配置，部分是通过减少模糊性厌恶的影响（Dimmock et al.，2016）。

关于消费，Horneff 等估计了家庭在获得具有保证最低提取额（GMWB）的可变年金时的最佳终身消费和投资组合分配。其他研究者预测，消费者只会在晚年购买这种年金。但研究表明，他们购买 GMWB 的最佳时间是在其退休前，这与最近该年金销售的快速增长相一致。此外，许多人为了优化投资组合以及消费，选择通过从产品中提取现金来达到目的，这些产品可以大大增加消费，对那些在股票市场上经受磨砺的人来说，甚至可以高达 10%（Horneff et al.，2015）。

CNKI 中相关文献高频关键词共现网络图谱中最大的关键词节点是“资产配置”，高频关键词有“家庭金融”“社会互动”“金融知识”“家庭”等，这几个节点同其他节点联系较为紧密。总的来说，关键词知识图谱呈现中心点集中、内容辐射的形态，中心主题明确，即资产配置是家庭资产配置离不开的主题。通过分析诸多文献发现，中国学者倾向于使用“中国家庭金融调查”“中国追踪调查”“中国居民家庭微观调查”数据库，建立计量模型（如 Pobit、Tobit、Logit 模型等）进行实证研究，并分析两个或三个相关变量之间的关系，探索影响家庭金融资产配置的因素。可以看出，国内外相关研究存在主题差异，国外学者注重影响家庭资产组合的因素，而国内学者则更加注重家庭资产配置过程中与家庭相关的影响因素，关注家庭金融资产配置状况。

### 3.4.2 研究前沿

利用 CiteSpace 生成关键词时区图和检测突现词（Burst Term），关键词时区图反映了该领域研究热点的变化态势和研究前沿，突现词是指在某个时间段内出现频次突然增加的关键词，它可以进一步反映研究的未来发展趋势。随着时间的推移，国外家庭资产配置相关研究方向在不断变化。在 2015 年以前，出现频次较多的是“行为（behavior）”“财富（wealth）”“资产（asset）”“消费（consumption）”“收入（income）”“风险（risk）”等，主要关注的是影响家庭金融资产配置的财富效应和风险；而 2015 年以后，出现频次较多的是“financial literacy（金融素养）”“financial education（金融教育）”“attention（注意力）”等，人们开始关注家庭的文化素养以及金融素质教育等。这些热点问题与高被引文献的研究内容相吻合。

2012—2022 年，家庭资产配置研究领域共检测到 21 个突现词（见图 3-2），图 3-2 反映了 21 个突现词的生命周期和突现强度。一般来说，突现词的生命周期为 2~3 年，突现后开始慢慢消退或被其他突现词所取代。但在家庭金融领域，尤其是 2013 年以前和 2016 年以后出现了不少持续 4 年以上的词汇，如 2012—2013 年的“资产（asset）”、2016—2017 年的“风险规避（risk aversion）”，2020 年开始突现的词汇有“金融素养（financial literacy）”“价格（price）”。国外学者更关注金融教育干预是否对金融素养的提升产生影响。Lusardi A 和 Mitchell OS.（2007）的开创性论文将衡量财务素养与为退休储蓄的趋势联系起来。在此之后的研究中，对于金融素养的衡量有三方面：一是能否理解复利；二是家庭是否能够感受到实际利率与名义利率之间的差异；三是家庭能否知道多样化的好处。研究文献发现，仅有很少部分家庭能够把三方面全部考虑在内（Hastings et al.，2013）。除此以外，还有很多学者运用各种方法对金融素养进行衡量，但是截至目前国际上并没有统一的衡量标准，更多的人开始关注金融教育能否干预金融素养的问题。2014 年，Lusardi A 和 Mitchell O S. 在研究了各种文献之后，强调金融教育干预在促进金融知识传播、提高金融素养方面的积极影响。Bover、Hospido 和 Villanueva 研究了在初中阶段每天 10 小时的课程中添加与金融知识相关的预算、银行关系、储蓄工具，以及对未来财务结果的认识等内容的影响。研究显示，在金融知识相关测试中，经历金融知识培训的初中生，其成绩相对于其他学生而言提高了 16%，在该课程结束 3 个月后，接受金融知识培训的学生在激励储蓄任务中表现出更有耐心（Bover et al.，2018）。金融教育干预被证实对提高金融素养进而优化家庭资产配置有明显的效果，较高的金融素养对获得高回报至关重要。因此，金融素养成为国外学者近几年的研究重点。

| 关键词 | 年份 | 强度 | 开始 | 结束 | 2012—2022 |
|---|---|---|---|---|---|
| marriage（婚姻） | 2012 | 2.19 | 2012 | 2015 | |
| asset（资产） | 2012 | 1.64 | 2012 | 2015 | |
| investment（投资） | 2012 | 1.35 | 2013 | 2014 | |
| property right | 2012 | 2.02 | 2014 | 2016 | |
| demand（需求） | 2012 | 1.3 | 2014 | 2015 | |
| insurance（保险） | 2012 | 2.51 | 2015 | 2016 | |
| consumption（消费） | 2012 | 1.69 | 2015 | 2016 | |
| health（健康） | 2012 | 1.42 | 2015 | 2016 | |
| annuity（养老金） | 2012 | 1.31 | 2015 | 2016 | |
| ethiopia（埃塞俄比亚） | 2012 | 1.69 | 2016 | 2018 | |
| poverty trap（贫困陷阱） | 2012 | 1.69 | 2016 | 2018 | |
| risk aversion（风险规避） | 2012 | 1.79 | 2017 | 2020 | |
| agriculture（农业） | 2012 | 1.56 | 2017 | 2018 | |
| utility（公共设施） | 2012 | 1.54 | 2017 | 2019 | |
| household finance（家庭金融） | 2012 | 2.18 | 2018 | 2020 | |
| growth（成长） | 2012 | 1.8 | 2018 | 2020 | |
| gender difference（性别差异） | 2012 | 1.74 | 2018 | 2019 | |
| access（途径） | 2012 | 1.25 | 2018 | 2019 | |
| selection（选择） | 2012 | 1.99 | 2019 | 2020 | |
| price（价格） | 2012 | 3.75 | 2020 | 2022 | |
| financial literacy（金融素养） | 2012 | 3.28 | 2020 | 2022 | |

图 3-2　WOS 中关键词突现检测

CNKI 关键词时区图体现了国内家庭资产配置领域 2012—2022 年的研究热点和研究前沿。国内家庭资产配置研究主题几乎每年都有变化，各关键词之间相关性不大。2012 年以来，金融行为、家庭金融成为家庭资产配置领域研究的重点。近几年，学者开始关注商业保险以及消费在家庭资产配置中的占比及影响。自 2011 年西南财经大学公布了中国家庭金融调查数据后，学者们开始使用计量模型来研究家庭资产配置问题，从而更具有说服力和影响力。

2012—2022 年，通过 CiteSpace 分析文献得到 21 个突现词（见图 3-3），图 3-3 展示了关键词、强度、开始结束时间。截至 2013 年，金融行为、理性疏忽、家庭、异质性、金融知识、社会互动等研究持续时间都在四年以上。从 2022 年开始，突现的词汇有中介效应、商业保险、消费等，这说明国内学者开始重视商业保险在家庭资产配置中的重要性，开始深入研究影响家庭资产配置的深层次因素。陈华和杨铖（2021）研究发现：商业保险作为社会保障体系的一个重要组成部分，可以通过减少未来的不确定性和提高预期消费能力，进而改善家庭的金融资产配置，且要区分不同人群。易行健等（2020）

研究表明，金融资产在总资产中所占份额较大的家庭消费较多，风险资产对家庭消费的贡献较大。对影响机制的进一步分析发现，家庭金融资产占总资产的比例通过流动性约束效应和实际收入效应对家庭消费有很大的贡献。

| 关键词 | 年份 | 强度 | 开始 | 结束 | 2008—2022 |
|---|---|---|---|---|---|
| 金融行为 | 2008 | 2.95 | 2008 | 2013 | |
| 理性疏忽 | 2008 | 2.53 | 2008 | 2013 | |
| 家庭 | 2008 | 1.97 | 2008 | 2013 | |
| 异质性 | 2008 | 1.68 | 2008 | 2013 | |
| 金融知识 | 2008 | 1.54 | 2008 | 2013 | |
| 社会互动 | 2008 | 1.24 | 2008 | 2013 | |
| 人力资本 | 2008 | 1.17 | 2010 | 2012 | |
| 房产 | 2008 | 1.49 | 2012 | 2014 | |
| 国际比较 | 2008 | 1.73 | 2013 | 2014 | |
| 资产选择 | 2008 | 2.17 | 2014 | 2015 | |
| 认知能力 | 2008 | 1.36 | 2014 | 2016 | |
| 背景风险 | 2008 | 1.35 | 2014 | 2015 | |
| 金融市场 | 2008 | 1.58 | 2016 | 2017 | |
| 家庭结构 | 2008 | 1.28 | 2016 | 2018 | |
| 金融理财师 | 2008 | 1.28 | 2018 | 2019 | |
| 金融素养 | 2008 | 3.36 | 2019 | 2020 | |
| 投资组合 | 2008 | 2.44 | 2019 | 2020 | |
| 金融教育 | 2008 | 1.62 | 2019 | 2020 | |
| 中介效应 | 2008 | 2.89 | 2020 | 2022 | |
| 商业保险 | 2008 | 1.78 | 2020 | 2022 | |
| 消费 | 2008 | 1.28 | 2020 | 2022 | |

图 3-3　CNKI 中相关文献关键词突现检测

## 3.4.3　家庭资产配置影响因素研究

家庭金融资产的配置需要考虑的因素有多个，按照对家庭金融资产配置产生的影响，可以分为以下几个维度：人口统计特征（年龄、婚姻、性别、人口结构、持有的财富等）、风险因素（劳动收入风险、房产投资收入风险、自营风险等）、居民主观因素（非标准偏好、异质性信念、个人的主观寿命预期和退休年龄预期、投资者情绪等）和社会客观环境（经济金融环境、信任等）。

1. 人口统计特征

国内外学者对家庭人口统计特征的研究较为丰富和完备，主要包括自然属性特征（年龄、性别、健康等）和社会属性特征（教育、金融知识、住房、收入、家庭规模等)。大量研究证实,年龄对家庭资产配置的影响具有生命周期特征并呈现倒U形,投资者的年龄显著影响家庭金融资产的参与和投资比例,并且在50多岁达到峰值前,两者呈正相关(魏先华等,2014;李丽芳等,2015)。王稳和孙晓珂(2020)发现拥有医疗保险即健康资本水平越高,越能提高我国居民家庭风险性金融资产的持有概率和占比。王英等(2019)发现家庭的受教育程度与其金融素养正相关,且二者显著正向影响家庭金融投资。在性别方面,国内外学者一般认为男性投资者的抗风险能力和风险偏好高于女性投资者。但也有研究表明,性别对我国居民家庭资产配置的影响不显著(李凤等,2016)。尹志超等(2014)发现投资者风险态度会影响家庭金融资产投资,风险偏好程度越大的家庭越倾向持有更多风险性金融资产。杨虹和张柯(2021)研究发现认知能力显著正向影响家庭正规金融市场参与和持有风险资产占比。还有学者发现投资经验(葛洪申,2013)、幸福满意度(陈斌开、李涛,2011)等因素都对居民家庭资产配置和投资有显著影响。

2. 风险因素

除了人口统计特征外,家庭投资者参与金融市场还会受风险因素的影响,主要包括劳动收入风险、房产风险、自营风险等。Guiso L 等(2008)通过对意大利的数据分析发现,劳动收入风险越大,投资者风险厌恶程度越高,参与金融市场的概率越低。何兴强等(2009)的研究表明持有房产的家庭更倾向风险规避,这导致他们更少地参与金融市场。Heaton 和 Lucas(2000)认为家庭持有房产会对持有风险性金融资产产生挤出效应。

3. 居民主观因素

居民家庭的金融资产配置还受到个人主观因素的影响,主要有非标准偏好、个人的主观寿命预期和退休年龄预期、投资者情绪等。专家学者经过大量研究发现模糊厌恶会使得投资者参与家庭金融市场的概率和配置风险性金融资产的比重大大下降(Peijnenburg,2018)。Guiso L 等(2008)发现如果投资者认为自己有被欺骗的可能性,那其参与股市投资的资金门槛将会大幅提高。邹小秾和杨芊芊(2019)研究发现家庭主观预期寿命越长,持有政府债券和风险资产的概率越大。

4. 社会客观环境

在社会客观环境方面,经济金融环境和社会文化(包括制度、信任、交流)等都会对居民家庭金融资产配置产生影响。Christelis 等(2013)研究发现,由于制度差异导致的经济环境差异,可以显著地解释不同的家庭投资率。

丁博等（2021）指出，宗教信仰显著提升了家庭金融排斥的概率，不利于家庭进一步参与金融市场。杨娜（2016）发现，信仰宗教的家庭因受到宗教的规范，往往会有比普通投资者更高的信任水平和更强的节俭意识。他们对风险的偏好程度小、做出完全自主投资决策的概率小，表现为更多地购房购车、增加实物资产配置。

### 3.4.4 家庭资产配置与主体福利状况的互动关系研究

一方面，家庭资产配置会影响主体的福利水平。家庭资产配置作为家庭金融（Campbell J Y，2006）的重要着眼点，得到学者们的持续关注。除了早期基于传统资产组合理论的家庭资产配置最优决策研究，以及后续的影响因素研究（尹志超等，2015；Odean，1998；史代敏、宋艳，2005），越来越多的文献开始集中探讨家庭资产配置的福利效应。在经济层面，Samuelson（1975）和 Merton（1969）奠定了金融投资—消费理论框架，后续研究论证了不同类型资产配置方式以及风险投资比例均会对主体消费产生影响（Sinai 和 Souleles，2005；张大永、曹红，2012；李波，2015）。在身心层面，不同类型的家庭资产可以通过不同渠道促进消费从而提升居民幸福感（陈斌开、李涛，2011），而家庭资产减少会影响其身心健康从而降低幸福感（Davidoff et al.，2005）。另一方面，主体福利状况也对家庭资产配置决策产生影响。以往研究主要集中在身心层面，学者更多关注主体幸福感和身体健康状况对资产配置的作用。研究表明，幸福感通过影响主体的风险偏好和时间偏好，而传导至家庭资产组合选择行为（叶德珠、周丽燕，2015）；健康状况通过引发投资者的经济条件和心理状态改变，而对其资产配置决策产生显著影响（Rosen 和 Wu，2004；雷晓燕、周月刚，2010），尤其是随着年龄增长，健康问题对老年人资产配置决策起到至关重要的作用（吴卫星等，2011）。

总之，以往的研究成果体现了家庭资产配置和主体福利状况之间的互动关系：家庭资产配置能够影响个体或家庭的福利水平，而主体福利状况也对其资产配置决策产生反馈作用。但这些研究只揭示了相关影响因素与家庭资产选择之间的二元关系，以及主体资产配置与福利状况之间的相互关系，而无法对老年人资产配置行为背后的成因研究提供帮助。近年来，越来越多的学者开始关注个体的社会关系及社会互动对其资产选择行为的影响（Guiso A et al.，2004；Manski，2000），社会网络分析方法对此提供了独特的研究视角，深入剖析了主体资产选择行为的形成机理。

## 3.5 本章小结

本章以 2012—2022 年 WOS 收录的家庭资产配置方面的 222 篇英文文献和 CNKI 收录的家庭资产配置方面的 241 篇中文文献为研究对象，通过可视化软件 CiteSpace 对其进行分析，阐述了家庭资产配置领域的研究现状、研究脉络与研究热点和前沿，得出以下结论：

第一，研究现状。国内外学者对家庭资产配置的研究持续不断，发文量节节攀升。从 2018 年起，国内学者开始关注家庭资产配置，发文量逐渐赶超国外。在作者间的合作上，国外呈现“部分集中、整体分散”的特征；国内学者吴卫星、吴文生、李硕分别形成了研究团队，对家庭资产配置进行深入研究。在研究机构间的合作上，国外以高校及研究机构为主、个人为辅；而国内主要以高校为主，《中国家庭金融调查》是西南财经大学的调查成果，西南财经大学因此成为我国的主要研究主体。在发文合作上，无论国内还是国外，大都以高校之间的合作为主，间或有公司与高校展开合作。

第二，研究脉络。本章通过对 WOS 和 CNKI 中的奠基性文献和关键文献进行深度剖析发现，Lusardi A、Von Gaudecker H M 等开拓者的论文成为家庭金融研究领域的经典文献；从研究内容上看，无论国内还是国外都倾向于研究如何减少决策失误，如提高知识储备、增加投资经验以减少投资失误；从家庭金融研究面临的两大挑战度量和建模来看，与国外相比，国内数据来源和研究方法较为单一，多采用中国家庭金融调查数据，使用 Probit 和 Tobit 模型较广泛。

第三，研究前沿与趋势。本章通过关键词共现分析识别了国内外的研究热点，发现国内外研究热点存在差异：国外的研究热点主要有“消费（consumption）”“投资组合（portfolio choice）”“风险（risk）”“模型（model）”“险地（risky land）”“差异化利用（disparities utilization）”“资产（asset）”等；而国内的研究热点主要有“家庭金融”“社会互动”“金融知识”等。通过检测突现词，揭示了国外家庭金融研究的前沿领域，包括“资产（asset）”“风险规避（risk aversion）”“金融素养（financial literacy）”“性别差异（gender difference）”“价格（price）”等；而国内则检测出“金融行为”“理性疏忽”“家庭”“金融知识”“社会互动”等。由此可以看出，国外的研究热点和前沿更加多样化，国内可尝试从更广泛的视角，如收入不平等、性别等方向切入。

上述研究表明，国外针对家庭资产配置前沿热点的调查和分析，对国内相关领域的研究具有参考意义。需要强调的是，在衡量家庭资产配置以及模型构建方面，国内、国外的学者差距较明显，国内起步晚于国外。因此，要不断收集更加可靠真实的数据，钻研探究新的研究方法，加强国内外交流，提高该领域的话语权，为促进家庭资产配置领域的研究添砖加瓦。

# 4 社会网络对家庭资产配置及主体福利影响研究的文献述评

在影响老年群体的家庭资产配置及福利水平的诸多因素中，以老年主体为中心节点的社会网络结构发挥的作用值得关注。基于本书的切入视角，本章继续就社会网络的基本特征——社会互动进行分析。本章对社会互动的基本含义及作用范围、社会互动对主体家庭资产配置决策的影响，以及社会互动产生的福利效应等方面的研究进行了梳理和评论，为后面的实证研究奠定了理论基础。

## 4.1 社会互动研究

社会网络源于社会学，20 世纪 40 年代由英国人类学家 Brown 提出的“社会网”发展而来，学术界对于社会网络的定义不尽统一（张文宏，2003）。社会网络是由一系列网络节点之间的关联关系构成的集合，包括“点”和“线”两个基本要素。“点”代表网络中的行动者，老年主体可以看成是老年人社会网络的中心节点，其他社会成员包括其子女、配偶、亲友、邻里等社会成员都为构成该社会网络的节点；而“线”代表网络中各节点之间的联系，正是因为老年主体与其他社会成员之间长期互动而形成相对稳定的关系网络（张友琴，2001）。可见，社会网络关注的是人们之间的互动和联系，社会互动是社会网络形成的重要原因和表现特征。社会互动会影响人们的社会行为，因而本书在研究过程中引入社会互动来度量社会网络。社会互动概念起源于社会学，并在心理学和人类学领域得到发展，是近 20 年来非正式制度理论的重大突破。由于社会互动作为微观个体的衡量标准，相对容易度量和比较，因而被引入到经济学研究领域。

### 4.1.1 社会互动的概念与定义

个体的行为会受到社会群体中其他人行为与特征的影响，这种影响在群体中交互回荡形成个体之间的相互影响，社会经济学将其称为社会互动效应（Durlauf 和 Ioannides，2010）。传统经济学在“理性人”假设的基础上，将人的行为决策简化为对市场价格信号的理性反馈，在价格机制下，个体之间形成了匿名的互动行为，每个市场主体都是基于价格信号独立做出符合自身效用最大化的选择。这种范式将人与人之间的直接联系割裂开来，忽视了人的社会属性对其行为决策的影响（陆铭、李爽，2008）。社会互动理论将人与人之间的相互影响纳入经济分析之中，既是对传统经济学研究范式的继承与突破，又是对个体行为决策中隐含的社会性因素的反思（方航、陈前恒，2020）。

### 4.1.2 社会互动与社会资本

Bourdieu（1980）将社会资本定义为与持久的、公开的和制度化的关系网络不可分割的一组资源，这组资源由社会的每个成员拥有和决定，并在外部表现为一个可观察的社会关系网络系统。学术界普遍认为，在社会资本的众多表现形式中，社会互动最为重要，它具有强大的经济效应。社会资本是通过家庭的社会互动表现出来的。社会互动，是指在家庭的社会互动中行为者所进行的活动。Manski（2000）认为，社会互动依靠两种机制，即情景互动和内生互动来参与家庭金融市场。在此基础上，李涛（2006）详细地阐述了这个机制，并将内生互动细分为信息获取机制、感情交流机制和社会规范机制。

### 4.1.3 社会互动与人力资本

大量文献均讨论了社会互动对劳动力市场中的就业、岗位和报酬是否产生影响，得出的一般性结论为社会互动会对劳动力市场产生明显的影响。众多学者认为劳动力短缺和工作岗位的信息可以在社会互动中传递，进而提高信息的对称性和劳动力供需的匹配度，影响公众获得就业机会和选择工作岗位（叶静怡、武玲蔚，2014）。此外，郭云南和姚洋（2013）认为，在中国传统社会中，宗族网络在为其成员提供基于血缘关系的保障和资金方面具有重要地位，同时提供了就业和创业机会，促进了农村劳动力的自由流动，在农村劳动力市场中发挥着至关重要的作用。学者们在社会互动对工资的影响上没有统一观点。一些学者认为，社会互动愈发达，家庭收入愈高（Nakajima et al.，2010）；但有些学者发现，在考虑异质性之后，不同的社会互动对劳动力报酬有着不同的影响，部分种类的社会互动未能显著提高劳动力报酬（章元等，2012）。张春泥和谢宇（2013）发现，第一大姓的宗族、基于原籍地的同乡集聚和婚姻关系对增加劳动力收入都有促进作用。

### 4.1.4 社会互动与“穷人的资本”

专家和学者们在社会互动对收入分配的影响上有不同的看法，主要分歧在于社会互动是否是“穷人的资本”。一些学者提出，社会互动可以改善收入分配。郭云南等（2014）关注了中国传统村落中的宗族网络，发现村落内宗族网络中日益扩大的收入差距通过低收入群体的劳动力流动机制得到了缓解。然而，部分学者对此持否定态度，认为社会互动不是“穷人的资本”。赵剑治和陆铭（2010）对中国农民的收入进行了研究，发现社会互动对其家庭收入的增加有贡献，对收入差距的贡献率约为13%，是一个较高的水平，而且在市场化程度较高的地区，社会互动对收入差距的影响更大。周晔馨（2012）在研究了农户的收入差距后，认为社会互动对农户收入差距的扩大有促进作用，高收入农户的社会互动强度、回报率和社会资本贡献率都明显高于低收入农户，富裕地区农户的社会互动强度、回报率和社会资本贡献率也明显高于贫困地区的农户。

### 4.1.5 社会互动与个体行为决策

社会互动理论认为个体的偏好、期望和预算约束受其社交同伴特征与选择的影响（Durlauf和Ioannides，2010），这种影响主要源于社交网络中的信息交互与社交过程中的社会心理塑造（Yin和Shi，2021）。从信息交互的维度来看，个体可以在社会互动过程中接收两类信息：认知信息、同伴的行为决策信息；前者能有效提高个体的认知水平与决策能力，后者可为个体决策提供参考（Jorczak，2011），特别是在信息不对称情况下，模仿同伴行为是相对稳妥且经济的决策方式（Clauss et al.，2018）。从社会心理塑造的维度来看，社会互动是满足个人社交需求、影响个体心理感受的实践基础（Mailath和Postlewaite，2003）。在社会互动过程中，个体不仅需要通过积极的信息贡献与施惠行为积累社会关系，还需要遵循符合群体预期的社会规范才能获得同伴的认可，实现自身社会心理的满足（Xiong et al.，2018）。因此，个体容易受到群体规范的影响，做出偏离理性的行为决策。大量研究探讨了社会互动在消费、投资与创业等领域对个体行为决策的影响（郭士祺、梁平汉，2014；李丁等，2019；胡浩等，2018；马光荣、杨恩艳，2011）。这些研究充分揭示了社会互动是探究个体行为决策的重要视角。

## 4.2 社会互动对家庭资产配置的影响研究

李涛（2006）、郭士祺和梁平汉（2014）等的研究结果表明，中国普遍存在的、以亲友关系为主的社会网络对家庭资产配置决策产生独特影响。社会网络可以为家庭金融决策提供获取必要信息和社会互动的渠道，从而有助于降低金融市场参与成本，并提高家庭风险承受能力（Haliassos 和 Bertaut，1995）。由此，发达的社会网络能够显著提高家庭的金融市场参与度和风险资产投资比例（柴时军，2016）。实际上，微观主体的家庭资产配置决策是不同类型金融市场参与结果的体现。因此，本部分梳理社会网络的主要表现——社会互动对于主体金融市场参与影响的研究成果。

### 4.2.1 社会互动对信贷市场的影响

自从经济学引入家庭社会互动的概念后，专家学者们开始将其应用于农民贷款研究。胡枫和陈玉宇（2012）发现家庭社会互动对农民非正规金融借贷有显著的正向影响，发达的家庭社会互动能使农民获得更多的信贷。中国传统社会重视血缘和宗族，所以基于血缘和地缘关系形成的社会互动会更有效。正如刘佳奇（2015）指出的：血缘关系形成的社会互动对农民获得更多的信贷额度有明显作用。李丹和张兵（2013）发现，在社会互动的强关系和弱关系之间，强关系可以部分缓解农民的信贷约束，但弱关系更有效。

### 4.2.2 社会互动对保险市场的影响

购买商业保险是一个家庭决定参与金融市场的重要表现之一，它受家庭收入、人口结构和教育水平等基本因素的影响。但伴随家庭与外部的沟通交流，这种行为同时受社会互动和人际交往的影响。何兴强和李涛（2009）在分析广东省 2000 多个家庭的数据发现，社会资本不能显著影响家庭购买商业保险。许燕（2016）实证检验了社会互动对农民购买商业养老保险的影响，发现这种作用虽然不明显，但对农民的风险认知和价值认知都有影响。

### 4.2.3 社会互动对股票市场的影响

有许多专家和学者在关注家庭社会互动的概念之后，开始研究社会互动对股市的影响。尹志超和黄倩（2013）研究了金融发展和信贷约束对家庭参与股市的作用，发现随着金融市场的发展，家庭社会互动这个中间变量促进了居民对股市的参与，信贷约束则具有相反的抑制作用。王聪等（2015）认为，家庭社会互动对居民家庭参与股市的概率和程度有显著影响，且通过工具变量解决内生性问题的稳健性检验，结果依旧稳健。

### 4.2.4 社会互动对非正规金融市场的影响

目前，与相对低迷的正规金融市场风险资产投资相比，中国家庭在非正规金融领域相对活跃。在这样的背景下，探究居民家庭非正规金融参与的决策模式与影响因素，成为近年来家庭金融领域的重要议题。本书在研究社会互动对老年人家庭资产配置的影响过程中，重点关注以中老年人群为代表的个体居民的社会互动与非正规金融参与的关系。从研究目的来看，本书对中老年人非正规金融参与的探究主要从两个维度展开：一是参与过程，该维度聚焦于民间借贷这种居民参与非正规金融的主要形式，探究社会互动对其的影响与机制；其二是参与结果与风险，此维度聚焦于金融受骗这种广泛存在且危害较大的非正规金融风险表现形式，探究社会互动对中老年人金融受骗的影响与机制。基于这样的研究目的，本部分对非正规金融的概念内涵、产生原因、影响以及背后的参与风险等进行了系统的文献梳理和评述。

1. 非正规金融概念

目前，各界对非正规金融的界定尚未形成统一标准。从广义上看，非正规金融是指不受中央银行和金融监管当局监管的金融行为。现实中，非正规金融是与正规金融相对应的概念，是指独立于银行、证券与债券市场等正规金融机构之外的其他融资模式。对于非正规金融的表述相当繁杂，如民间金融、地下金融等。尽管这些表述存在一定的差异，但从本质上来看，都是独立于正规金融市场处于金融监管之外的金融行为。非正规金融的组织形式包括亲朋好友之间的民间借贷、合会、典当、地下钱庄等（刘民权等，2003）。现有研究对于非正规金融的讨论主要集中在其产生与发展的原因、运作机制与经济效应等方面。

2. 非正规金融产生的原因

现有研究将非正规金融产生的原因主要归结为金融抑制与信息不对称。

从金融抑制的角度解释非正规金融产生原因的文献，其研究主体大多为发展中国家，如 Shaw（1973）将发展中国家存在大量非正规金融现象的原因归结为金融抑制。他认为，政府的利率管制会造成金融抑制，进而导致正规金融市场出现资金供不应求的局面，由此导致的资金缺口只能通过非正规金融途径得以满足。张杰（2003）认为，发展中国家大量私营企业受到金融抑制的影响，难以通过正规金融渠道获得资金，只能借助非正规金融渠道满足其资金需求，这为非正规金融的出现和发展创造了条件。

然而，基于发展中国家经济实践得出金融抑制是非正规金融产生根源的认识并没有得到学界的一致认可。金融抑制造成的市场分割确实是非正规金融产生的重要原因，但仅从金融抑制的角度解释非正规金融产生的原因具有明显不足，难以解释在金融市场化程度高的国家依然存在非正规金融。林毅夫和孙希芳（2005）认为，非正规金融广泛存在的根本原因是其能够通过人缘、地缘关系获取正规金融难以收集的潜在信息，形成信息优势。信息不对称广泛存在于各类正规金融交易之中，正规金融机构在无法获得信息优势的情况下将面临较高的道德风险，出于规避风险的动机往往会采取信贷配给的方式分配金融资源，造成金融排斥与市场分割，非正规金融凭借信息相对优势应运而生（Hoff 和 Stiglitz，1990）。

3. 非正规金融的经济效应

（1）宏观层面经济效应

非正规金融发达是发展中国家金融体系的普遍特征（杨坤等，2015），基于这种现象，大量文献对非正规金融与经济增长的关系进行讨论，试图揭示非正规金融背后的经济效应。刘民权等（2003）认为，非正规金融在经济实务中与正规金融一样，具备资源配置与便利交易等功能，并且凭借这些功能进一步推动了资本积累和技术革新，促进了经济增长。在实证研究方面，部分学者研究了中国、泰国等经济发展迅速而金融体系改革相对滞后的经济体，发现非正规金融在一定程度上弥补了正规金融的部分职能，具有较强的建设性，在促进经济增长方面发挥着重要作用（Allen et al.，2019；Fisman 和 Love，2003；Giné，2011）。

（2）微观层面福利效应

非正规金融不仅在宏观上具有促进经济增长的作用，在社会福利增进方面同样具有价值。对于非正规金融福利改善效应的研究，研究者主要从非正规金融提高个体居民、企业信贷可获得性角度切入分析。在个体居民层面，学者们围绕非正规金融对居民创业、消费、脱贫与幸福感的影响进行了大量研究。马光荣和杨恩艳（2011）、黄惠春等（2021）发现，以民间借贷为代表的非正规金融能有效缓解居民融资约束、降低居民创业门槛，对于农民创业具有重要促进作用，一定程度上弥补了正规金融发展滞后的缺陷。谭燕芝和张子豪（2017）发现，在特定的社会网络中，农户可以获得非正规金融的资金支持从而实现脱贫致富。南永清等（2018）认为，非正规金融在一定程度上缓解了居民的融资约束，并且能够显著促进农户的消费。卢娟和李斌（2018）研究发现，非正规金融既能帮助中低收入家庭平滑消费改善生活质量，亦可缓解中高收入家庭融资约束促进其创产增收，从而提高居民幸福感。在企业层面，现有研究主要围绕非正规金融缓解企业融资约束为企业发展提供有利条件。武力超等（2020）研究发现，在经济相对落后地区，非正规金融在一定程度上弥补了正规金融的不足，能够显著地缓解中小企业融资约束、促进其技术创新。刘政和杨先明（2017）指出，相对正规金融，非正规金融在中小企业创新融资方面具有更大的信息优势，在企业出现资金缺口时能有效平滑研发波动，促进企业创新。

4. 非正规金融的参与风险

（1）风险与金融欺诈

相对于正规金融，非正规金融在部分情境下具有优势，特别是在正规金融体系较为落后的地区，一定程度上弥补了正规金融的不足，其创造的经济效应与福利效应不容忽视。但是，在现实中非正规金融普遍存在不稳定、不规范等问题。非正规金融的风险主要源于其过度依赖社会关系的契约治理与偿还约束机制。社会网络是非正规金融内在优势形成的基础，然而超出一定地缘与人际范围的非正规金融活动，过度依赖人格化合约执行机制会使其内在优势转化为风险隐患（林毅夫、孙希芳，2005）。此外，非正规金融资金募集规模的扩大会使借款人与诸多投资人之间的社会关系淡化，致使非正规金融内在偿还约束机制约束力下降，进而产生风险集聚（聂高辉、邱洋冬，2017）。

非正规金融风险的主要表现为金融受骗。非正规金融的风险包括信用风险、道德风险、流动性风险与市场风险等，其中对当事人危害最大、最易爆发的是信用风险与道德风险（冯兴元等，2013）。从非正规金融参与的结果与风险角度看，非正规金融风险的主要表现为当事人经历金融诈骗。大量研究表明，非正规金融的信用风险与道德风险产生的根源在于其内部制度缺陷（史晋川，2011）。在经济实践中，非正规金融交易涉及金额越大，社会网络对于借款人的信用约束能力往往越脆弱，道德风险发生的概率就会越高（Hoff

和 Stiglitz，1990）。非正规金融交易一般基于交易对手的相互信任，普遍存在交易流程简单、借贷手续不规范、缺少必要担保等问题，大大降低了借款人违约的机会成本，提高了信用风险与道德风险在非正规金融领域的发生概率。基于以上分析，不难得出金融受骗是个体居民参与非正规金融活动的常见后果与风险这一结论。因此，本书将金融受骗纳入中老年人非正规金融参与的研究范畴，进行进一步讨论。

（2）金融受骗的影响因素

在影响个体受骗因素的相关研究中，个体的人口学特征、认知能力与人格特质是学界关注的焦点。学者们试图从年龄、种族、性别、婚姻状况、收入以及受教育水平等因素总结受骗者的共性（Titus et al.，1995；Copes et al.，2001；Deliema et al.，2020）。然而，学者们仍存在许多分歧。如 Ross 等（2014）认为不同年龄段消费者受骗概率并没有显著差异；而 James 等（2014）却认为随着年龄增长，老年群体认知功能与心理健康水平下降，使得其受骗风险明显高于其他年龄段群体。探讨个体认知能力与受骗倾向关系的研究认为，认知能力的提高有利于决策者对骗局信息的全面理解和加工，降低受骗风险（Vishwanath et al.，2018；Carlson 和 Zmud，1999）。人格特质作为个体稳定统一的心理品质与其受骗风险之间的关系在许多研究中得以证实。如尽职性较强的个体更加关注细节，对于自身行为决策会进行更加审慎的风险考量（Ashton 和 Lee，2009），具有尽职性特质的个体往往能准确地识别诈骗风险（Judges et al.，2017；Parrish Jr et al.，2009；Halevi et al.，2013）；具有外倾性人格的个体，更容易与陌生人产生交集，进而会增加其接触诈骗者的概率（Gosling et al.，2003）；在人际交往中表现出较强合作倾向的个体在骗局中服从性更强，更易被操控（Ashton 和 Lee，2009）。

5. 社会互动与非正规金融参与研究评述

现有文献已对社会互动、非正规金融与金融受骗等议题展开了充分讨论，并且取得丰硕的成果。结合现有研究我们可以获得一些较为客观的认识：首先，综合学者们对非正规金融产生与发展的原因、运作机制的讨论，不难得出社会网络是非正规金融存在、发展和得以运作的核心条件，参与非正规金融的风险在一定程度上与社会网络的约束效力密切相关这一共识。其次，社会互动对于个体行为决策的影响在经济领域已经得到广泛的证实，在影响机制方面社会互动主要通过传递信息与塑造个体主观心理来影响个体决策。最后，社会互动是个体建立与巩固自身社会网络的实践基础（Putnam，1993），而非正规金融对社会网络具有极强的依赖性，社会互动是研究居民非正规金融参与决策不可忽视的社会性因素。

通过梳理现有文献，不难发现以下几个方面还有待深化：一是现有文献在探讨社会互动对个体非正规金融参与的影响方面，主要集中于非正规金融借入维度，关注个体非正规金融借出决策的文献甚少。二是大部分文献对于社会互动影响个体参与非正规金融的内在机制停留在逻辑分析阶段，缺乏经验证据支撑。三是我们在承认非正规金融经济效应与福利效应的同时，应该认识非正规金融不规范、不稳定的问题，正视非正规金融参与背后隐藏的风险；而现有关于非正规金融参与风险的文献大多局限于理论分析，缺乏必要的经验证据。

## 4.3　社会互动对主体福利状况的影响研究

适度合理的消费水平和丰富多样的消费内容是老年群体享受养老福利的基本途径，在“国内大循环”新格局下，消费升级成为提升老年人消费福利的未来方向。基于现实背景，除了研究社会互动通过家庭资产配置决策对主体产生的间接福利效应，本章主要关注社会互动通过升级老年人消费所产生的直接福利效应。本章梳理了社会互动影响消费行为和消费升级的研究成果，重点总结社会互动影响消费福利的作用机理，为研究社会网络对老年人福利的影响效应奠定了理论基础。

### 4.3.1　社会互动与消费行为

个体的行为会受到社会群体中其他人行为与特征的直接影响，这种影响在群体中交互回荡形成了个体之间的相互影响，社会经济学将其称为社会互动效应（Durlauf 和 Ioannides，2010）。大量研究证实社会互动效应在健康、教育、犯罪和农业生产等领域广泛存在并显著影响个体的行为决策（李磊等，2016）。消费行为作为一种复杂的社会行为，同样受到社会互动的影响。现有研究表明，在汽车消费、生态海鲜消费、贫困家庭的有形商品消费等特定消费领域都存在显著的社会互动效应（Kuhn et al.，2011；Roth，2015）；而在家庭整体消费规模方面，Angelucci 和 Giorgi（2009）发现对贫困地区的经济援助不仅直接提高了受补贴家庭的总体消费水平，还会拉升未受补贴家庭的消费水平，这很大程度上是由邻近家庭消费水平的变动导致，而并非出于真实需求的扩大或收入水平的提高。这些研究从不同角度揭示了个体的消费行为会受到社会群体中他人消费行为与特征的影响这一经济事实。

### 4.3.2 社会互动与消费升级

1. 消费升级的界定与影响因素

在消费领域，收入一直是影响家庭与个人消费结构的关键因素，基于我国居民消费的大量研究证实了收入对消费升级的影响。随着研究的深入，消费升级影响因素的探索突破了以传统收入为主的研究范式。从现有研究看，影响消费升级的因素可以分为宏微观两个层面。宏观层面上，消费市场供需错配与社会保障制度、收入分配、政策不确定性等会对居民的消费升级产生重要影响（张喜艳、刘莹，2020）。微观层面上，年龄、健康、退休、性别、户口、心理健康、教育背景、家庭特征、资产特征等是影响个体消费升级的重要因素（杨赞等，2013；李涛等，2018；石贝贝，2017；臧文斌等，2012）。此外，部分研究发现互联网技能对于消费升级具有一定的影响（祝仲坤，2020）。综上所述，现有研究对消费升级问题进行了广泛而深刻的探讨，为本书奠定了坚实基础。但是鲜有文献考虑社会互动对居民消费升级的影响。

2. 社会互动对老年人消费升级的影响

由于特殊的生理、心理特征和社会文化背景，中国老年人的消费升级更容易受到社会互动的影响。从生理特征来看，老年人体能和精力的衰退使其更倾向于通过较为便捷的方式获取消费信息。同伴的消费行为信息获取便捷、可信度高，往往更容易激励老年人尝试新的消费领域、增加消费规模、提高享用型消费比重。从心理特征来看，随着年龄增长，老年人对子女和他人的依赖逐渐增强，心理上变得敏感脆弱，渴望被认同和尊重。这种心理特征使老年人乐于向同伴分享自己的消费经验，增强自我认同感。在某些社交情境下，为了获得同伴的认可和尊重，老年人会进行一些从众或攀比消费；由于其敏感的心理特征，他们更容易受到同伴消费行为的影响，扩大消费规模和尝试享用型消费。从社会文化背景来看，中国传统的“面子”和“集体主义”观念深刻影响着老年人的消费理念。中国传统社会是一个存在差序格局的“熟人社会”，“熟人”是社会关系网最重要的组成部分（费孝通，1998）。在熟人圈中，“面子”是个体最重要的声誉指标，对于“面子”的维护甚至社会化为中国人的一种本能反应（罗家德，2012）。老年人往往比较在意自己在别人眼中的形象，对外界的评价、褒贬、标准等较为敏感且重视。受传统社会文化的影响，老年人在生活中更容易因为“好面子”产生从众行为（翟学伟，2004）。此外，集体主义强调集体利益高于个人利益，更加重视群体约束或群体规范（田子方，2020）。在集体主义文化氛围下，个体往往具有较强的自尊心，热衷于与他人进行比较，并且对自己与他人之间的相对差距较为敏感（李涛等，2019）。中国老年人在进行消费决策时，往往更容易与群体中其他人进行比较，以群体标准作为自身行为的重要参考。因此，同伴扩大某类消费规模或者进行享用型消费时，这样的消费行为信息在一定程度上会影响个体的各类消费规模和享用型消费的参与情况。

## 4.4 本章小结

已有研究尚存在以下讨论空间：一是集中研究老年主体资产配置的文献较少。随着金融理财产品多样化发展以及老年人经济独立性逐渐加强，有必要关注老年人资产选择行为及其福利影响。二是鲜有文献从社会网络视角论证家庭资产配置对主体福利状况的影响。中国是个传统的关系型社会，以亲属关系所构筑的社会关系网络影响着中国社会的各个方面（费孝通，1998），老年人更需要从社会关系网络中获取养老支持；社会网络对其福利状况产生不可忽视的直接影响，并且通过资产配置决策这一中介间接影响老年人的福利水平。因此，需要识别其直接与间接福利效应。三是缺乏对老年人社会网络特征的真实测度。以往研究只是选取社会网络代理变量来对家庭资产配置决策的影响进行衡量，无法体现社会互动关系影响的内在机理和动态变化。因此，基于老年人社会网络的特殊性，需要打开老年人社会网络黑箱，研究不同网络结构和规模等特征对资产配置和福利状况的影响。本书正是基于社会网络视角，分析了社会网络对老年人福利状况产生的直接效应和间接效应，从而进一步厘清了家庭资产配置决策和老年主体福利之间的相互作用机制，考察了社会网络和家庭资产配置对老年人福利产生的独特影响，可为人口老龄化背景下切实有效地提高老年人福利水平提供政策参考。

# 5 亲子关系对老年人家庭资产配置与福利的影响[①]

社会互动是社会网络的重要形成原因和表现特征，因而本书在研究过程中引入社会互动来刻画社会网络。基于我国的社会现实和传统文化背景，从总体上考察老年人的社会互动。老年主体不仅和其子女之间保持着稳定的代际互动关系，还与其他社会成员维持着频繁的社会交往关系。本章研究老年主体社会互动的第一个层面——老年主体与其子女之间的代际互动关系对老年人家庭资产配置及福利的影响。子女赡养父母是目前中国最为普遍的养老方式，亲子关系是最为重要的血缘关系。发达国家经历了很长的老龄化过程，社会保障体系已经覆盖了大部分老年人，但是中国的老龄化发生在经济发展水平较低、社会保障体系不完善的时期。因此，子女仍然是照料老年人的主体，通过共同居住、转移支付和交往等方式来赡养父母。

国家积极推进养老第三支柱建设，即鼓励老年人合理进行家庭资产配置以获得自我养老支持，拓展养老资源；在老龄化形势严峻的今天，对于改善老年人福利水平具有重要意义。但政策效果和影响因素必须结合当前的养老现状加以研判。目前，与子女同住仍是我国最为普遍的养老方式。因此，亲子关系对老年主体依靠养老第三支柱进行金融养老的效果以及由此产生的福利效应有着至关重要的影响。研究发现，与子女同住显著促进了养老第三支柱建设，提高了老年人金融参与积极性，尤其是对风险金融资产投入的促进更加显著。老年人为男性、居住东部地区、子女教育水平和个人收入高时，这种促进效应更显著。研究发现，老年人与子女同住带来的安全感降低了风险厌恶程度、提高了知识认知

① 本章部分内容以《子女同住对养老第三支柱建设的影响研究——基于 CFPS 的经验证据》为题，发表于《南方经济》2023 年第 6 期。

和信息接触，从而增加了其金融投资；同时老年人给予子女的劳动支持能促进个人养老金参与，子女对父母的照料未发现该效应，但支持了老年人与子女同住的代际交换动机。研究发现，老年人与子女同住与养老第三支柱建设可有效互补，且在当前少子化和老龄化背景下两者的叠加效应更加显著。发展养老第三支柱不但能够满足老年人在子女赡养能力不足的情况下高质量的自我养老需求，还能提升老年群体的自我获得感和幸福感，让养老负担转化为积极养老。

## 5.1 研究背景与研究意义

为有效应对人口老龄化，中共中央、国务院于 2021 年 11 月印发了《关于加强新时代老龄工作的意见》。该意见是基于习近平总书记对新时代老龄工作的总体要求、目标任务落实指示制定的纲领性文件。其中，针对如何积极养老提出了两条具体措施：一是要“鼓励成年子女与老年父母就近居住或共同生活，履行赡养义务、承担照料责任”。二是强调要“促进和规范发展第三支柱养老保险，探索通过资产收益扶持制度等增加农村老年人收入”。目前，以与子女同住为重要途径的家庭养老方式是我国最为普遍的养老方式，艾媒咨询 2020 年主要养老模式占比调查显示，以子女同住为核心的家庭养老占 90%，机构养老占 7%，社区养老占 3%。促进和规范发展第三支柱养老保险是应对人口老龄化、健全多层次社会保障体系的核心发展方向。那么，两个具体措施能否相互兼容促进？如何协调上述两个发展目标？两者之间的关系很大程度上决定了中央积极应对老龄化战略能否切实贯彻于解决养老问题的实践之中，进而实现老年群体“老有所养”的目标。

“十四五”以来，养老第三支柱被寄予厚望以解决养老问题。① 但是当前，我国养老保障体系“三支柱”存在第一支柱深度不足、第二支柱覆盖有限等现实问题，② 推动发展养老第三支柱成为健全具有中国特色的多层次社会

① 第三支柱是指利用金融手段增加养老保障供给的个人商业养老，广义上包含储蓄、保险、基金、银行理财等金融产品，具有自主灵活性。

② 据《上海证券报》：2020 年，我国第一支柱收入仅为 48712 亿元，支出却不降反增，达到 54563 亿元，我国养老基金首次出现当期结余为负的情况；第二支柱方面，全国仅有 10.5 万户企业建立了企业年金，且以大中型国有企业为主，参加人数仅占城镇职工基本养老保险人数的 5.96%，绝大多数中小企业员工无法享受企业年金。

保障体系的核心举措。作为多层次养老体系中最具发展潜力的部分，养老第三支柱建设不仅能有效增加养老保障供给，更好地满足老年群体多方面、多层次的养老需求，同时能变储蓄养老为投资养老，完善新型养老保障路径，最大程度上维护老年人的养老话语权和生活自主权。早在 2019 年底，国家就提出“要尽快形成一支新的、安全稳健的国家养老储备资金，有效弥补第一支柱替代率缺口，比较理想的第三支柱替代率水平应是为广大民众提供平均 15%~20%的养老金替代率”。[①] 2021 年 3 月，“规范发展第三支柱养老保险”首次被写入《政府工作报告》，凸显了我国养老第三支柱建设的重要性。此后多项利好第三支柱发展的政策和措施相继推出。[②] 然而，目前发展养老第三支柱仍面临老年群体参与率过低的问题，建设遇冷。投资养老金融产品是养老第三支柱建设的具体实现形式，但据《2017 中国老年消费习惯白皮书》，仅有不到 20%的老年人考虑购买理财和保险产品。我国老年群体的养老资金大多投向储蓄。相较于其他理财方式，储蓄收益低且多以短期为主，养老属性较弱，难以全面保障老年人的消费支出。上海市、福建省和苏州工业园区于 2018 年 5 月 1 日起试点实施的个人税收递延型商业养老保险，目前来看无论参与人数还是整体规模都相对偏低，激励效果有限。探究影响养老第三支柱建设的因素、寻找促进养老第三支柱发展的突破口和切入点对于积极养老战略的顺利实施具有重大意义，是迫切需要解决的现实问题。

探究影响养老第三支柱建设的因素不应脱离养老现状，要基于我国社会现实和文化背景来讨论。在众多影响因素中，家庭养老是目前我国老年人最为普遍的养老方式，获取家庭养老资源的重要途径之一是老年人与子女共同居住。第三养老支柱的建设能否与这种养老现状相互适应、协同发展，很大程度上决定了养老第三支柱能否顺利发展。但当前针对与子女同住与养老第三支柱建设两者之间能否协同发展的研究尚未充分开展。现有文献认为，与子女共同居住与养老第三支柱的建设存在两种截然相对的关系：第一种是与子女同住促进养老第三支柱的发展，两者是相辅相成、相互促进的互补关系。与子女同住增加了代际往来的同时提高了老年人的幸福感和安全感，提高了老年人对风险资产的参与概率和持有比重（汤凌霄、潘文东，2021）。第二种是与子女同住阻碍了养老第三支柱的发展，两者是相互替代的关系，与子女

① 2019 年 12 月 13 日全国政协第十次重点关切问题情况通报会。

② 《中国金融稳定报告（2021）》《关于开展个人税收递延型商业养老保险试点的通知》《关于推动银行业和保险业高质量发展的指导意见》《关于开展专属商业养老保险试点的通知》《关于开展养老理财产品试点的通知》等。

同住对养老第三支柱的发展产生挤出效应。与子女同住加重了父母的生活负担，相较于独居，老年人在生活上和经济上的付出显著增加，代际支持的下降和休闲时间的减少抑制了其参与金融投资的意愿和金额（卢亚娟等，2019），在叠加少子化背景下，这种替代效应更加显著（穆怀中，2022）。具体哪种关系占据主导尚无定论，因此厘清两者之间的关系对于提升养老政策的有效性具有重要意义。本书旨在通过研究与子女同住对老年人金融参与的影响，检验与子女同住和养老第三支柱发展之间的关系，探寻影响两者关系的机制，以实现协同效应最大化。具体而言要研究三个问题：一是与子女同住是如何影响老年人的金融资产配置决策以及金融投资参与程度的；二是针对不同类型的老年群体，探讨与子女同住对养老第三支柱建设的影响是否存在差异；三是探究其中的影响机制，即与子女同住通过哪些渠道影响养老第三支柱的建设。

本书的主要贡献在于：一是将与子女同住和养老第三支柱建设置于同一研究框架，分析验证在现有家庭养老为主的养老模式基础上发展养老第三支柱的可行性，为研究养老第三支柱建设提供了新视角。在现有文献中，鲜少有文献探讨家庭养老和自我养老之间的关系，即便新近有文献采用宏观数据对以子女数量作为衡量标准的家庭养老和个人储蓄养老之间的关系进行了模拟分析（穆怀中，2022），但并未深入到个体层面。本书采用与子女同住作为衡量家庭养老的强度指标，结合微观数据对老年人个体层面上的养老决策及机制进行了讨论。二是从风险态度、代际支持和知识溢出三个角度揭示家庭养老影响金融自养的机制，有助于更深入地理解导致中国情境下老年人金融市场“有限参与”的根源。三是将养老第三支柱建设作为老年人提高生活自主权的养老方式进行探索。相较于已有文献，本书对老年人养老经济来源不再限于第一、第二支柱。这些需被动参与且金额有限的个人养老金常常忽略老年人自身在养老中的能动性，作为养老的主体老年人常常处于被动位置。在家庭养老和社会养老都面临重压的现实背景下，本书的研究结论为老年人自主高质量养老提供了可行参考。

## 5.2 理论分析与研究假设

### 5.2.1 与子女同住对养老第三支柱建设的影响

家庭养老作为目前中国最普遍的养老方式，老年人获取家庭养老资源的重要途径之一是与子女共同居住。这不仅源于老年父母养老的需要，而且是子女缓解孝亲抚幼压力的现实选择。第七次全国人口普查数据显示，我国人口流动更加频繁、生育率不断下降、家庭规模持续缩小，平均每个家庭仅有2.62人，比2010年减少了0.48人，家庭养老的功能不断削弱。但多数老年人仍选择与子女共同居住，一方面是由于年老后收入的减少和身体机能的下降需要子女的代际支持，子女照料“反哺”老年父母符合儒家文化传统（费孝通，1983）。另一方面是因为同住促进了代际间的相互照料，父母在获得更多陪伴的同时能帮助子女缓解育儿负担，促进子女劳动就业（卢洪友等，2017）。

然而以与子女同住为主的养老模式能否真正起到养老作用现有文献的结论仍不一致。一种观点认为与子女同住有助于老年人积极养老。身体机能的老化和社会支持的缺失使得老年群体抑郁程度不断攀升（靳永爱等，2017），与子女同住不仅能缓解老年人的孤独感，还能让老年人的自我价值得以体现（程新峰、姜全保，2019；吴培材，2018），尤其是对丧偶的老年人，其幸福感和满意度的提升更为显著（许琪，2018）。与此相对，另一种观点认为与子女同住降低了老年人的生活质量。一方面，与子女同住后，老年人的家庭身份发生转变，代际关系的重心向孙代偏移，尤其是老年女性需要承担更多的家庭劳务，膳食质量下降较男性更为明显（邓婷鹤等，2016）。另一方面，同住后父母对子女的过度依赖让老年人产生挫败感和自卑感，加快认知功能的衰退（王萍等，2016）。因此，仅仅依靠以与子女同住为核心的家庭养老很难保障“老有所养”。对此，许多学者将目光转向了其他养老模式。大量文献集中探讨了以养老第一支柱和第二支柱为主的社会养老能否对家庭养老进行补充，结果发现社会养老会对家庭养老产生挤出效应，但这种替代作用有限（张川川、陈斌开，2014；刘一伟，2016）。当前，养老金体系面临“第一支柱压力过大、第二支柱覆盖率不高”的结构失衡问题，养老资源储备不充分，单纯依靠社会养老尚不能满足老年人高质量养老需要。

在此背景下，发展养老第三支柱便成为补充家庭养老的一个可行途径。在我国农村，由于劳动力的大量外出、养老制度不完善，家庭养老和社会养老难以发挥作用，老年群体只能通过土地自养、储蓄自养等方式实现自我养老（李俏、陈健，2017）。但在自我养老中，劳动自养受限较多，如高龄和身体较弱的老年人很难通过劳动来补充养老资源；而建设养老第三支柱有所不同，信息渠道的拓宽和适老化金融产品的推出，不仅促进了我国老年人参与金融市场的自主性提高了金融投资比重，还充分发挥了老年人养老主动性，高质量实现自主养老。

现实生活中，自我养老与家庭养老常常密不可分，但两者之间如何互相影响，却鲜少有文献探究。父母和子女同住可能会促进养老第三支柱的发展。亲子间的互动不仅减少了老年人的孤独感，提升其生活质量和满意度（邓敏，2019），还给予了老年人积极投身于金融市场的信心和底气。但父母和子女同住也可能会抑制养老第三支柱的发展。同住带来的过度依赖和对家庭的付出让老年人逐渐失去对生活的自我控制，减少投资理财的频率，金融自养能力逐渐下降。综合以上分析，提出以下假设：

假设 1a：与子女同住会促进养老第三支柱的建设，提高老年人的金融参与，尤其是风险金融资产的占比。

假设 1b：与子女同住会阻碍养老第三支柱的建设，降低老年人的金融参与，尤其是风险金融资产的占比。

### 5.2.2　与子女同住影响养老第三支柱的作用机制

为深入探讨与子女同住和养老第三支柱发展之间的关系，本书从风险态度、代际支持和知识溢出三个角度研究与子女同住对养老第三支柱建设的影响，并结合家庭特征和老年人自身特征提出分析框架（见图 5-1）。

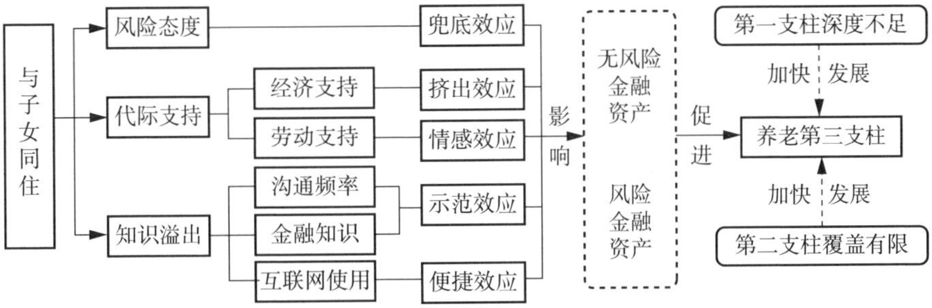


图 5-1　与子女同住影响养老第三支柱建设的分析框架

1. 风险态度

与子女同住会给予老年人更多的安全感。根据《2017 中国老年人消费习惯白皮书》统计，超过半数的父母被迫选择独居或者机构养老，孤独是当前老年群体的最大困扰。基于身心机能下降和自我价值难以实现，绝大多数老年人希望通过子女的照料来提高养老质量，快速融入现代社会。子女的支持随着同住得以加强，老年人的心理健康状况和自我价值实现感得以改善（江克忠、陈友华，2016）。因此，与子女同住带来的安全感成为缓解老年群体风险厌恶的重要渠道，有助于促进老年人提高社会互动程度和理性参与理财投资。

居民对风险的态度影响其投资决策。从老年人个体角度来看，风险厌恶程度随着年龄的增加而不断提高（卢亚娟等，2019；易祯、朱超，2017），老年人在减少持有高风险金融资产的同时会增加具有养老保障作用的金融资产投入（胡振、臧日宏，2016；段军山、崔蒙雪，2016）。从社会角度来看，风险承受能力和社会互动呈现正向关系，老年人在与子女同住过程中能够吸纳更多的投资信息，可承受更高的风险，更大概率地参与股票市场。因此，本书认为，与子女同住会提高老年人的风险偏好，促进其对金融资产的投资。

假设 2.1：与子女同住会降低老年人的风险厌恶，提高其金融投资的参与程度，促进了养老第三支柱的建设。

2. 代际支持

老年父母与成年子女同住的代际居住安排是中国家庭的一个重要特征，与中国传统社会的“反哺”代际支持模式相契合，这种代际居住安排是实现代际支持和交换功能的重要途径（李婷、胡文波，2021）。在“4+2+1”家庭结构下，“重幼轻老”问题日益凸显，赡养老人和个人工作难以保持动态平衡，代际转移随着传统养老功能的弱化而发生改变。父母和子女间的代际转移主要体现在经济支持和劳动支持两个维度。

与子女同住后，经济支持逐渐向下转移，而劳动支持则显著提升。经济支持方面，老年人以经济补贴如家庭费用支出的形式给予同住子女经济支持。同住虽提高了子女在生活和精神上的养老供给，但同时减少了其对父母的经济赡养（张苏、王婕，2015），且隔代照料频率越高，这种现象越明显（江克忠等，2013）。劳动支持方面，亲子双方得到的照料随着同住有所增加。不仅同住的老年人能获得子代更频繁的生活照顾（慈勤英、宁雯雯，2018），而且老年人选择和子女同住释放了家庭年轻劳动力，尤其对年轻女性而言，父母的帮助缓解了工作压力和照料家庭之间的冲突（宋月萍，2019），代际关系更加紧密。

代际支持对老年人参与金融投资的影响各不相同。劳动支持主要通过提高家庭女性劳动供给和风险偏好程度，间接影响老年人参与金融市场的意愿（汤凌霄、潘文东，2021）。经济上的支持对老年人参与金融市场的影响目前还没有定论，经济支持的提高可能会促进老年人金融资产投资。老年人的经济来源主要是养老金和代际支持，子女给予的经济支持越多，父母愿意参与金融市场的可能性越大。但经济支持的增加也可能抑制老年人金融资产投资，与子女同住后抚养负担的加重使老年人将原可以投资于金融市场的资金更多地投入消费领域，家庭参与金融市场的倾向逐渐降低（王子城，2016）。同时，物质和精神的保障可以降低老年人“老无所养”的担忧，预防性储蓄降低（李婧、许晨辰，2020）。因此，本书认为与子女同住后，老年人的代际转移会发生不同程度的改变，从而影响其金融参与。

假设 2. 2a：与子女同住父母得到的经济支持减少，同时父母给予的经济支持增加，提高了老年人金融投资的参与程度，促进了养老第三支柱的建设。

假设 2. 2b：与子女同住父母得到的经济支持减少，同时父母给予的经济支持增加，降低了老年人金融投资的参与程度，阻碍了养老第三支柱的建设。

假设 2. 3：与子女同住促进了亲子之间的劳动支持，提高了老年人金融投资的参与程度，促进了养老第三支柱的建设。

3. 知识溢出

与子女同住因亲子间的沟通频率、老年人金融知识水平和互联网使用程度提高提升了老年人知识溢出水平。从沟通频率来看，与子女同住不仅能缩短老年人和家庭成员间的距离、增加代际交流，还能满足其精神上的养老需求，减少老年孤独的困扰（余央央、陈杰，2020）。与子女同住是提高老年人认知能力和安全感的有效方式（崔颖、刘宏，2019），老年人可以通过提高和子女的交流频率，提高自身的金融素养。从互联网使用程度来看，身心机能的下降是老年人上网的最大“拦路虎”。当上网受阻时，近九成的老年人首选的求助对象是家人，尤其是家中的晚辈。[①] 因此，与子女同住是帮助老年人跨越“数字鸿沟”的重要手段之一，可推动老年人更好地融入现代社会。与此同时，知识溢出水平的提升对老年人金融投资起到促进作用。首先，沟通频率的提高有助于老年人获取金融信息，通过代际交流，老年群体可以将金融知识运用于投资理财，并且大多数老年人对子女的信任程度较高，相信子女提供的消息。其次，金融知识的增加不仅有助于提高老年人的收入，还能适当降低家庭的金融脆弱性，增加金融投资、进行财富积累的同时提高养老独立性（单德朋，2019；尹志超、张号栋，2017）。最后，互联网的使用可降低交易成本、弱化有限参与机会限制以及增加社会互动进而提高家庭风险金融资产投资（周广肃、梁琪，2018）。在生活数字化过程中，老年群体不仅可规避原来烦琐的支付方式、打破传统的理财观念，还提高了自身养老能力、强

① 数据源自《老年用户移动互联网报告》。

化了养老第三支柱的养老功能。

假设 2.4：与子女同住提高了老年人知识溢出水平，强化了老年人金融投资的参与程度，促进了养老第三支柱的建设。

## 5.3 数据选取与变量设置

### 5.3.1 数据选取

本章的数据来自北京大学中国社会科学调查中心的“中国家庭追踪调查”（China Family Panel Studies，CFPS）数据库。该调查问卷样本覆盖了 25 个省、市、自治区，通过家庭成员问卷、家庭经济问卷、成人问卷和少儿问卷四种主体问卷反映我国家庭在经济、健康、教育等方面的变迁。本章通过与子女同住对老年人金融参与的影响来探究与子女同住和养老第三支柱建设之间的关系，而 CFPS 的经济问卷涉及整个家庭的经济数据，包含了老年人自身和家庭成员的金融资产，为了凸显老年人在金融参与中的作用，本章选择老年人为户主（财务问题回答人）的家庭进行研究。CFPS 对于户主的界定有很多，为了统一本章选择 2014—2018 年都适用且和金融相关的定义，即“过去一年，您家哪位成员最熟悉并且可以回答家庭财务的部分问题”。一般而言，户主对整个家庭的资产最为熟悉且具有一定的支配权，户主的个人特征如受教育水平、认知能力等对家庭金融资产的配置有重要影响。因此，本章对老年人作为户主的家庭金融资产进行分析，从而最大程度上凸显老年人在金融参与中的决策权。家庭中子女和父母之间的代际转移对老年人金融参与的影响不可忽视，但 CFPS 直到 2016 年的调查问卷才涉及代际关系的具体问题，2014 年 CFPS 对父母和子女关系的刻画没有具体的金额或者频率问题，因此本章选择 2016 年和 2018 年两期 CFPS 数据进行研究，剔除缺失数据的样本，最终保留了 6826 位 60 岁以上受访者的样本信息。同时在稳健性检验部分扩充了样本，使用 2012 年、2014 年、2016 年和 2018 年四期 CFPS 数据进行回归分析。

### 5.3.2 变量选择

1. 金融参与情况

本章的被解释变量是老年人的金融参与，从是否参与和参与程度两个维度分析。为最大限度凸显老年人在金融参与中的决策权，本章选择老年人为户主（财务问题回答人）的家庭进行研究。在 CFPS 调查问卷中，金融资产主要包括现金和存款以及金融产品。老年群体对风险的敏感程度决定了其对理财的态度偏向保守，更愿意持有现金来预防突发事件。对此，本章根据风险程度将金融资产分成无风险金融资产和风险金融资产（宗庆庆等，2015）。由于很多老年人对金融产品的接受度不高，因此用风险金融资产参与变量来探究老年人是否进行金融投资，使用无风险金融资产金额、风险金融资产金额和风险金融资产占比来反映参与程度。CFPS 数据库中金融产品金额有较多的缺失，因此将资产金额全部加 1 取对数做平滑处理。

2. 与子女同住

与大多数文献一致（江克忠、陈友华，2016；陈英姿、孙伟，2020），本章采用是否共同居住在家中来刻画子女和父母的居住模式，即是否存在物理外出。若短期离开但三个月内回来并且在这个家中长住视为住在这个家里，强调亲子在空间上和时间上是否共同居住。此外，考虑获取家庭养老资源的方式并不仅仅是通过与子女同住才能实现，很多子女虽然不与老年人同住，但依旧会通过转移支付等方式向老年人提供家庭经济支持（Bian et al.，1998）。本章在老年人与子女共同居住的刻画上除了强调时间和空间上的共同居住外，在稳健性检验部分采用“父母和子女经济上是否在一个家”这种方式进行刻画，强调父母和子女的经济往来。具体刻画方式是采用 CFPS 数据的父母和子女经济上是否在一个家，即是否同灶吃饭。若不需要供养这个家庭，也不需要这个家庭供养即为经济不同住，强调经济上的联系。

3. 中介变量

本章选择风险态度、代际支持和知识溢出作为中介变量。2016 年 CFPS 数据没有针对风险态度的直接测量，因此本章参考（Dardanoni，2008）关于风险态度指标的构建方式，选择用预防性储蓄动机反映风险态度，变量数值越大，说明老年人为防止不确定事件而进行的储蓄越多，对风险的承受能力越低。考虑家庭净资产是家庭资产和家庭负债的差额，对于家庭而言净资产小于零的可能性不大，剔除家庭净资产小于零的样本数据。代际支持分为经济支持和劳动支持两个指标；知识溢出分为沟通频率、金融知识和互联网使用三个变量。

4. 控制变量

影响老年人金融参与的因素很多。从个人因素来看，老年人自身的认知能力和受教育年限对其理财参与有一定的促进作用（崔颖、刘宏，2019；贾宪军等，2019），拥有社会保险的老年人倾向投资风险金融资产（宗庆庆等，2015）。从家庭因素来看，家庭规模直接影响家庭的整体消费水平，家庭开销越大能够投入风险资产的金额就越少（吴卫星、李雅君，2016）。房产是老年群体提高养老保障的途径之一，房贷的增加会不断挤压对股票资产的投资（Agarwal et al.，2020；Bao et al.，2020）。因此，本章的控制变量分成个人特征和家庭特征。个人特征主要指户主的性别、年龄、婚姻、身体状况、认知能力、受教育水平、个人收入①、是否参加养老保险和是否参加医疗保险等。家庭特征主要指家庭成员人数和家庭拥有的住房数量。

### 5.3.3 变量说明和描述性统计

从表 5-1 可以看出，样本中持有风险金融资产的老年人仅占 4.4%，其中风险金融资产占金融资产的比重平均只有约 2.0%，说明我国老年群体仅“有限参与”金融市场，大多数老年人仍以储蓄作为管理金融资产的主要方式，风险态度居于保守。从养老资源的获取方式来看，父母选择与子女同住的比例为 30.7%，仅有不到 1/3 的老年人选择与子女同住。另外，可以观察到老年人养老保险和医疗保险的覆盖率分别达到了 89.7%和 92.9%，说明我国养老第一支柱已覆盖样本中的大部分老年人。

表 5-1　变量说明和描述性统计

| 变量分类 | 变量名称 | 变量说明 | 样本量 | 平均值 |
|---|---|---|---|---|
| 被解释变量 | 风险金融资产参与 | 是否购买金融产品 | 6826 | 0.044 |
| | 无风险金融资产金额 | 现金和存款 | 6826 | 3.421 |
| | 风险金融资产金额 | 金融产品，包括股票、基金、国债、信托、外汇等 | 6826 | 0.281 |
| | 风险金融资产占比 | 风险金融资产占金融资产的比重 | 6826 | 1.977 |
| 核心变量 | 与子女同住（物理外出） | 是否居住在这个家中：不居住=0，居住=1 | 6826 | 0.307 |
| | 与子女同住（同灶吃饭） | 经济上是否在这个家：不在=0，在=1 | 6826 | 0.396 |

① 个人收入选取过去 6 个月受访者的工资、养老金和子女经济支持的总和。

续表

| 变量分类 | 变量名称 | 变量说明 | 样本量 | 平均值 |
|---|---|---|---|---|
| 中介变量 | 风险态度 | 家庭收入标准差和家庭净资产的比重 | 6311 | 16.505 |
| | 父母给予的经济支持 | 过去6个月父母给予所有子女的金钱总和 | 6826 | 1.136 |
| | 父母得到的经济支持 | 过去6个月所有子女给予父母的金钱总和 | 6826 | 3.566 |
| | 父母给予的劳动支持 | 过去6个月父母帮助子女料理家务或照看孩子的频率 | 2996 | 23.803 |
| | 父母得到的劳动支持 | 过去6个月子女帮助父母料理家务或照顾其饮食起居的频率 | 2465 | 12.171 |
| | 沟通频率 | 过去6个月子女和父母的见面频率 | 6350 | 10.716 |
| | 互联网使用 | 不上网=0，上网=1 | 6820 | 0.123 |
| | 金融知识 | 受访者对定期存款、通货膨胀和投资风险的判断，累计得分 | 6826 | 0.179 |
| 控制变量 | 性别 | 女=0，男=1 | 6826 | 0.584 |
| | 婚姻 | 单身=0，已婚=1 | 6826 | 0.773 |
| | 年龄 | 调查年份受访者的年龄 | 6826 | 68.289 |
| | 身体状况 | 受访者独立完成多种活动，累计独立完成数量 | 6826 | 6.619 |
| | 家庭成员人数 | 家庭人口规模 | 6826 | 3.276 |
| | 个人收入 | 低收入=0，高收入=1 | 6826 | 0.500 |
| | 自有住房数量 | 拥有的房产数量 | 6826 | 1.209 |
| 控制变量 | 受教育水平 | 文盲/半文盲=0，小学=1，初中=2，高中/中专/技校/职高=3，大专/本科=4，硕士=5 | 6826 | 1.098 |
| | 认知能力 | 词汇测试的累计得分 | 6826 | 8.956 |
| | 养老保险 | 未参与养老保险=0，参与养老保险=1 | 6826 | 0.897 |
| | 医疗保险 | 未参与医疗保险=0，参与医疗保险=1 | 6826 | 0.929 |

为了考察养老第三支柱的建设在子女是否同住情形下的组间差异，本章进行了相关的 $t$ 检验，如表5-2所示。对4728个与子女不同住样本和2098个

与子女同住样本进行分析，发现养老第三支柱建设（用风险金融资产参与、无风险金融资产金额、风险金融资产金额、风险金融资产占比四个被解释变量表示）在与子女是否同住情形下存在显著差异，且与子女同住情形下的均值高于与子女不同住情形。

**表 5-2　是否与子女同住两种情形下的样本 *t* 检验**

| 变量 | 与子女不同住情形 A | | 与子女同住情形 B | | 两者差值 A-B | *t* 检验 |
|---|---|---|---|---|---|---|
| | 均值 | 标准差 | 均值 | 标准差 | | |
| 风险金融资产参与 | 0.037 | 0.002 | 0.058 | 0.005 | -0.021 | -3.853*** |
| 无风险金融资产金额 | 3.306 | 0.040 | 3.681 | 0.064 | -0.375 | -5.014*** |
| 风险金融资产金额 | 0.242 | 0.242 | 0.367 | 0.367 | -0.125 | -3.477*** |
| 风险金融资产占比 | 1.712 | 0.151 | 2.573 | 0.279 | -0.861 | -2.930*** |
| 样本量 | 4728 | | 2098 | | | |

注：***表示 1%的显著性水平。

### 5.3.4　模型设定

1. Probit 模型

首先，运用二元 Probit 模型分析与子女同住对老年人风险金融资产参与的影响，构造模型如下：

$$Pr\ (asset=1)\ = G(\beta_0+\beta_1 living_i+\gamma_1 x_i+\mu_i) \qquad (5-1)$$

其中，*asset* 表示老年人风险金融资产参与的虚拟变量，如果受访老年人参与风险资产投资则取值为 1，否则取值为 0；$living_i$ 表示家庭 $i$ 亲子是否同住，如果子女和父母同住则取值为 1，否则取值为 0；$x_i$ 为一组控制变量，$\mu_i$ 为随机扰动项。

2. Tobit 模型

考虑样本中持有风险金融资产的老年人仅占 4.4%，风险金融资产金额为零的情况比较普遍，数据的截断特征明显，因此运用 Tobit 模型分析与子女同住对老年人金融资产投资金额以及风险金融资产占比的影响。构造模型如下：

$$S_i^* = \beta_1+\beta_2 living_i+\gamma_2 x_i+\varepsilon_i,\ S_i=\max\{0,\ S_i^*\} \qquad (5-2)$$

其中，$S_i$ 表示家庭 $i$ 金融资产的投资金额以及风险金融资产占比，$S_i{}^*$ 表示金融资产的投资金额以及风险金融资产占比大于零的部分；$living_i$ 和 $x_i$ 的含义与 Probit 模型相同，$\varepsilon_i$ 为随机扰动项。

3. 中介效应模型

本章使用逐步中介效应检验方法，构建如下模型：

$$Y_i = \beta_3 living_i + \gamma_3 x_i + \sigma_i \quad (5-3)$$

$$M_i = \varphi_3 living_i + \tau_3 x_i + \sigma_{3i} \quad (5-4)$$

$$Y_i = \beta_4 living_i + b_1 M_i + \gamma_4 x_i + \sigma_{4i} \quad (5-5)$$

其中，$Y_i$ 是因变量，表示老年人是否参与风险投资、无风险金融资产金额、风险金融资产金额以及风险金融资产占比等四个变量；$living_i$ 表示子女和父母是否同住，与前文相同；$M_i$ 为中介变量，分别是风险态度、代际支持和知识溢出；$x_i$ 为控制变量。

## 5.4 与子女同住对养老第三支柱建设的影响

本部分主要从参与程度和配置水平两个角度分析与子女同住对养老第三支柱建设的影响，并在此基础上进行稳健性检验和异质性分析。

### 5.4.1 基准回归

表 5-3 给出了与子女同住对养老第三支柱建设的影响。模型 1 是用 Probit 模型对与子女同住与老年人风险金融资产参与概率进行估计。模型 2 至模型 4 用 Tobit 模型对与子女同住与老年人金融资产金额和占比进行估计。模型 5 是父母消费支出对与子女同住的回归，用于机制辅助分析。

**表 5-3 与子女同住对养老第三支柱建设的影响**

| 变量 | 模型 1 | 模型 2 | 模型 3 | 模型 4 | 模型 5 |
|---|---|---|---|---|---|
| | 风险金融资产参与（Probit） | 无风险金融资产金额（Tobit） | 风险金融资产金额（Tobit） | 风险金融资产占比（Tobit） | 消费支出（Tobit） |
| 与子女同住 | 0.035***<br>(5.29) | 0.345***<br>(3.59) | 0.218***<br>(4.87) | 1.637***<br>(4.62) | 0.326***<br>(10.76) |
| 性别 | -0.010**<br>(-1.98) | 0.064<br>(0.87) | -0.056*<br>(-1.77) | -0.429*<br>(-1.78) | -0.121***<br>(-5.23) |
| 婚姻 | 0.018***<br>(2.65) | 0.502***<br>(5.44) | 0.117**<br>(2.57) | 0.931***<br>(2.68) | 0.283***<br>(8.87) |
| 年龄 | -0.000<br>(-0.63) | 0.011*<br>(1.87) | -0.003<br>(-0.94) | -0.014<br>(-0.66) | -0.007***<br>(-3.52) |
| 身体状况 | 0.003<br>(0.83) | 0.181***<br>(5.16) | 0.012<br>(0.58) | 0.102<br>(0.67) | 0.009<br>(0.65) |

续表

| 变量 | 模型 1 风险金融资产参与（Probit） | 模型 2 无风险金融资产金额（Tobit） | 模型 3 风险金融资产金额（Tobit） | 模型 4 风险金融资产占比（Tobit） | 模型 5 消费支出（Tobit） |
|---|---|---|---|---|---|
| 家庭成员人数 | -0.010***<br>(-5.03) | -0.045*<br>(-1.94) | -0.070***<br>(-5.04) | -0.528***<br>(-4.85) | 0.110***<br>(14.12) |
| 户主收入 | 0.070***<br>(8.65) | 1.160***<br>(15.31) | 0.482***<br>(8.19) | 3.587***<br>(7.84) | 0.753***<br>(31.50) |
| 自有住房数量 | 0.019***<br>(6.00) | 0.428***<br>(6.64) | 0.131***<br>(6.14) | 0.962***<br>(5.92) | 0.225***<br>(9.87) |
| 受教育水平 1 | 0.028***<br>(3.24) | 0.563***<br>(5.98) | 0.202***<br>(3.33) | 1.488***<br>(3.21) | 0.084***<br>(2.86) |
| 受教育水平 2 | 0.051***<br>(6.06) | 0.636***<br>(5.98) | 0.358***<br>(6.07) | 2.691***<br>(5.90) | 0.250***<br>(7.25) |
| 受教育水平 3 | 0.066***<br>(7.60) | 1.027***<br>(7.93) | 0.460***<br>(7.54) | 3.447***<br>(7.23) | 0.355***<br>(10.06) |
| 受教育水平 4 | 0.100***<br>(9.63) | 2.256***<br>(13.41) | 0.671***<br>(9.38) | 4.925***<br>(8.91) | 0.812***<br>(15.94) |
| 受教育水平 5 | 0.146***<br>(2.94) | -0.288<br>(-0.15) | -2.528***<br>(-16.04) | -19.071***<br>(-13.92) | 0.147<br>(0.50) |
| 认知能力 | 0.001***<br>(3.52) | 0.027***<br>(5.52) | 0.009***<br>(3.67) | 0.062***<br>(3.48) | 0.013***<br>(7.64) |
| 养老保险 | 0.007<br>(0.62) | 0.069<br>(0.59) | 0.037<br>(0.48) | 0.150<br>(0.25) | -0.040<br>(-1.13) |
| 医疗保险 | -0.005<br>(-0.65) | 0.377***<br>(2.61) | -0.009<br>(-0.15) | -0.150<br>(-0.34) | 0.036<br>(0.72) |
| 时间控制效应 | -0.018**<br>(-2.39) | 0.087<br>(0.99) | -0.136***<br>(-2.64) | -1.007***<br>(-2.58) | -0.242***<br>(-7.65) |
| 观测值 | 6826 | 6826 | 6826 | 6826 | 6826 |

注：表中为边际效应结果；括号内的数据为 $t$ 值；采用了稳健标准误。*、**和***分别表示10%、5%和1%上的显著性水平，本章下同。

从模型 1 至模型 4 可以看出，父母与子女同住显著提高了老年人金融参与，即与子女同住对养老第三支柱的建设有显著正向影响，两者是互补关系。在是否参与金融投资问题上，模型 1 显示与子女同住在 1%显著性水平上显著促进了老年人的金融市场参与，促进了养老第三支柱的建设。在金融投资参与程度上，无论是无风险金融资产还是风险金融资产，与子女同住都在 1%显著性水平上促进了金融资产投资金额的增加，风险金融资产占比提高了 1.637%。这可能是由于老年人与子女同住后安全感提升、经济支持更多、金融知识更丰富等导致。对于控制变量，从个人层面来看，老年人的婚姻状况、受教育水平、个人收入和认知能力都显著影响了老年人的金融参与。受访者有配偶、个人收入高都会给予老年人一定的保障和依靠，敢于购买更多的风险金融资产进行理财投资。从家庭层面来看，家庭成员人数的增加会“挤出”老年人可以在金融市场投入的金额，尤其是对风险金融资产影响更加明显。这可能是由于家庭规模越大，能够提供的养老资源越丰富，越有分散养老风险的能力，不需要通过金融资产收益来提供额外的养老资源。自有住房数量对老年人投资金融资产起到促进作用，这可能是由于房产数量间接反映了家庭的财富水平，高净值家庭可以投入到金融市场的资金更多，反映出在金融市场上住房的财富效应较为显著。

### 5.4.2　异质性分析

本章根据受访者的性别、居住地区、子女受教育水平以及个人收入进行分组，观察与子女同住在不同类型老年群体对其金融参与的影响，分析其在推动养老第三支柱建设方面的差异。尽管大多数老年人风险态度保守，银行存款持有金额的差异性并不大，但风险金融资产的投资决策却受多种因素的影响。因此，本章异质性分析选择风险金融资产占比作为金融参与程度的衡量指标，探究不同群体金融参与的差异。

从表 5-4 可以看出，与子女同住对男性户主风险金融资产的投资占比影响高于女性户主。已有文献表明，相比于女性，男性更偏好股票、基金等高风险金融资产（魏下海、万江滔，2020），与子女同住会对男性户主产生更显著的促进效应。根据经济发展水平和地理位置对地区进行划分，结果发现东部地区老年人与子女同住后对风险金融资产占比提升作用高于中西部地区。影响因素是多方面的，经济、教育、环境等都会对老年人的金融资产投资产生影响。东部地区不仅金融市场更为完善、收入水平较高，而且适老性设备更齐全，与子女同住易促进老年人参与风险金融市场。子女受教育水平越高，与子女同住越能显著促进父母投资于风险资产。一方面是由于学习是营造家庭文化氛围的重要方式，学习氛围越浓厚，老年人知识储备越完善，投资组合更加多元化（贾宪军等，2019；萧端、吕俞璇，2018；Ma 和 Wen，2016）。另一方面，子女受教育水平的提高有助于其收入的稳定（吴卫星、沈涛，2015）。收入不仅能牢固家庭理财安全网，还能在促进家庭和谐发展的同时增加了老年人的理财资本。对于户主个人而言，高收入老年人在与子女同住的情况下更倾向于对风险金融资产的投资。随着老年人收入的不断增加，可投资的资产不断增加，金融资产的投资比例不断提高，财富效应显著（魏先华等，2014；刘降斌等，2016）。即便与子女同住，高收入群体也能够在满足家庭整体消费的基础上实现财富增值，将闲置资金投向风险较高的金融产品获得额外收益。低收入老年群体在与子女同住后不仅要负担自身养老费用，还要对子、孙辈进行隐性费用补贴，难以通过资金运作获得超额收益。整体来看，居住地区越发达、子女受教育水平越高、个人收入越高，与子女同住对养老第三支柱发展的影响越显著。

表 5-4 与子女同住影响养老第三支柱建设的异质性

| 变量 | 风险金融资产占比 | | | | | | | |
|---|---|---|---|---|---|---|---|---|
| | 女性 | 男性 | 中西部 | 东部 | 子女受教育水平低 | 子女受教育水平高 | 低收入 | 高收入 |
| 与子女同住 | 0.00529<br>(0.96) | 0.0205***<br>(4.41) | 0.00326<br>(1.00) | 0.0284***<br>(4.18) | 0.000450<br>(0.21) | 0.0307***<br>(3.93) | -0.00117<br>(-0.88) | 0.0332***<br>(4.64) |
| $R^2$ | 0.0850 | 0.0512 | 0.0408 | 0.0733 | 0.0238 | 0.0610 | 0.00981 | 0.0540 |
| 经验 $p$ 值 | 0.027** | | 0.000*** | | 0.000*** | | 0.000*** | |
| 观测值 | 2840 | 3986 | 3582 | 3244 | 3861 | 2965 | 3416 | 3410 |

## （三）稳健性检验

为了考察估计结果的稳健性，本章从以下三个方面进行稳健性检验。

1. 使用“同一村居与子女同住的比例”作为工具变量

与子女同住对养老第三支柱建设的影响可能带来互为因果的内生性问题：是与子女同住促进了养老第三支柱建设，还是有能力参与第三支柱建设促进与子女同住？为了使研究结论更加可靠，选择“同一村居与子女同住的比例”作为与子女同住的工具变量。本章认为亲子之间是否同住受到周围邻居的影响，但是同一小区的居住模式对单个家庭的金融参与并无影响，因此满足工具变量的相关性和外生性假定，回归结果如表 5-5 模型 6 所示。与子女同住显著增加了老年人参与金融市场的可能性，促进了养老第三支柱的发展，并且相较于无风险金融资产，风险金融资产金额增加得更多，占比提高更为显著。这与表 5-3 的基准回归结果一致，说明上文检验结果稳健。

2. 使用其他指标刻画与子女同住

本章在做基准回归时选择用“是否物理外出”作为解释变量，在稳健性检验中，使用“是否同灶吃饭”来衡量与子女同住，使用与基准回归相同的模型进行回归分析，结果如表 5-5 模型 7 所示。从回归结果可以看出，父母和子女在经济上的同住仍能促进老年人参与风险金融资产投资，促进养老第三支柱的建设。

3. 扩充样本

本章选择的是2016年和2018年CFPS数据中老年人为户主的家庭数据，但对于现代家庭而言，子女是家庭的主要劳动力，同住后父母对子女更加依赖且愿意将金融资产的管理权交给子女，所以老年人为户主（财务问题回答人）的样本量只有全样本的1/3。为扩大样本量，本章选择了2012年、2014年、2016年和2018年CFPS数据进行回归分析，使回归结果更有说服力，如表5-5模型8所示。回归发现，与子女同住后老年人风险金融资产参与度显著增加，这与基准回归的估计结果一致。

表5-5　稳健性检验

| 变量 | 风险金融资产参与 | 无风险金融资产金额 | 风险金融资产金额 | 风险金融资产占比 |
|---|---|---|---|---|
| 模型6 | 0.980***<br>(4.61) | 1.080***<br>(3.39) | 10.154***<br>(4.29) | 80.215***<br>(4.36) |
| 观测值 | 6791 | 6791 | 6791 | 6791 |
| 模型7 | 0.034***<br>(4.57) | 0.131<br>(1.24) | 0.206***<br>(4.15) | 1.631***<br>(4.18) |
| 观测值 | 6826 | 6826 | 6826 | 6826 |
| 模型8 | 0.037***<br>(6.73) | 0.318***<br>(4.44) | 0.372***<br>(6.18) | 3.216***<br>(6.06) |
| 观测值 | 12044 | 12044 | 12044 | 12044 |

注：模型8采用的是ivprobit和ivtobit两步法twostep估计，报告的是回归系数，其他同表5-3。

## 5.5　与子女同住影响养老第三支柱建设的机制分析

基于前文的分析，本部分主要从风险态度、代际支持和知识溢出三个方面检验与子女同住影响养老第三支柱建设的渠道。

### 5.5.1　风险态度

从表5-6的结果可以看出，与子女同住会降低老年人对风险的厌恶程度，从而增加风险金融资产的投资。风险态度过于保守谨慎是制约老年群体参与金融市场，尤其是风险金融投资的关键因素。不同于储蓄，理财产品、基金、股票等对风险承受能力要求较高。要提高养老第三支柱的覆盖率，需要老年人具有更高的风险承受能力，而与子女同住带来的安全感正是缓解老年群体风险厌恶的重要手段。与子女同住后，老年人各方面的养老需求得到满足，归属感增强的同时风险承受能力逐步提升，认为即使发生金融损失也有子女的经济援助和养老保险支持。风险态度的改变对老年人选择何种金融资产产生重要影响。从表 5-6 中可以看出，老年人偏好风险的态度显著提高了其对风险金融资产的投资概率和投入金额，但没有改变现金和存款的持有金额。在老年人眼中，银行存款是一种“保险箱”，即使利率较低，但能够保障本金不发生损失。我国是全球储蓄率最高的国家之一，老年人发挥了不可忽视的作用。调查显示，老年群体人均存款将近 8 万元，风险态度仍偏向保守。若偏好风险，老年人可能会适当增加适老化理财产品的购买，风险在可接受范围内且理财渠道丰富，有助于老年人的财富积累。但对于现金和存款，老年人仍会选择保持已持有金额以备不时之需。

**表 5-6　风险态度机制检验**

| 变量 | 风险态度 | 风险金融资产参与 | 无风险金融资产金额 | 风险金融资产金额 | 风险金融资产占比 |
|---|---|---|---|---|---|
| 与子女同住 | -6.250** (-2.06) | 0.020*** (2.92) | 0.429*** (3.29) | 2.965*** (3.09) | 23.710*** (2.95) |
| 风险态度 | | -0.049*** (-4.70) | -0.000 (-1.41) | -7.636*** (-4.78) | -55.854*** (-4.53) |
| 观测值 | 6307 | 6307 | 6307 | 6307 | 6307 |

## 5.5.2　代际支持

1. 经济支持

从表 5-7 可以看出，与子女同住父母给予的经济支持提高，同时父母得到的经济支持减少，并且两者在对老年人金融市场参与的影响上存在差异。从子女角度来看，不同住子女为了弥补不能在父母身边陪伴照料的亏欠，一般会选择增加对父母经济上的支持；而子女与父母同住后，经济支持有所减少，这可能是子女认为父母更加渴望情感上和生活上的养老需求，更关注对父母的非经济支持。从父母角度来看，与子女同住后对水、电、煤气等家庭支出的承担或对孙辈生活补贴的增加，直接或间接地减少了子女的经济支出。本书通过对消费支出回归分析（见表 5-3 模型 5），证实父母在与子女同住后在家庭支出方面付出更多。在金融资产配置上，一方面，子女给予的经济支持促进老年人持有更多的现金和存款；与子女同住后老年人需要持有更多现金和短期存款来维持日常生活，而风险金融资产的时效性较长，流动性相对弱，因此老年人倾向于持有无风险金融资产。另一方面，父母得到的经济支持会挤出老年人对风险金融资产投资，即子女给予的经济支持越多，老年人对金融产品的投入越少。这表明父母不会将从子女处得到的经济支持用于有风险的金融投资，子女给予的经济支持越多父母越不会参与金融投资。整体上，与子女同住减少了父母从子女处得到的经济支持，反而促进了养老第三支柱的发展。

**表 5-7 经济支持机制检验**

| 变量 | 父母给予的经济支持 | 父母得到的经济支持 | 风险金融资产参与 | 无风险金融资产金额 | 风险金融资产金额 | 风险金融资产占比 |
|---|---|---|---|---|---|---|
| 与子女同住 | 0.659***<br>(8.16) | | 0.035***<br>(5.25) | 0.316***<br>(3.26) | 0.216***<br>(4.77) | 1.625***<br>(4.52) |
| 父母给予的经济支持 | | | -0.000<br>(-0.40) | 0.035**<br>(2.49) | -0.002<br>(-0.39) | -0.020<br>(-0.49) |
| 观测值 | 6826 | | 6826 | 6826 | 6826 | 6826 |
| 与子女同住 | | -0.444***<br>(-4.11) | 0.034***<br>(5.17) | 0.333***<br>(3.45) | 0.210***<br>(4.71) | 1.576***<br>(4.46) |
| 父母得到的经济支持 | | | -0.002***<br>(-2.96) | -0.015<br>(-1.24) | -0.014***<br>(-2.90) | -0.104***<br>(-2.83) |
| 观测值 | | 6826 | 6826 | 6826 | 6826 | 6826 |

2. 劳动支持

从表 5-8 可以看出，子女和父母同住显著增加了亲子之间的相互照料，其中父母给予的劳动支持会促进老年人自身更积极地参与金融市场。请父母帮忙照料家庭是大多数子女兼顾生活事业的有效手段，父母与子女同住相较于独居能发挥更大效用，促进代际间的互相照料。尤其是对大多数已经退休的老年人而言，时间成本较低，有充足的空闲时间帮助子女照顾下一代。但父母和子女的相互照料并不都能对老年人金融参与产生影响。一方面，老年人帮助子女照料家务和孙辈显著推动了老年人参与风险金融投资。老年人承担更多的照料责任和家务劳作，家庭中年轻劳动力得以释放，提高了家庭收入的同时使家庭环境更加和谐。同时，老年人在家庭金融参与中拥有更高的话语权，有助于老年人参与金融投资（汤凌霄、潘文东，2021）。另一方面，父母得到的劳动支持对金融自养能力的影响并不显著。子女对老年人的起居照料会增加其对子女的依赖，抑制其自我养老意识的觉醒，而不影响老年人的金融参与。综合以上，老年人给予子女的劳动支持更能促进个人养老金参与，而子女对父母的照料未发现该效应，支持了与子女同住的代际交换动机。

**表 5-8 劳动支持机制检验**

| 变量 | 父母给予的劳动支持 | 父母得到的劳动支持 | 风险金融资产参与 | 无风险金融资产金额 | 风险金融资产金额 | 风险金融资产占比 |
|---|---|---|---|---|---|---|
| 与子女同住 | 1.869***<br>(4.76) | | 0.052***<br>(5.36) | 0.394***<br>(3.10) | 0.335***<br>(4.99) | 2.558***<br>(4.88) |
| 父母给予的劳动支持 | | | 0.001**<br>(2.41) | -0.008<br>(-1.50) | 0.006**<br>(2.26) | 0.043**<br>(2.21) |
| 观测值 | 2996 | | 2996 | 2996 | 2996 | 2996 |
| 与子女同住 | | 7.766***<br>(14.03) | 0.034***<br>(3.92) | 0.739***<br>(4.76) | 0.207***<br>(3.64) | 1.419***<br>(3.53) |
| 父母得到的劳动支持 | | | -0.000<br>(-0.32) | -0.000<br>(-0.09) | -0.001<br>(-0.26) | -0.002<br>(-0.15) |
| 观测值 | | 2465 | 2465 | 2465 | 2465 | 2465 |

## 5.5.3 知识溢出

1. 沟通频率和金融知识

从表 5-9 可以看出，父母与子女同住沟通频率会显著提高，从而增加其对金融资产的投入。本书认为沟通频率反映了子女对老年人的知识溢出水平。不同于年轻人，老年人对新鲜事物的接受程度较低，大多数老年人认为金融产品的风险超出了其承受范围，并且对银行或者证券公司推出的适老化理财产品并不清楚或持怀疑的态度。老年人和子女同住后，子女以及孙辈的陪伴和交流不仅能增强彼此的亲近感和依赖度，而且成为老年人获取新鲜资讯的一个重要途径，加深其对金融产品的认知和理解。对金融知识的理解是促进老年人参与金融理财、购买金融产品的关键因素之一，金融知识水平的不断提高有助于老年人增加参与金融市场的意愿，尤其是增加对风险资产的投入较之前更为显著。为进一步验证这一机制，本章利用金融知识作为中介变量进行探究。由于 CFPS 数据中仅 2018 年涉及对定期存款、通货膨胀和投资风险等金融知识的调查，因此利用 2018 年 CFPS 数据中 60 岁以上样本对金融知识的判断进行验证，证实与子女同住老年人会因为知识溢出增加对金融资产的投入。

表 5-9 沟通频率和金融知识机制检验

| 变量 | 沟通频率 | 金融知识 | 风险金融资产参与 | 无风险金融资产金额 | 风险金融资产金额 | 风险金融资产占比 |
|---|---|---|---|---|---|---|
| 与子女同住 | 9.195***<br>(29.35) | | 0.026***<br>(3.68) | 0.196*<br>(1.86) | 0.154***<br>(3.28) | 1.208***<br>(3.31) |
| 沟通频率 | | | 0.001***<br>(3.94) | 0.016***<br>(4.14) | 0.006***<br>(3.85) | 0.043***<br>(3.68) |
| 观测值 | 6350 | | 6350 | 6350 | 6350 | 6350 |
| 与子女同住 | | 0.203***<br>(6.24) | 0.023***<br>(2.72) | 0.420**<br>(2.47) | 2.642**<br>(2.26) | 20.031**<br>(2.21) |
| 金融知识 | | | 0.020***<br>(6.35) | 0.436***<br>(5.31) | 2.775***<br>(6.66) | 21.370***<br>(6.29) |
| 观测值 | | 3522 | 3522 | 3522 | 3522 | 3522 |

2. 互联网使用

从表 5-10 可以看出，父母和子女同住促进了老年人对互联网的使用，从而增加其对金融资产的投入。我国老年网民渗透率不到两成，多数老年人处于被动上网的状态，需要他人指导和帮助。① 与子女同住能很好地解决这一问题，距离的缩进有助于子女和孙辈帮助老年人使用移动设备上网，方便其了解新闻资讯和新事物。随着互联网的兴起，学习、娱乐、社交等都可以借助网络来实现。老年人上网频率的增加，不仅可助其学到更全面的金融知识，了解更多适老型金融产品，增加其养老保障，还有助于老年人方便快捷地进行投资理财，无需到营业网点进行咨询和办理。

表 5-10 互联网使用机制检验

| 变量 | 互联网使用 | 风险金融资产参与 | 无风险金融资产金额 | 风险金融资产金额 | 风险金融资产占比 |
|---|---|---|---|---|---|
| 与子女同住 | 0.032***<br>(3.42) | 0.030***<br>(4.78) | 0.318***<br>(3.30) | 0.177***<br>(4.27) | 1.341***<br>(4.07) |

① 参见《2019 年老年群体触网研究报告》。

续表

| 变量 | 互联网使用 | 风险金融资产参与 | 无风险金融资产金额 | 风险金融资产金额 | 风险金融资产占比 |
|---|---|---|---|---|---|
| 互联网使用 | | 0.055***<br>(10.92) | 0.628***<br>(5.83) | 0.372***<br>(10.63) | 2.781***<br>(9.93) |
| 观测值 | 6820 | 6820 | 6820 | 6820 | 6820 |

## 5.6 老龄化、少子化和老年人福利效应

### 5.6.1 与子女同住、子女数量和养老第三支柱

在少子化叠加老龄化背景下，与子女同住对养老第三支柱的建设是促进还是抑制、能否有效缓解我国社会养老压力十分重要。对此，本章将与子女同住和子女数量进行交叉项处理后进行回归，用于检验子女数量对与子女同住促进养老第三支柱建设的调节作用，如表 5-11 所示。

表 5-11　子女数量对与子女同住促进养老第三支柱建设的调节作用

| 变量 | 子女数量 | | | 经济支持 | |
|---|---|---|---|---|---|
| | (1) | (2) | (3) | (4) | (5) |
| | 风险金融资产参与 | 风险金融资产金额 | 风险金融资产占比 | 风险金融资产金额 | 风险金融资产占比 |
| 子女数量 | -0.016***<br>(-7.84) | -0.104***<br>(-7.53) | -0.658***<br>(-5.73) | -0.132***<br>(-5.97) | -0.766***<br>(-4.34) |
| 与子女同住 | 0.052***<br>(3.37) | 0.349***<br>(3.29) | 2.729***<br>(3.07) | 0.571***<br>(3.26) | 4.659***<br>(3.19) |
| 与子女同住×子女数量 | -0.010**<br>(-2.30) | -0.071**<br>(-2.41) | -0.597**<br>(-2.52) | -0.140**<br>(-2.56) | -1.220***<br>(-2.75) |
| 与子女同住×子女数量×经济支持 | | | | 0.019*<br>(1.79) | 0.173**<br>(2.05) |
| 观测值 | 6826 | 6826 | 6826 | 6826 | 6826 |

从表 5-11 可以看出，子女数量的系数在 1%显著性水平上显著为负，表明子女数量少反而促进老年人增加自身养老投入。与子女同住和子女数量的交乘项系数在 5%显著水平上显著为负，说明子女数量对与子女同住促进养老第三支柱的建设有抑制作用，即少子化反而推动了与子女同住对养老第三支柱的促进作用，这和穆怀中（2022）的结论相一致。可能的原因：一方面，

子女数量的减少会增加父母对自身养老的不安全感，强化了其对于自身养老投入的意愿；另一方面，子女数量越少，父母需付出的精力和金钱越少，家庭生活负担越小，增强了老年人投入养老第三支柱的能力。

目前，鼓励生育增加子女数量是解决少子化问题的重要方式和必然选择。但根据上述结论，子女数量的增加直接或者通过与子女同住间接减弱老年人对自身养老的投入，这就产生了两难问题。因此在国家放开三孩政策子女数量增多情形下，如何有效推动父母与子女同住促进养老第三支柱建设至关重要。本书认为，可以通过鼓励代际间交往（如经济支持）来进行缓解。通过与子女同住、子女数量和经济支持进行交叉得到的三重差分进行分析发现，经济支持可以削弱子女数量增多带来的老年人自身养老投入减少的负面影响。

### 5.6.2 基于第七次全国人口普查数据的异质性分析

第七次全国人口普查对我国各地区的人口数据进行了最广泛、最全面的调查汇总，通过对比可以看出，在人口结构、人口增速等方面不同省份显著不同（见表5-12）。在年龄结构方面，本章根据第七次全国人口普查的相关数据，将各省份的老年人占比（60岁及以上人口占比）和少儿占比（0~14岁人口占比）分别按平均数进行划分。结果显示，在老年人占比高的省份，与子女同住对老年人风险金融资产投资的促进效应更显著。这可能是由于老龄化较重的地区养老压力更大，子女更支持老年人参与养老第三支柱，老年人参与积极性更高；而在少儿群体占比低的省份，与子女同住更能促进老年群体的风险投资参与。不同于少儿占比高的省份，少儿占比低的省份的老年人有更多的休闲时间，有更多精力和时间思考如何提高生活质量。

**表5-12 不同年龄结构、不同人口增长趋势、不同教育水平地区的异质性检验**

| 变量 | 年龄结构 | | | | 人口增长趋势 | | 教育水平 | | | |
|---|---|---|---|---|---|---|---|---|---|---|
| | 老年人占比 | | 少儿占比 | | 人口增速 | | 教育年限 | | 教育水平 | |
| | (1) | (2) | (1) | (2) | (1) | (2) | (1) | (2) | (1) | (2) |
| | 低 | 高 | 低 | 高 | 慢 | 快 | 短 | 长 | 低 | 高 |
| 与子女同住 | 0.269<br>(0.72) | 2.806***<br>(4.86) | 3.606***<br>(4.59) | 0.150<br>(0.54) | 2.307***<br>(3.63) | 0.491<br>(1.51) | 0.0731<br>(0.26) | 2.721***<br>(4.05) | 0.0675<br>(0.27) | 2.757***<br>(3.79) |
| 经验 $p$ 值 | 0.000*** | 0.000*** | 0.009*** | 0.001*** | 0.000*** | | | | | |
| 观测值 | 2556 | 4270 | 3063 | 3763 | 3362 | 3464 | 3488 | 3338 | 3716 | 3110 |

在人口增速方面，本章根据全国第七次人口普查各省的人口增速数据（2020年相较于2010年的人口增长率）按平均数进行划分。结果显示，在人口增速慢的省份，与子女同住对老年群体风险资产投资促进作用更显著。与少儿占比低的省份老年人参与积极性高的结论相一致。

在教育水平方面，根据第七次全国人口普查的相关数据，将各省份的教育年限（15岁及以上人口的平均受教育年限）和教育水平（每10万人口受教育程度在高中以上的人数占比）按平均值进行划分。从检验结果可以看出，在教育年限长、教育水平高的省份，与子女同住更容易促进老年群体的风险资产投资。原因如下：一是子女教育水平的提高会间接影响老年人的思想意识，与前文子女教育水平维度的异质性检验结论相一致。家庭文化氛围的改善和子女收入的增加都是促进老年群体风险资产投资参与的重要因素。二是老年人自身教育水平高，对风险和新鲜事物的接受能力更强。从基准回归中也可以看出，教育水平对于金融市场参与的促进作用在1%水平上显著。三是社会文化氛围间接影响与子女同住对风险投资的推动作用。在孝道文化和文明养老的大背景下，老年父母不仅注重与子女之间的沟通交流，还能通过周围的文化渲染等提高自我认知（如社区举办反诈骗讲座等），这在知识溢出的中介检验中有所体现。

### 5.6.3　与子女同住促进养老第三支柱建设的福利效应

在老龄化程度不断加深的大背景下，老年人的生活和身体状况极易发生“变故”，诱发孤独感并降低其社会参与能力，从而导致老年群体抑郁、焦虑等心理问题频发。由中国科学院心理研究所和社会科学文献出版社共同主办和发布的国民心理健康蓝皮书《中国国民心理健康发展报告（2021～2022）》指出，当前有近1/3的老年人处于抑郁状态，其中19.05%的老年人处于轻度抑郁状态，12.17%的老年人存在中高程度的抑郁情绪。本章通过研究与子女同住对养老第三支柱建设的影响发现，与子女同住能够有效推动老年人自我养老的能力。但增强养老能力的同时，老年群体的心理健康问题不容忽视。家庭养老和自我养老相结合的养老方式是否会对老年人心理产生影响？本章将问卷“行为和精神状态”部分中的“下面是一些您可能有过的感受或行为，请根据您的实际情况，指出在过去一周内各种感受或行为的发生频率”问题与老年人对负面情绪相关问题的回答作为衡量其抑郁程度的标准。①

**表 5-13　与子女同住促进老年人养老第三支柱建设的福利效应检验**

| 变量 | 抑郁程度 | | | |
|---|---|---|---|---|
| | (1) | (2) | (3) | (4) |
| 风险金融资产参与 | -3.334*<br>(-1.79) | | | |
| 无风险金融资产金额 | | -1.027***<br>(-6.74) | | |
| 风险金融资产金额 | | | -0.517*<br>(-1.94) | |
| 风险金融资产占比 | | | | -0.081**<br>(-2.53) |
| 观测值 | 6826 | 6826 | 6826 | 6826 |

如表 5-13 所示，参与养老第三支柱显著地抑制了老年群体的抑郁程度，表明家庭养老和自我养老的结合可以促进老年人的心理健康，提高其生活幸福感。这可能是因为养老第三支柱的发展在一定程度上开拓了老年群体自我思考能力，如是否购买金融产品？投入多少资金进入风险市场？如何分配自有资金在股票和基金等风险金融产品中的比例？这不仅能让老年人感受到自身价值进而提升自信心，还能在一定程度上改变其思维模式，防止阿尔茨海默病等疾病。

为了检验与子女同住在老年人金融参与改善福利中的调节作用，本章将与子女同住与金融参与的交叉项纳入到检验模型中，表 5-14 列示了与子女同住调节效应的检验结果。研究发现，金融参与、参与养老第三支柱可以显著降低老年人的抑郁程度。与子女同住与金融参与交叉项的系数均为正值，表明与子女同住削弱了金融参与对改善老年人福利的作用，加深了老年人的抑郁程度。但该结果只在风险金融资产参与、无风险金融资产金额两种情况下显著，风险金融资产金额和占比情况下并不显著。这背后的原因可能在于：拥有无风险金融资产越多，老年人独居更能享受无风险金融资产带来的福利，而与子女共同居住这些无风险金融资产需要与子女甚至是孙辈共享。本章对消费支出进行回归分析（见表 5-3 模型 5）证实父母与子女同住对家庭

① 与负面情绪相关的问题有“我感到情绪低落”“我觉得做任何事都很费劲”“我的睡眠不好”“我感到孤独”“我感到悲伤难过”“我觉得生活无法继续”。处理时将问题的四个选项：几乎没有（不到一天）、有些时候有（1~2 天）、经常有（3~4 天）、大多数时候有（5~7 天）分别按照 0 天、1 天、3 天、5 天计算。为了和其他变量的时间范围相匹配，换算成 1 个月的频率进行计算。

投入更多，削弱了现金、银行存款等无风险资产的保障作用。因此，与子女同住能够促进老年人参与养老第三支柱改善福利状况，但要充分考虑与子女同住对老年人自我养老的福利所产生的负面调节作用。

表 5-14 与子女同住的调节效应检验

| 变量 | 抑郁程度 | | | |
|---|---|---|---|---|
| | (1) | (2) | (3) | (4) |
| | 风险金融资产参与 | 无风险金融资产金额 | 风险金融资产金额 | 风险金融资产占比 |
| 金融参与 | -5.682**<br>(-2.41) | -1.260***<br>(-6.86) | -0.818**<br>(-2.37) | -0.097**<br>(-2.30) |
| 与子女同住×金融参与 | 6.031*<br>(1.67) | 0.695**<br>(2.37) | 0.761<br>(1.48) | 0.043<br>(0.68) |
| 与子女同住 | -0.963<br>(-0.86) | -2.828*<br>(-1.83) | -0.899<br>(-0.81) | -0.733<br>(-0.66) |
| 观测值 | 6826 | 6826 | 6826 | 6826 |

## 5.7 本章小结与建议

在第一代独生子女逐步进入中高龄和三孩政策全面放开的社会情况下，中国社会普遍“轻老重幼”。在此背景下，仅靠家庭养老这一主流养老方式难以满足老年群体的养老需求，其生活水平难以提升。“十四五”纲要提出要通过培育养老新业态补充家庭养老功能，形成多层次养老体系。但从目前来看，政府和企业的社会养老保障供给难以满足老年人高质量的养老需求，第一和第二养老支柱仍存在保障能力不足、覆盖范围有限等问题，短期难以得到改善。对此，《关于加强新时代老龄工作的意见》提出要在鼓励子女就近居住、加大家庭养老供给的同时促进和规范第三支柱养老保险，充分发挥自我养老的优势。为了探究养老模式的融合成效，本书着重研究了作为养老第三支柱的重要组成部分，金融参与能否对供给不足的家庭养老进行有效补充，这是当前促进老年人积极养老的关键。

本章使用 2016 年和 2018 年中国家庭追踪调查（CFPS）数据，研究与子女同住对老年群体金融参与的影响，探究与子女同住和发展养老第三支柱之间的关系。研究发现：与子女同住显著提高了老年人参与金融市场的可能性和投资金额，同时显著增加了老年群体对风险金融资产的投资比重，表明以与子女同住为重要特征的家庭养老能够有效推动养老第三支柱的建设。异质性分析证实，与子女同住对于居住于东部地区、子女受教育水平和个人收入高的男性老年人这种促进效应更显著。机制研究发现，与子女同住带给老年人的安全感降低了老年人风险厌恶程度、增加了其知识认知和信息接触，从而促进老年人金融投资；同时发现老年人给予子女的劳动支持更能促进个人养老金参与，而子女对父母的照料未发现该效应，支持了与子女同住的代际交换动机。本章进一步探讨了老年人参与养老第三支柱的福利效应，参与自身养老投资会缓解老年人抑郁状况、提升其幸福感。此外，探究了少子化和老龄化背景下老年人与子女同住对养老第三支柱建设的作用。研究发现子女数量少的父母更加依赖自身的养老投资，少子化反而推动了老年人与子女同住对养老第三支柱建设的促进作用。基于第七次全国人口普查数据，发现在老年人占比高、少儿占比低以及人口增速慢的省份与子女同住更有助于对养老第三支柱的建设的促进，表明少子化和老龄化背景下加强家庭养老与老年人自身养老投资能更好地提升老年人的幸福感、获得感。

本章探讨了在社会养老供给不足的当下，家庭养老作为主流养老模式，可通过和养老第三支柱的深度融合，在多元机制的共同作用下，化被动养老为主动养老。尽管目前有多项政策利好养老第三支柱建设，但其参与率低的问题依旧严峻，解决方案应立足于家庭养老为主流的现实背景。具体建议如下：

首先，以与子女同住为核心的家庭养老和第三支柱养老不是非此即彼的替代关系，而是相互融合促进的关系，第三支柱的建设要充分借助老年人与子女同住的促进效应。一方面，为与子女同住扫清制度障碍，对于父母投奔异地子女生活的，政策应在允许随迁和方便随迁两个维度着力。对前者，可进一步放宽户籍等政策限制，提高父母随迁落户政策的灵活性，允许父母在子女工作、生活地落户，简化相关程序；对后者，实现社保、医保等异地的互联互通，建立养老金的异地支取、医疗保障的异地转移运行机制，与当地居民享受同等待遇。另一方面，加大第三支柱养老的宣讲力度，政策宣传工作要面向家庭，不仅让老年人了解参与第三支柱养老的益处，更重要的是让老年人的子女意识到养老第三支柱对于家庭养老的补充作用。

其次，养老第三支柱的建设要将老年人的风险承受能力、信息接受能力纳入评估，降低养老第三支柱产品的选择门槛，提升老年人参与养老第三支柱的能力。与子女同住对老年人养老第三支柱建设的促进作用主要通过降低其风险厌恶、提升其金融素养来实现，因此可以从这两个角度入手来提升老年人养老第三支柱的参与能力。对于政府来说，应建立国家适老金融产品目录，规范、推动构建养老金融产品专区专柜建设，同时，建立“专家团队”准入机制，鼓励专家走进社区，为老年人讲解养老金融产品，让老年人听得懂、买得明白。对于企业而言，需建立养老产品的风险预警制度，并对不同养老产品进行严格的风险等级划分，瞄准不同的目标群体，以低波动、收益相对稳健、风险相对可控的产品为先导，提高养老金融产品辨识度，与满足养老管理需求的应用场景有效结合，契合老年人的养老需求。

最后，少子化和老龄化背景下，子女数量少的父母更加依赖于自身养老投资，更愿意参与养老第三支柱的建设，可以独生子女家庭为突破口撬动养老第三支柱市场的发展。独生子女家庭数量庞大，王广州（2013）通过2005年全国人口1%抽样调查数据和计算机仿真模型估计，2010年，全国独生子女总量在1.45亿左右。与多子女家庭养老相比，独生子女家庭将遭遇更大的养老困难，独生子女缺少兄弟姐妹分担赡养和照料的父母的压力，面临工作、孝亲、抚幼多重责任叠加问题。不应让独生子女家庭独自承担成本，政府应加大对独生子女家庭养老的政策倾斜力度，让独生子女有更充足的精力和时间照顾父母。具体措施为适度提高独生子女家庭养老补贴或者加大个人所得税减免力度，缓解其家庭养老压力；扩大普惠托育服务供给，降低育儿成本，缓解家庭“抚幼”对“孝亲”的挤压；设立独生子女照料假，为其同住照料父母提供时间上的可行性。

# 6 社会关系对老年人家庭资产配置的影响：参与过程视角[①]

人口老龄化背景下，中老年群体人口规模和财富拥有量巨大，是金融市场的重要参与者和资金供给者，在金融市场上具有重要地位。但现实中大量中老年人依旧延续着高储蓄、低风险投资的传统，使得以民间借贷为代表的非正规金融参与成为一种特殊却广泛存在的金融投资方式。基于中国社会的特殊文化传统，“熟人社会”的传统观念对中老年群体影响深远，其非正规金融参与行为更容易受到社会互动的影响。从社会关系视角研究中老年人非正规金融参与过程及潜在风险，对于了解老年群体金融决策模式、把握老年人金融市场参与的影响因素与影响机理、理解我国金融体制的现状与未来发展、深化金融体制改革具有重要意义。本书对社会关系影响老年人家庭资产配置的研究主要从参与过程和参与风险两个维度展开：本章基于参与过程，考虑民间借贷是居民参与非正规金融的主要形式，聚焦于中老年群体社会互动与其民间借贷参与的关系，首次提出并检验了基于社会互动信息传递与心理塑造功能的作用机制。研究发现：社会互动显著促进了中老年人民间借贷参与的可能性与程度，主要通过潜在的信息掌握机制与互助兑付预期机制发挥作用。金融素养、地区普惠金融发展水平会减弱中老年人通过社会互动进行的民间借贷参与，而社会资本则增强社会互动对中老年人民间借贷参与的影响。本书的研究结论可为解释“有限参与之谜”提供思路，亦可为理解我国金融体制的现状与未来发展、深化金融体制改革提供启示。

① 本章部分内容以《社会互动对老年人非正规金融参与的影响研究》为题荣获财富管理论坛二等奖。

## 6.1 研究背景与研究意义

随着经济迅速发展与居民生活水平不断提高，家庭作为社会经济不可或缺的参与者，其资产配置问题逐渐成为各界关注的焦点。理论上，财富增加会提高家庭风险金融资产的配置比例，但现实中大多数中国家庭依然延续着高储蓄、低风险投资的传统，这种现象被学术界称为“有限参与之谜”。值得注意的是，与相对低迷的正规金融市场风险资产投资相比，中国家庭在非正规金融领域却表现得相当活跃。在这样的背景下，探究居民家庭非正规金融参与的决策模式与影响因素，成为家庭金融研究领域的重要议题。

在人口老龄化形势日益严峻的当下，中老年群体的金融市场地位日益提升。第七次全国人口普查数据显示，我国 60 岁及以上人口的比重达到 18.70%，其中 65 岁及以上人口比重达到 13.50%。如何积极应对人口老龄化是当前乃至未来很长一段时间内必须深入思考的问题。当前，我国中老年群体人口规模及其所掌握的财富总量巨大，但相当一部分中老年家庭受限于金融素养与传统观念，依旧延续着高储蓄的传统，其财富主要以现金或银行存款形式存放，股票与债券配置比例较低。在中老年群体正规金融风险资产配置相对不足的背景下，探究中老年群体参与潜在风险较高的非正规金融活动的动因与内在逻辑，进一步理解中老年群体资产配置行为，有利于引导中老年家庭资产配置合理化，对理解我国金融体制的现状与未来发展、深化金融体制改革具有重要意义。

实践中，基于中国特殊的社会文化传统，社会互动对我国中老年人非正规金融参与具有较强的影响。受儒家文化熏陶，我国传统社会形成了以人伦关系为核心的“差序格局”（费孝通，1998）。在传统社会关系网中，个体与其周边人群彼此负有相当义务，形成了有机的整体（孙英春，2008）。这种社会组织形式下，中国社会形成了强调个体从属于集体、个人利益服从集体利益的集体主义价值倾向，个体与周边群体之间相互依存，个体行为决策易受周边人群的舆论与行为引导（陈经超、黄晨阳，2020）。随着市场经济的发展，尽管新思潮冲击下传统社会格局与人际观念发生了较大改变，但中老年群体受特殊的时代背景与成长经历影响，在行为与思想上依然沿袭着“熟人社会”的处世哲学，对熟人关系的维持既重视信誉又强调互惠互利（Zhang 和 Zhang，2006）。这使得我国中老年群体容易参与到以“关系”为纽带的非正规金融活动中。社会网络是非正规金融存在、发展和得以运作的核心因素。

从民间实务来看，非正规金融交易往往建立在一定的社会关系之上，这在个体居民间的亲友借贷活动中表现得更为明显。社会互动是个体建立与巩固自身社会网络的实践基础，而非正规金融对社会网络具有极强的依赖性。沿着该逻辑链条延伸，社会互动自然是研究居民非正规金融参与决策不可忽视的社会性因素。理论上，社会互动对正规金融参与的影响已得到众多文献的充分检验，如李涛（2006）、宋涛等（2012）、郭士祺和梁平汉（2014）、魏昭等（2018）、李丁等（2019）、刘金华和吴静（2019），而社会互动对于非正规金融的影响尚未引起足够关注。

基于以上，本书从社会互动视角切入，聚焦于中老年人民间借贷参与行为，系统考察社会互动对于我国中老年人非正规金融参与的影响。具体而言，本书聚焦于：社会互动是否可以促进中老年人参与到民间借贷之中？其内在机制是什么？研究获得以下结论：社会互动能够促进中老年人民间借贷参与。在影响机制上，社会互动通过潜在的信息掌握机制与互助兑付预期机制促进中老年人民间借贷参与。金融素养、地区普惠性金融发展水平会减弱中老年人通过社会互动进行的民间借贷参与，而社会资本则增强社会互动对其民间借贷参与的影响。本书的研究结论可为解释“有限参与之谜”提供思路，亦可为理解我国金融体制的现状与未来发展、深化金融体制改革提供启示。

## 6.2 理论分析与研究假设

现实中，居民参与非正规金融形式多样，不一而足。但从资金供需的角度理解居民的非正规金融参与行为，可以将其分为非正规借入和非正规借出两类。其中非正规借入是个体应对资金短缺而做出的被动经济决策，而非正规借出则更具主观能动性，面对亲友借款请求或者其他非正规金融投资，个体可以自行决定是否出借资金。因此，本书将中老年人是否参与民间借出作为其是否参与民间借贷的界定标准。

### 6.2.1 社会互动对中老年人民间借贷参与的影响

尽管近年来学术界对于社会互动这一视角日益重视，但鲜有文献对社会互动与非正规金融参与之间关系进行深入研究。社会互动与个体非正规金融参与行为之间的内在联系，常常隐含在研究社会互动的其他文献中，被间接揭示。现有探究社会互动或者社会网络对个体非正规金融参与的影响的文献，大多从居民非正规金融借贷可获得性这一角度分析两者之间的关系，且结论相对一致。如杨汝岱等（2011）使用农村调研数据进行实证分析发现，社会互动强度较高的农户在民间借贷参与方面表现得更加活跃，社会网络能够增强农户的民间融资能力，帮助其弱化流动性约束。胡枫和陈玉宇（2012）使用CFPS微观数据验证了社会互动对农户民间借贷可得性的正向影响。在针对社会互动的其他研究主题下，社会互动与非正规金融参与之间的关系被大量文献间接揭示。如马光荣和杨恩艳（2011）、苏岚岚等（2017）、胡金焱和张博（2014）等学者在研究社会互动对家庭创业决策的影响时，均通过实证验证了社会互动对于民间借贷可获得性的正向影响。此外，谭燕芝和张子豪（2017）在研究社会互动对于改善农户多维贫困的作用时，通过经验证据证明了社会互动对居民非正规金融借贷有着显著的正向影响。

综上所述，尽管这些研究仅关注到非正规金融借入这一维度，没有考虑社会互动对个体参与非正规金融借出的影响，也没能进一步揭示两者之间的内在影响机制，但是其从不同角度揭示了社会互动是研究居民非正规金融参与决策不可忽视的社会性因素这一客观事实。

基于以上分析，本章提出以下假设：

$H_1$：社会互动强度越高，中老年人民间借贷参与可能性越大、涉入金额越多。

## 6.2.2 社会互动对中老年人民间借贷参与的影响机制

对于中老年人民间借贷参与的考察侧重于民间借出这一维度，民间借出决策相对于融资决策具有更强的主动性。本章基于社会互动信息传递能力与主观心理塑造能力，提出社会互动影响中老年人民间借贷参与的两种可能机制，图6-1描述了其具体路径。

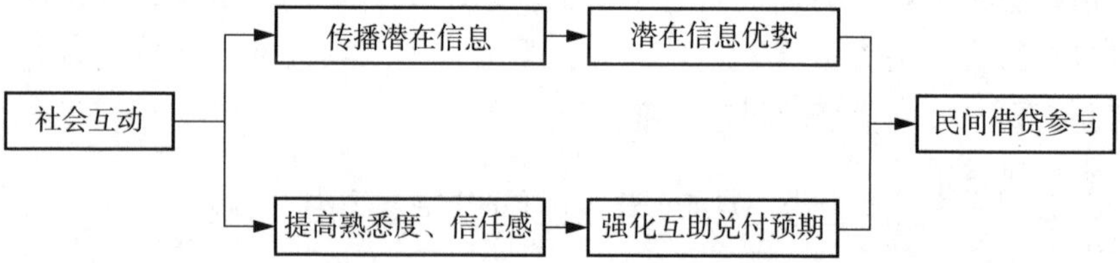


**图6-1 社会互动对中老年人民间借贷参与的影响机制**

1. 潜在信息掌握机制

信息获取是金融交易中风险评估的关键。大量文献在理论层面肯定了一定的社会网络在非正规金融运作过程中具有极大的信息优势（林毅夫、孙希芳，2005）。从实务来看，非正规金融交易往往建立在一定的社会关系之上，这在个体居民间的亲友借贷活动中表现得更为明显。凭借熟人关系网络中个体间频繁的社会互动，中老年民间借贷参与者能够有效地获取交易对手在信用、风险承受能力、实际财务状况等方面的信息，高效评估交易风险，进而提高其民间借贷参与度。

2. 互助兑付预期机制

我国中老年群体由于其所处的特殊时代与成长经历，在行为与思想上留下了较深的熟人社会烙印，在熟人关系的维持上既重视信誉又强调互惠互利。乡土社会中，面对灾害、战争等外部威胁，农民不得不采取“抱团取暖”的方式提高风险抵御能力。伴随小农经济的延续，这种互惠制度逐渐内化为乡土熟人社会的潜在规范。个体参与熟人间互惠行为的初衷是有朝一日遇到困难能得到社会网络的兑付（Scott，1977）。个人对熟人网络的熟悉信任程度决定着这种兑付预期的强弱。熟人网络中，个体间长时间多方面的社会互动有利于提升彼此的熟悉度与信任感，坚定了个体对于参与互助能得到回报的预期（湛礼珠，2022）。从民间借贷参与的角度看，资金需求方往往是求助者，而个体是否将资金出借，取决于其对自身施以援手的行为未来能否在熟人网络得到兑付的预期。社会互动可以通过提升熟人间的熟悉度与信任感增强这种预期，从而促进中老年人非正规金融参与。

基于以上分析，本章提出以下假设：

$H_2$：社会互动通过潜在的信息掌握机制与互助兑付预期机制促进中老年人民间借贷参与。

## 6.3 数据样本与变量介绍

### 6.3.1 数据来源

本章研究主题为老年人社会互动对其民间借贷参与的影响，出于与研究主题的契合度、数据的全面性和新颖度、核心变量的主流刻画方式等考虑，本章采用了2018年中国家庭追踪调查（CFPS）数据库数据。该调查问卷面向全国25个省（自治区、直辖市），样本覆盖家庭共计16000户。本章选取了2018年CFPS数据库所有45岁及以上中老年受访者数据，具体处理如下：合并了“社区问卷”“家庭问卷”“成人问卷”等模块数据，在刻画滞后变量的过程中提取了2016年的部分调查数据。此外，本章使用了部分有关金融知识和主观态度的2014年调查数据，依据样本匹配的原则对2018年数据进行了补充。去除所用指标中有缺漏项的样本和未能匹配样本，最终样本量为17186个。

### 6.3.2 变量选取与描述性统计

1. 被解释变量：民间借贷参与

本章主要被解释变量为参与民间借出与民间借出金额。参考谭燕芝等（2017）对民间借贷较为普遍的刻画方式，根据CFPS 2018年问卷数据中受访者对“是否有个人（亲戚、朋友）或组织（民间借贷机构、工作单位等）欠您家钱没还”问题的回答，对受访者是否参与民间借出进行刻画，构建指标*mloan*。此外，考虑民间借贷参与程度，本章根据受访者对于问题“个人或者组织一共欠您家多少钱”的回答，对受访者民间借贷参与程度进行刻画，构建民间借出金额指标*tmloan*。

2. 核心解释变量：社会互动

现有研究主要从个体主观社交评价（李涛，2006；胡浩等，2018）、交往人群数量（Hong等，2004）、社交关系维系支出（李丁等，2019；马光荣、杨恩艳，2011）三个方面刻画个体社会互动强度。从主观社交评价角度刻画个体社会互动强度，有利于衡量个体的社交心理距离。但此类指标缺乏统一标准，个体间差异较大。从个体社交人群数量角度刻画社会互动强度是现有文献中较为常见的方式，如认识亲友数量、春节拜访人数等指标。此类指标可以有效度量个体的社交网络范围，但往往难以区分主体与其交往个体之间的远近亲疏。从社交关系维系支出角度刻画社会互动强度，如人情礼金支出、请客吃饭开支、通信费用等，这些指标能够有效地衡量个体对其社交网络的重视程度。但该指标既会受到主体的经济实力影响，又存在难以界定个体社交网络范围的缺点。

基于以上讨论，本章最终选择以人情礼金支出（*humangift*）与交通通信支出（*traffic*）作为刻画个体社会互动强度的代理变量。尽管这种刻画方式存在一定局限性，但结合现有研究成果，在数据受限情况下不失为一种次优选择。

3. 控制变量

为避免潜在的遗漏变量问题，本章控制了其他影响中老年人民间借贷参与的变量，具体包括人口学特征、资产特征、家庭特征、地域特征等。

表 6-1 给出了基于 2018 年 CFPS 中国家庭追踪调查数据构建的主要变量的定义、说明与描述性统计。

**表 6-1 民间借贷参与变量定义、说明与描述性统计**

| 变量名称 | 符号 | 变量说明 | 均值 | 标准差 |
|---|---|---|---|---|
| 是否参与民间借出 | *mloan* | 有借出为 1，反之为 0 | 0. 159 | 0. 366 |
| 民间借出金额 | *tmloan* | 民间借出金额取自然对数 | 9. 907 | 1. 574 |
| 交通通信支出 | *traffic* | 交通通信支出取自然对数 | 7. 945 | 1. 145 |
| 人情礼金支出 | *humangift* | 人情礼金支出取自然对数 | 7. 951 | 1. 075 |
| 无风险金融资产 | *finwu* | 家庭无风险金融资产总额取自然对数 | 3. 817 | 2. 846 |
| 风险金融资产 | *finrisk* | 家庭风险金融资产总额取自然对数 | 0. 302 | 1. 414 |
| 性别 | *gender* | 男性为 1，女性为 0 | 0. 491 | 0. 500 |
| 婚姻 | *marital* | 已婚为 1，未婚为 0 | 0. 872 | 0. 334 |
| 年龄 | *age* | 调查年减出生年 | 60. 563 | 10. 791 |
| 户口 | *hukou* | 城镇户口为 1，反之为 0 | 0. 265 | 0. 442 |
| 受教育水平 | *education* | 分别赋值 1~5，分值越高学历越高 | 1. 166 | 1. 140 |
| 家庭成员人数 | *familysize* | 家庭成员人数 | 4. 007 | 2. 001 |
| 房产数量 | *housenum* | 家庭拥有几处房产 | 1. 249 | 0. 551 |
| 健康情况 | *body* | 身体测试 7 个问题加总 | 5. 900 | 2. 346 |
| 医疗保险参与 | *yiliao* | 参保为 1，反之为 0 | 0. 827 | 0. 379 |
| 养老保险参与 | *yanglao* | 参保为 1，反之为 0 | 0. 720 | 0. 449 |
| 收入 | *income* | 每年工资奖金等扣除税款与社保后取自然对数 | 2. 494 | 4. 347 |
| 消费支出 | *xiaofei* | 每年家庭消费总支出取自然对数 | 10. 669 | 1. 100 |

## 6. 4 社会互动影响中老年人非正规金融参与的实证检验

### 6. 4. 1 基准回归

为验证社会互动对中老年人民间借贷参与的影响，本章主要采用 Probit、Tobit 模型方法进行估计，具体设定如下：

$$Privateloan_i = \beta_0 + \beta_1 Interaction_i + \beta_2' Control_i + \varepsilon_i \tag{6-1}$$

其中，$Privateloan_i$ 表示中老年人民间借贷参与，包括是否参与民间借贷（*mloan*）和民间借贷涉及金额（*tmloan*）2 个变量。$Interaction_i$ 表示社会互动，包括人情礼金支出（*humangift*）、交通通信支出（*traffic*）2 个变量。$Control_i$ 为控制变量，包括个人特征、家庭特征、资产特征等变量。$\beta_0$、$\beta_1$ 为待估系数，$\beta_1$ 为本章重点关注的系数，表示社会互动对中老年人民间借贷参与的影响，其显著为正说明社会互动对中老年人参与民间借贷起促进作用，显著为负则说明有明显的抑制作用。$\beta_2'$为向量形式。$\varepsilon_i$ 为随机扰动项。社会互动对中老年人民间借贷参与的基准回归结果如表 6-2 所示。

**表 6-2　社会互动对中老年人民间借贷参与的基准回归结果**

| 变量 | 被解释变量：是否参与民间借贷（*mloan*） | | | | 被解释变量：民间借贷涉及金额（*tmloan*） | | | |
|---|---|---|---|---|---|---|---|---|
| | Probit | Logit | Probit | Logit | Tobit | OLS | Tobit | OLS |
| | (1) | (2) | (3) | (4) | (5) | (6) | (7) | (8) |
| *humangift* | 0.113*** (7.20) | 0.191*** (6.74) | | | 0.260*** (7.32) | 0.260*** (7.24) | | |
| *traffic* | | | 0.132*** (7.96) | 0.227*** (7.43) | | | 0.275*** (7.22) | 0.275*** (7.14) |
| 控制变量 | yes | yes | yes | yes | yes | yes | yes | yes |
| 地区 | yes | yes | yes | yes | yes | yes | yes | yes |
| *N* | 13256 | 13256 | 14189 | 14189 | 2172 | 2172 | 2206 | 2206 |

注：括号内为 *t* 值。*** 表示在 1%的水平上显著，回归中同时使用稳健聚类标准误以消除异方差的影响。限于篇幅，中老年人人口学特征、资产特征、家庭特征等与常数项的回归结果未予列示，结果留存备索。

表 6-2 中（1）、（3）两列采用 Probit 模型进行回归，探究了社会互动对中老年人参与民间借贷可能性的影响。回归结果显示，社会互动在 1%显著性水平上提高了中老年人参与民间借贷的可能性。表 6-2 中（5）、（7）两列采用 Tobit 模型讨论了社会互动对中老年人参与民间借贷涉及金额的影响，结果表明社会互动在 1%显著性水平上有效提高了中老年人参与民间借贷的金额。

### 6.4.2　稳健性分析

1. 变换变量

为避免指标定义和变量选取的差异对回归结果产生影响，在实证过程中，分别使用人情礼金支出（*humangift*）与交通通信支出（*traffic*）作为核心解释变量社会互动的代理变量，并且分别从是否参与民间借贷（*mloan*）与民间借贷涉及金额（*tmloan*）两个维度刻画中老年人的民间借贷参与行为。由表 6-2 可见，变更指标定义方式后回归结果显著性与符号方向一致，且均符合理论预期。

2. 模型变更

为避免模型选择差异对回归结果产生影响，本章使用 Logit 与 OLS 模型进行估计，进一步排除模型选择差异对回归结果的影响。由表 6-2 可以看出，变更回归估计模型后，回归结果在显著性与系数符号上仍然与基准回归结果一致。

3. 变更样本

为避免样本选择导致的回归结果差异，本章使用 CHARLS 数据库对基准回归进行了稳健性检验。由于 CHARLS 数据库关于中老年人民间借贷参与金额的有效数据较少，且社会互动的刻画方式不同数据库之间难以统一，本章使用社会互动广度（*num*）与社会互动深度（*nsocial*）刻画社会互动强度，并基于受访者对 CHARLS 问卷所设置的问题是否借钱给亲属及其他民间组织的回答，构建了 *Cmloan* 指标作为民间借贷参与的代理变量，检验了社会互动对中老年人民间借贷参与可能性的影响。其中采用的控制变量与后文探究中老年人金融受骗的相关回归一致，结果如表 6-3 所示。从回归结果可以看出，变换数据样本与相关变量的刻画方式，社会互动依然在 1%显著性水平上提高了中老年人民间借贷参与的可能性，结论与上述基准回归结果大致相符，且符合理论预期。

**表 6-3　社会互动对中老年人民间借贷参与的回归结果（基于 CHARLS 数据库）**

| 变量 | Probit | Probit |
|---|---|---|
| | *Cmloan* | *Cmloan* |
| | (1) | (2) |
| *num* | 0.129*** <br>(6.32) | |
| *nsocial* | | 0.019*** <br>(3.44) |
| 控制变量 | yes | yes |
| 地区 | yes | yes |
| *N* | 7080 | 7080 |

注：省略的控制变量包含净财富、是否退休、工资收入、是否在工作、年龄、性别、婚姻状况、受教育年限、抑郁量表、户口类型、是否为党员、健康自评、是否照看孙辈、代际转移。

### 6.4.3 内生性处理

潜在的内生性主要来自双向因果。民间借贷参与可能会对个体的社会互动产生一定的促进作用，个体间的经济往来特别是亲朋的救急纾困借贷行为可能会加深个体与亲朋之间的情感关系，从而增强个体的社会互动强度。为解决内生性问题，本章采用现有文献经常使用的时间滞后的方法，在模型中引入了社会互动的滞后变量。借鉴胡浩等（2018）、李涛和张文韬（2015）、李树和于文超（2020）的做法，采用 2016 年 CFPS 数据构建社会互动变量（*humangift* 2016、*traffic* 2016）代替以 2018 年的数据构建的社会互动变量，其他基于 2018 年 CFPS 数据构建的被解释变量与控制变量保持不变进行回归，以此消除可能存在的内生性问题。这种处理方式能够消除反向因果问题的逻辑是个体的社会互动水平往往具有行为惯性，用 2016 年的社会互动水平指标刻画 2018 年的社会互动水平具有一定合理性，而基于时间轴上先因后果的逻辑，2018 年的民间借贷参与行为难以影响 2016 年的个体社会互动水平。即使 2016 年中老年人的社会活动与其 2016 年有无借贷关系有显著关系，2018 年的有无借贷行为也不能影响其 2016 年有无借贷行为。滞后变量回归结果如表 6-4 所示，与基准回归结果相比，社会互动代理变量在 1%显著性水平上为正，且系数没有较大波动。在不受反向因果关系干扰的情况下，积极的社会互动会显著提高中老年人民间借贷参与。

**表 6-4　内生性检验：社会互动滞后变量对中老年人金融受骗回归结果**

| 变量 | Probit | Tobit | Probit | Tobit |
|---|---|---|---|---|
| | *mloan* | *tmloan* | *mloan* | *tmloan* |
| | （1） | （2） | （3） | （4） |
| *humangift* 2016 | 0.114*** <br>（8.80） | 0.168*** <br>（5.70） | | |
| *traffic* 2016 | | | 0.033*** <br>（4.84） | 0.106*** <br>（6.37） |
| 控制变量 | yes | yes | yes | yes |
| 地区 | yes | yes | yes | yes |
| *N* | 14591 | 2251 | 14710 | 2261 |

## 6.5 影响机制检验

基准回归验证了社会互动对中老年人民间借贷参与具有显著的促进作用，但其内在机制还有待探究。本节借鉴温忠麟和叶宝娟（2014）提出的中介效应检验方法，在基准回归的基础上对社会互动影响中老年人民间借贷参与的内在机制进行探索，检验方程如下：

$$Privateloan_i = \beta_0 + \beta_1 Interaction_i + \beta_2' Control_i + \varepsilon_i \tag{6-2}$$

$$M_i = \alpha_0 + \alpha_1 Interaction_i + \alpha_2' Control_i + \varepsilon_i \tag{6-3}$$

$$Financial\_fraud_i = \varphi_0 + \varphi_1 Interaction_i + \varphi_2 M_i + \varphi_3' Control_i + \varepsilon_i \tag{6-4}$$

其中，$M$ 为中介变量，社会互动对中老年人民间借贷参与的总效应为 $\beta_1$，直接效应为 $\varphi_1$，变量 $M$ 的间接效应为 $\varphi_2$。从基准回归结果可知 $\beta_1$ 显著为正，社会互动对中老年人民间借贷参与具有显著的促进作用。如果上述检验方程回归结果显示 $\varphi_1$ 与 $\varphi_2$ 都显著为正且 $\varphi_1$ 有所减少、$\varphi_1$ 显著为正 $\varphi_2$ 显著为负且 $\varphi_1$ 有所增长都说明 $M$ 是部分中介变量；若 $\varphi_1$ 不显著 $\varphi_2$ 显著，则 $M$ 为完全中介变量。

### 6.5.1 潜在信息掌握机制

基于前文的讨论，社会网络是非正规金融存在、发展和得以运作的核心因素。从实务来看，非正规金融交易往往建立在一定的社会关系之上，这在个体居民间的亲友借贷活动中表现得更为明显。凭借熟人关系网络中个体间频繁的社会互动，中老年民间借贷参与者能够有效地获取交易对手在信用、风险承受能力、实际财务状况等方面的信息，高效评估交易风险，进而提高其民间借贷参与。

为检验这一机制，本章根据 CFPS 数据库中受访者对关于亲友、邻居等社交人群熟悉程度若干问题的回答，构建个体潜在信息掌握能力的代理变量 *potential_info*。*potential_info* 变量越大，表明受访者对社会网络中潜在的信息掌握能力越强，估计结果如表 6-5 所示。

从表 6-5 中（2）、（5）两列可以看出，无论是人情礼金支出（*humangift*）还是交通通信支出（*traffic*），都对中老年人掌握社会网络中潜在信息的能力具有正向影响。表 6-5 中（3）、（6）两列回归结果表明，掌握潜在信息能力的提高可以显著提高中老年人民间信贷参与的可能性与程度。这表明社会互动影响中老年人民间借贷参与的潜在信息掌握机制成立，即社会互动可以通过提高中老年人对熟人网络中潜在信息的掌握能力从而促进其参与到民间借贷之中。

**表 6-5 潜在信息掌握机制检验**

| 变量 | Probit | OLS | Probit | Tobit | OLS | Tobit |
|---|---|---|---|---|---|---|
| | *mloan* | *potential_info* | *mloan* | *tmloan* | *potential_info* | *tmloan* |
| | (1) | (2) | (3) | (4) | (5) | (6) |
| *humangift* | 0.113***<br>(7.20) | 0.099***<br>(7.25) | 0.110***<br>(7.01) | 0.260***<br>(7.01) | 0.099***<br>(7.25) | 0.256***<br>(7.18) |
| *potential_info* | | | 0.025**<br>(2.52) | | | 0.044*<br>(1.95) |
| 控制变量 | yes | yes | yes | yes | yes | yes |
| 地区 | yes | yes | yes | yes | yes | yes |
| *N* | 13256 | 13260 | 13250 | 2172 | 13260 | 2172 |
| *traffic* | 0.132***<br>(7.96) | 0.088***<br>(6.18) | 0.131***<br>(7.85) | 0.275***<br>(7.22) | 0.088***<br>(6.18) | 0.271***<br>(7.11) |
| *potential_info* | | | 0.021**<br>(6.18) | | | 0.044**<br>(2.02) |
| 控制变量 | yes | yes | yes | yes | yes | yes |
| 地区 | yes | yes | yes | yes | yes | yes |
| *N* | 14189 | 14192 | 14183 | 2206 | 14192 | 2206 |

## 6.5.2 互助兑付预期机制

个体参与熟人间互惠行为的初衷是有朝一日遇到困难能得到社会网络的兑付，而对熟人网络的熟悉和信任程度决定了其兑付预期的强弱。熟人网络中，个体间长时间多方面的社会互动有利于提升彼此的熟悉度与信任感，坚定个体对于参与互助得到回报的预期（湛礼珠，2022）。从民间借贷参与的角度来看，资金需求方往往是求助者，而个体是否将资金出借，取决于其对自身施以援手的行为未来能否在熟人网络得到兑付的预期。社会互动可以通过提升熟人间的熟悉度与信任感增强这种预期，从而促进中老年人非正规金融参与。

为检验这一机制，本章根据 CFPS 数据库中有关受访者对于自己紧急情况下借款难易程度的主观判断数据，构建中老年人互助兑付预期的代理变量

*fundraising*。*fundraising* 越大，表明中老年人对于互助兑付预期越乐观，机制检验回归结果如表 6-6 所示。

根据表 6-6 中（2）、（5）两列可以看出，社会互动在 1%显著性水平上改善了中老年人互助兑付预期。表 6-6 中（3）、（6）两列结果显示，互助兑付预期在 1%显著性水平上提高了中老年人民间借贷参与可能性与程度，说明互助兑付预期机制成立，即社会互动通过强化中老年人互助兑付预期促进其参与到民间借贷活动之中。

**表 6-6　互助兑付预期机制检验**

| 变量 | Probit | OLS | Probit | Tobit | OLS | Tobit |
|---|---|---|---|---|---|---|
| | *mloan* | *fundraising* | *mloan* | *tmloan* | *fundraising* | *tmloan* |
| | (1) | (2) | (3) | (4) | (5) | (6) |
| *humangift* | 0.113***<br>(7.20) | 0.096***<br>(4.06) | 0.126***<br>(3.69) | 0.260***<br>(7.32) | 0.096***<br>(4.06) | 0.352***<br>(4.10) |
| *fundraising* | | | 0.093***<br>(2.52) | | | 0.133**<br>(1.95) |
| 控制变量 | yes | yes | yes | yes | yes | yes |
| 地区 | yes | yes | yes | yes | yes | yes |
| *N* | 13256 | 3056 | 3055 | 2172 | 3056 | 486 |
| *traffic* | 0.132***<br>(7.96) | 0.065**<br>(2.52) | 0.183***<br>(4.95) | 0.275***<br>(7.22) | 0.065***<br>(2.59) | 0.408***<br>(4.69) |
| *fundraising* | | | 0.104***<br>(4.11) | | | 0.125**<br>(1.97) |
| 控制变量 | yes | yes | yes | yes | yes | yes |
| 地区 | yes | yes | yes | yes | yes | yes |
| *N* | 14189 | 3350 | 3348 | 2206 | 3350 | 495 |

## 6.6　异质性分析

以上实证结果验证了社会互动对中老年人民间借贷参与的正向影响与内在机制，揭示了社会互动、人际网络与中老年人民间借贷参与的内在关系。在现实生活中，尽管每个人都与其周边人群进行各种形式的社会互动，但不同个体间社会资本、金融素养以及所处的金融市场环境存在客观上的差异。因此，本章对以下三个问题进行了探讨：一是个体民间借贷参与既然受到社会互动的影响，其内在机制运行也有赖于社会网络中信息获取与互惠规范，那么社会互动对中老年人民间借贷参与的影响在掌握不同社会资本的个体间是否存在差异呢？二是个体的金融决策往往受其自身金融素养的影响，那么这种差异是否会在社会互动影响中老年人民间借贷参与决策中显现出来？三是在我国二元制金融体系下，民间借贷是金融弱势群体的重要融资渠道，随着普惠金融的发展，正规金融能否对非正规金融产生挤出效应，实现普惠的“归位”？为探索以上问题，以下我们就社会资本、金融素养以及地方普惠金融发展水平等因素对社会互动影响中老年人民间借贷参与的异质性进行实证检验。

### 6.6.1 社会资本

基于上文机制检验结论，民间借贷参与有赖于社会网络中的信息获取与互惠规范。因此，从社会资本的角度探讨异质性的一种合理预期为社会互动对拥有更多社会资本的中老年人民间借贷参与行为促进作用更明显。其原因在于：掌握更多社会资本的个体能够在社会网络中获取更多的潜在信息，能更好地评估民间借贷参与风险，并且可以凭借自身在社会网络中的影响力，提高借款人违约的机会成本，降低违约风险。

本章使用 CFPS 数据库提供的受访者对自身社会地位的主观评价数据作为中老年人社会资本的评价指标，对整体样本进行分组，将研究主体分为强社会资本与弱社会资本两类，实证结果如表 6-7 所示。由表 6-7 可知，强社会资本组中社会互动对非正规金融参与程度的回归系数显著高于弱社会资本组，这说明强社会资本会增强社会互动对中老年人民间借贷参与的促进作用。

**表 6-7 社会资本异质性检验**

| 变量 | *tmloan* | *tmloan* | *tmloan* | *tmloan* |
|---|---|---|---|---|
| | 强社会资本 | 弱社会资本 | 强社会资本 | 弱社会资本 |
| | (1) | (2) | (3) | (4) |
| *humangift* | 0.329***<br>(5.98) | 0.234***<br>(5.28) | | |
| *traffic* | | | 0.298***<br>(4.90) | 0.263***<br>(5.51) |
| 控制变量 | yes | yes | yes | yes |
| 地区 | yes | yes | yes | yes |
| *N* | 884 | 1371 | 901 | 1390 |

### 6.6.2 金融素养

金融素养是个体进行金融决策的重要基础，在民间借贷参与决策中，中老年人的参与行为是否受到金融素养的影响难以依赖传统经济理论判断。在传统经济学理性人假设下，个体会依据价格信息做出最符合自身利益的经济决策。然而，在以民间借贷为代表的非正规金融领域，存在大量有悖理论预期的经济现象。例如，传统经济学研究范式下，学者们很难解释为什么在亲友互助型借贷活动中，人们可以接受损失利息甚至难以收回本金的风险出借资金。这种理论与现实的矛盾揭示了在非正规金融参与方面，个体的决策同时受自身利益和社会因素的影响。因此，本章在将社会互动纳入中老年人的民间参与决策研究框架的基础上，进一步检验了金融素养在社会互动影响中老年人民间借贷参与决策中的异质性。本章利用 CFPS 数据刻画出中老年人客观金融素养与主观金融素养两个变量。其中，客观金融素养变量依据 CFPS 数据库中受访者金融知识测试得分数据构建；主观金融素养变量依据受访者对自己的主观金融素养评价数据进行构建，并依据两个变量将样本分别划分为客观金融素养高低与主观金融素养高低。

从表 6-8 可以看出，无论从主观金融素养还是客观金融素养来看，在素养水平较低的样本组中，社会互动对中老年人民间借贷参与的影响系数更大，即社会互动对金融素养较低的群体民间借贷参与的促进作用更突出。这种异质性在主观金融素养维度表现更为突出，在主观金融素养水平较高的样本组中，社会互动对中老年人民间借贷的影响变得不显著。这是由于金融素养较低的中老年群体对于正规金融理财产品的理解与掌握能力有限，相比于形式复杂的诸多金融投资产品，他们对于基于社会网络开展的民间借贷更加熟悉和信任，因此表现出较高的参与程度。对于金融素养较高的中老年人，因为其投资渠道更为广泛，对民间借贷风险有更加清晰的认知，故表现出较低的参与程度。

**表 6-8 金融素养异质性检验**

| 变量 | 客观金融素养维度 | | | | 主观金融素养维度 | | | |
|---|---|---|---|---|---|---|---|---|
| | *tmloan* | *tmloan* | *tmloan* | *tmloan* | *tmloan* | *tmloan* | *tmloan* | *tmloan* |
| | 素养高 | 素养低 | 素养高 | 素养低 | 素养高 | 素养低 | 素养高 | 素养低 |
| | (1) | (2) | (3) | (4) | (5) | (6) | (7) | (8) |
| *humangift* | 0.238** (2.32) | 0.393*** (2.72) | | | 0.180 (1.52) | 0.390*** (3.41) | | |

续表

| 变量 | 客观金融素养维度 | | | | 主观金融素养维度 | | | |
|---|---|---|---|---|---|---|---|---|
| | *tmloan* | *tmloan* | *tmloan* | *tmloan* | *tmloan* | *tmloan* | *tmloan* | *tmloan* |
| | 素养高 | 素养低 | 素养高 | 素养低 | 素养高 | 素养低 | 素养高 | 素养低 |
| | (1) | (2) | (3) | (4) | (5) | (6) | (7) | (8) |
| *traffic* | | | 0.392*** (3.14) | 0.395*** (3.73) | | | 0.199 (1.61) | 0.597*** (4.77) |
| 控制变量 | yes | yes | yes | yes | yes | yes | yes | yes |
| 地区 | yes | yes | yes | yes | yes | yes | yes | yes |
| *N* | 335 | 202 | 336 | 212 | 226 | 278 | 227 | 286 |

### 6.6.3 普惠金融发展水平

在正规金融与非正规金融长期并存的二元制金融体系下，民间借贷一直是金融弱势群体的重要融资渠道，在正规金融难以覆盖的普惠领域发挥着重要作用。然而，随着社会各界对金融普惠性的重视，普惠金融得以较快发展。在此背景下，正规普惠金融是否会对非正规金融产生挤出效应，实现金融普惠的“归位”是个值得思考与探究的问题。为此，本章利用北京大学数字金融研究中心编制的数字普惠金融指标体系中的信贷业务指标刻画地区普惠金融发展水平。

将样本分为高普惠金融地区与低普惠金融地区，回归结果如表 6-9 所示。回归结果显示，在地区普惠金融发展水平较低组中，社会互动对非正规金融参与程度的回归系数显著高于普惠金融发展水平较高组。这说明普惠金融的发展在一定程度上降低了中老年人对于民间借贷渠道的依赖，对非正规金融具有一定的挤出效应。

**表 6-9　普惠金融发展水平异质性检验**

| 变量 | *tmloan* | *tmloan* | *tmloan* | *tmloan* |
|---|---|---|---|---|
| | 高普惠金融地区 | 低普惠金融地区 | 高普惠金融地区 | 低普惠金融地区 |
| | (1) | (2) | (3) | (4) |
| *humangift* | 0.167** (2.46) | 0.291*** (7.36) | | |
| *traffic* | | | 0.226*** (2.97) | 0.302*** (7.14) |
| 控制变量 | yes | yes | yes | yes |

续表

| 变量 | tmloan | tmloan | tmloan | tmloan |
|---|---|---|---|---|
| | 高普惠金融地区 | 低普惠金融地区 | 高普惠金融地区 | 低普惠金融地区 |
| | (1) | (2) | (3) | (4) |
| 地区 | yes | yes | yes | yes |
| $N$ | 553 | 1727 | 572 | 1743 |

## 6.7 老年人非正规金融参与的福利效应分析

本章前部分检验了社会交往对于老年人非正规金融参与的影响、机制及其异质性。顺着这个思路向下延伸，有一个重要的问题：老年人非正规金融参与会对老年人的福利产生何种影响？回答该问题，可以更清晰地识别老年人非正规金融参与对老年人的福利产生的具体影响和后果（见表6-10），为政策制定提供实证参考。

表 6-10 非正规金融参与的福利效应检验

| 变量 | (1)<br>抑郁程度 | (2)<br>生活满意度 | (3)<br>对未来的信心 |
|---|---|---|---|
| 参与民间借出 | 1.909**<br>(2.39) | -0.056**<br>(-2.51) | 0.005<br>(0.21) |
| 无风险金融资产金额 | -0.932***<br>(-8.70) | 0.019***<br>(6.26) | 0.013***<br>(4.08) |
| 房产数量 | -1.216**<br>(-2.29) | 0.021<br>(1.41) | 0.003<br>(0.18) |
| 是否参加养老保险 | 0.395<br>(0.52) | 0.062***<br>(2.91) | 0.051**<br>(2.24) |
| 退休金 | -0.197***<br>(-2.66) | -0.001<br>(-0.51) | 0.003<br>(1.38) |
| 消费支出 | -0.801**<br>(-2.57) | 0.032***<br>(3.66) | 0.050***<br>(5.32) |
| 性别（男=1，女=0） | -9.553***<br>(-16.04) | -0.014<br>(-0.82) | -0.020<br>(-1.14) |
| 婚姻状况 | -10.262***<br>(-11.63) | 0.154***<br>(6.22) | 0.180***<br>(6.79) |

续表

| 变量 | (1)<br>抑郁程度 | (2)<br>生活满意度 | (3)<br>对未来的信心 |
|---|---|---|---|
| 户口（城镇=1，农村=0） | -2.001**<br>(-2.54) | -0.012<br>(-0.53) | -0.064***<br>(-2.70) |
| 受教育水平 | -0.944***<br>(-3.15) | -0.079***<br>(-9.49) | -0.043***<br>(-4.80) |
| 家庭规模 | -0.697***<br>(-4.41) | 0.007<br>(1.58) | -0.007<br>(-1.57) |
| 身体状况 | 0.196<br>(0.81) | 0.028***<br>(3.66) | 0.066***<br>(8.11) |
| *N* | 14802 | 14673 | 14648 |

表6-10反映了老年人参与各类家庭资产配置对于其抑郁程度、生活满意度、对未来的信心三个层面产生的影响。首先，老年人参与非正规金融即民间借出活动在5%显著性水平上增加了老年人的抑郁程度，降低其生活满意度。由于缺乏第三方的监管和规范，老年人参与非正规金融面临较大风险，遭受损失的可能性很高，因此参与民间借出活动很有可能导致老年人抑郁程度加重。不过，老年人参与非正规金融即民间借出活动并不会对未来的信心造成显著影响。其次，无风险金融资产金额的增加对于降低老年人抑郁程度、提升其生活满意度、增强其对未来的信心都在1%显著性水平上显著。具有类似效果的是老年人的消费支出，消费支出的增加在三个维度都能提高老年人的福利水平。最后，房产数量和退休金能够显著降低老年人的抑郁程度，但对提升生活满意度和对未来的信心的影响均不显著。

## 6.8 本章小结与建议

本章利用CFPS2018年的数据，研究了社会互动与中老年人非正规金融参与之间的关系，得出以下结论：社会互动能够显著促进中老年人民间借贷参与。在影响机制上，在民间借贷参与维度，社会互动可通过潜在信息掌握机制与互助兑付预期机制促进中老年人民间借贷参与。金融素养、地区普惠金融发展水平会减弱中老年人由社会互动促动的民间借贷参与，而社会资本会增强社会互动对其民间借贷参与的影响。本章的研究结论既可为解释“有限参与之谜”提供思路，也可为理解我国金融体制的现状与未来发展、深化金融体制改革提供启示。

非正规金融与正规金融并存的二元制格局是我国金融市场的重要特征，在经济迅速发展的背后，非正规金融的经济效应与社会福利效应应引起关注与重视。从本章的研究结论可以获得以下关于非正规金融规制与金融体系改革的政策启示：

一是在充分认识非正规金融的合理性与建设性基础上，加强对非正规金融的引导与规制。长期以来，非正规金融对于中小企业、个体居民等金融弱势群体的生存与发展具有不可替代的作用。因此，给予非正规金融合法地位与相对宽松的活动平台，引导非正规金融合理有序发展，发挥其经济效应，在新时代具有重要意义。本章的研究结论表明，居民通过社会互动获取熟人网络中的潜在信息机制与通过社会互动增强互助兑付预期机制是影响其非正规金融参与的内在机制。该结论证实了非正规金融的运行机制严重依赖熟人网络的关系理念与信息优势。但值得注意的是，依赖熟人网络开展的非正规金融交易存在明显的制度缺陷。非正规金融交易一般建立在交易对手相互信任的基础上，普遍存在交易流程简单、借贷手续不规范、缺少必要担保等问题，大大降低了借款人违约的机会成本。因此，应加强对民间非正规金融的规制。一方面，需出台相应的法律法规规范民间非正规金融交易的流程与手续；另一方面，在制度层面增加非正规金融借款人的违约成本、优化资金出借人维权渠道与效率，在保持社会网络对非正规金融借款人违约约束力的同时，强化失信社会惩戒和违约信息曝光力度。

二是在充分了解非正规金融产生与运作机理的基础上，积极发挥其优势，大力发展小型灵活的正规金融机构。研究非正规金融可以映射出正规金融体系在服务经济发展过程中的缺位与不足，为深化金融改革提供启示。本章的研究结论说明，民众的金融行为背后隐含着社会属性的因素。这意味着，具有一定地缘渗透力的农村信用社与城市商业银行应积极改变思路，重视社会互动等社会性因素对民众金融行为的影响，合法合规地参与到辖区民众的生活与生产实践中；研究非正规金融的操作方式与金融技术，开发契合民众习惯与需求的业务模式，提升正规金融的服务水平。

三是在非正规金融服务领域加快完成正规金融服务超前布局，大力发展普惠金融。本章的研究结论表明，社会互动与社会网络是非正规金融发展的重要基础，居民的非正规金融参与受其互助兑付预期的影响。这意味着老年人对从社会网络中获得预期回报的信仰在其行为决策中发挥着重要作用，这种信仰产生并坚定于熟人社会的长期经济实践。随着经济发展与城市化进程不断推进，乡土情境下相对稳定的人际关系格局难以为继，关系理念的淡化与熟人社会的逐步瓦解正成为一种或然趋势。在此背景下，依托于熟人网络具有互助性质的诸多民间非正规金融活动可能会逐渐衰落。非正规金融活动在很长的时期内弥补了正规金融在普惠性方面的缺陷，在平滑居民消费、缓解居民约束、促进居民创业增收等方面发挥着积极作用。因此，在社会格局与观念迅速变迁的当下，大力发展普惠金融，让正规金融在服务贫困家庭、中小企业等弱势群体方面的领域“归位”显得更加迫切且重要。

# 7 社会关系对老年人家庭资产配置的影响：参与风险视角

第 6 章基于参与过程维度，考察了老年主体社会互动关系的第二个层面——社会关系对中老年群体非正规金融参与的影响，本章则从参与风险维度，探讨社会关系对于老年人金融参与可能产生的影响。中老年群体在一定程度上缺乏必要的金融素养和投资渠道，其非正规金融参与风险不容忽视。金融受骗是中老年人非正规金融参与风险的主要体现。近年来以中老年群体为目标的金融诈骗呈高发态势，严重侵害了中老年人合法权益。因而探究涉老金融受骗背后的影响机制对保障中老年人的财产安全和身心健康至关重要。本章的研究结论既体现了社会互动对老年人资产配置决策的影响，又揭示了社会互动通过金融市场传导对老年人产生的间接福利效应。本章聚焦于社会互动与老年人金融受骗的关系，研究得出以下结论：社会互动强度越高的中老年人金融受骗的可能性越高。在机制上，社会互动通过"幸福遮掩效应"降低了中老年人金融受骗可能性，但通过健康焦虑效应、新事物晕轮效应和从众效应显著提高了其金融受骗可能性。社会互动对中老年人金融受骗的影响在子女职业声望、家庭采购行为、个人经历等个体特征方面存在显著的异质性，研究可为有效缓解家庭金融风险、保障中老年人财产安全提供相关建议。

## 7.1 研究背景与研究意义

让老年人安享幸福美满的晚年生活，让其充满获得感、幸福感、安全感，既是每个家庭的关切，也是国家推动新时代老龄事业高质量发展的宗旨。但近年来，以中老年群体为目标的金融诈骗呈高发态势，严重侵害了中老年人合法权益，金融诈骗正逐渐成为中老年人家庭金融风险的主要来源之一。

2017年发布的《中国养老金融发展报告》指出，相比于其他年龄段，50岁及以上中老年人受骗金额在1万元以上，尤其是10万元以上的金融诈骗占比最高。2019年发布的《中老年人反欺诈白皮书》显示，2019年上半年，腾讯110平台共受理中老年人受骗举报超过2万次，其中，45~50岁人群占比超过65%，51~55岁群体人均被骗金额最高。《2020年度全国涉及老年人案件情况研究》显示，2020年，涉及老年人金融财产权益保护的民事案件10.57万件、刑事案件395件，占全部涉老案件的22.02%。其中，老年人金融财产权益受侵害的刑事案件中，排名前三的罪名分别为非法吸收公众存款罪、集资诈骗罪、合同诈骗罪。2021年，腾讯110发布的《2020年网络诈骗治理报告》显示，40岁以上用户在金融信用方面受骗可能性相对偏高。这一问题引起了国家政策层面的高度重视，2021年11月发布的《中共中央、国务院关于加强新时代老龄工作的意见》专门强调“提升老年人识骗防骗能力，依法严厉打击电信网络诈骗等违法犯罪行为”。在此背景下，探究中老年人金融受骗风险影响因素、揭示其受骗内在机制，对保障中老年人的身心健康和财产安全、加强老年人权益保障具有重要意义。

现有文献对于中老年人金融受骗成因的讨论主要集中在中老年人个体特征、素养水平两个维度，前者从年龄、财富状况、健康状态、受教育程度、亲友支持等方面进行分析（Marguerite，2018）；后者则从认知能力、金融素养切入（James et al.，2014；Spreng et al.，2016）。但是这些研究忽视了中老年人行为决策中的社会心理因素，鲜有研究从社会互动的视角研究老年人金融受骗问题。已有研究指出，特定文化环境中的社会互动对个体的认知与偏好产生长远的影响，进而影响个体的行为决策（Hoff和Stiglitz，2016）。近年来，学术界探讨了社会互动对商业保险参与、金融市场参与、创业等家庭行为决策的影响（李涛，2006；郭士祺、梁平汉，2014；胡浩等，2018；李丁等，2019；崔颖、刘宏，2019；马光荣、杨恩艳，2011）。这些研究表明社会互动是影响个体行为决策的重要因素。金融受骗具有重要的社会属性，参与金融骗局这种非理性决策自然受到社会互动的影响。

实际上，中老年人金融受骗具有鲜明的跟随从众特点，许多非法集资案、保健品诈骗案都表现出明显的群体性特征。[①] 在中国社会文化情境下，社会互动对我国中老年群体金融受骗的影响尤为突出。中老年群体根植于传统意义上的“熟人社会”，“熟人”是其社会关系网络的重要组成部分（费孝通，1998），而对于熟人关系的维持既重视信誉又强调互惠互利（Zhang和Zhang，

① 张晓鸣．警惕！老年人群体性被骗现象较为突出［N］．文汇报，2020-06-11.

2006），这使得中老年群体在社交生活中往往会表现出更多的合作倾向与外倾性特征。他们愿意通过社交活动构建新的“熟人社交”格局，缓解社会关系弱化带来的不适感，在社交生活中往往更愿意信任他人，表现出更强的合作倾向。这在一定程度上为犯罪分子接近中老年群体实施金融诈骗创造了便利条件。因此，作为社会心理形成的重要因素，社会互动是研究中老年人金融受骗不可或缺的视角。但鲜有文献涉及社会互动对中老年人金融受骗的影响。目前，探讨金融受骗风险的相关研究大多采用定性分析的方式，以实证手段探讨中老年人金融受骗的影响因素与内在逻辑的文献较少，且缺乏必要的经验证据。

为弥补现有文献不足，本章利用中国健康与养老追踪调查（CHARLS）微观数据，考察了中老年人社会互动与其金融受骗的关系，可能的边际贡献在于：一是从社会互动的视角分析了其对中老年人金融受骗的影响。将中老年人的社会特征引入到中老年人金融受骗影响因素的分析中，更契合中老年人的生活场景，更符合实际。二是首次提出并检验了基于社会互动信息传递与心理塑造功能的作用机制。社会互动主要通过传递健康焦虑、新事物晕轮效应、从众效应等机制提高中老年人金融受骗可能性，而幸福感会降低其金融受骗可能性。三是探讨了子女职业声望、尽职性特质、人生经历等不同情境下的社会互动对中老年人金融受骗影响的异质性，丰富了金融受骗影响因素的文献。本章的研究结论既可为制定有效的中老年人反诈政策、保护中老年人金融财产权益提供实证支持，也有助于市场主体在老龄化背景下把握中老年人经济行为决策规律，合理调动银发市场资源促进国民经济健康持续发展。

## 7.2 理论分析与研究假设

### 7.2.1 社会互动与中老年人金融受骗

1. 社会互动对个体行为决策的影响

社会互动理论认为个体的偏好、期望和预算约束受其社交同伴特征与选择的影响（Durlauf 和 Ioannides，2010）。这种影响主要源于社交网络中的信息交互与社交过程中的社会心理塑造（Yin 和 Shi，2021）。从信息交互的维度来看，个体可以在社会互动中接收到两类信息：认知信息、同伴的行为决策信息。前者可有效提高个体的认知水平与决策能力，后者可为个体决策提供参考（Jorczak，2011），特别是在信息不对称情况下，模仿同伴行为通常是相对稳妥且经济的决策方式（Clauss et al.，2018）。从社会心理塑造的维度看，社会互动是满足个人社交需求、塑造个体心理感受的实践基础（Mailath 和 Postlewaite，2003）。在社会互动过程中，个体不仅需要通过积极的信息贡献与施惠行为积累社会关系，还需要遵循符合群体预期的社会规范才能获得同伴的认可，实现自身社会心理的满足（Xiong et al.，2018）。因此，个体容易受到群体规范的影响，做出偏离理性的行为决策。大量研究探讨了社会互动在消费、投资与创业等领域对个体行为决策的影响（郭士祺、梁平汉，2014；李丁等，2019；胡浩等，2018；马光荣、杨恩艳，2011），这些研究揭示了社会互动是探究个体行为决策的重要视角。

2. 老年人金融受骗的影响因素

在个体受骗影响因素的相关研究中，个体的人口学特征、认知能力与人格特质是学术界关注的焦点。学者们试图从年龄、种族、性别、婚姻状况、收入以及受教育水平等方面总结受骗者的共性（Titus et al.，1995；Copes et al.，2001；Deliema et al.，2020），但是仍存在许多分歧。如 Ross 等（2014）根据不同年龄段消费者受骗情况的实验室调查结果，得出老年群体与其他群体在受骗概率上并没有显著差异。James 等（2014）认为随着年龄增长，人的认知功能与心理健康水平下降，使得老年群体的受骗风险明显高于其他年龄段群体。探讨个体认知能力与受骗倾向关系的研究者认为，认知能力的提高有利于决策者对诈骗信息的全面理解和加工，降低受骗风险（Vishwanath et al.，2018；Carlson 和 Zmud，1999）。人格特质作为个体稳定统一的心理品质与其受骗风险之间的关系在许多文献中得以证实。如尽职性[①]较强的个体更加关注细节，会对自身行为决策进行审慎的风险考量（Ashton 和 Lee，2009），具有尽职性特质的个体往往能准确地识别受骗风险（Judges et al.，2017；Parrish Jr et al.，2009；Halevi et al.，2013）；具有外倾性人格的个体，更容易与陌生人产生交集，进而会增加其接触诈骗分子的概率（Gosling et al.，2003）；在人际交往中表现出较强合作倾向的个体在骗局中服从性更强，更易被操控（Ashton 和 Lee，2009）。

3. 社会互动对中老年人金融受骗的影响

基于特殊的社会文化背景，社会互动对我国中老年人金融受骗可能具有

① 尽职性特质表示一个人能够控制情绪，完成任务并达成目标。尽职的表现包括做计划和规划、推迟享乐、避免冲动行为以及遵循文化习俗。

更大的影响。儒家文化熏陶下，我国传统社会形成了以人伦关系为核心的“差序格局”（费孝通，1998）。在社会关系网中，个体与其周边人群彼此负有相当义务，形成有机整体（孙英春，2008）。这种社会组织形式下，中国社会形成了强调个体从属于集体、个人利益服从集体利益的集体主义价值倾向，个体与周边群体之间相互依存，个体行为决策更易受周边人群的舆论与行为的引导（陈经超、黄晨阳，2020）。随着市场经济的发展，尽管新思潮冲击下传统社会格局与人际观念发生了较大改变，但中老年人群所处的特殊时代背景与成长经历，在行为与思想上依然沿袭着“熟人社会”的处世哲学，留下较为深刻的集体主义烙印（崔家新、池忠军，2019；马永庆，2016）。对熟人关系的维持既重视信誉又强调互惠互利（Zhang 和 Zhang，2006），使中老年群体在社交生活中往往表现出更多的合作倾向与外倾性特征。他们愿意通过社交活动构建新的“熟人社交”格局，缓解社会关系弱化带来的不适感，在社交生活中往往更愿意信任他人，表现出更强的合作倾向（Liu et al.，2019）。这在一定程度上为犯罪分子接近中老年群体实施金融诈骗创造了便利条件。另外，中老年人处于生命历程的中后期，随着年龄的增长，身体机能逐渐衰退、健康问题日益突出、家庭经济压力激增等，使得中老年群体容易产生焦虑倾向，导致其受骗易感性（古若雷等，2015）。

社会互动作为中老年群体生活的重要组成部分，对其金融受骗具有重要影响。社会互动活动搭建了中老年群体与陌生人之间的联系桥梁，是中老年群体的信息集散平台和情感需求的宣泄口（王文彬、赵延东，2012）。社会互动拉近了人与人之间的关系，特别是弱关系个体之间的联系，使得诈骗分子更容易接近中老年受害群体。金融诈骗信息通过社交网络的传递，特别是在强关系个体之间的扩散，一定程度上实现了从“生人”信息源到“熟人”信息源的转变，为信息提供了信用背书，降低了受害者对金融诈骗信息的警惕性，增加了中老年人的金融受骗的可能性。

基于以上分析，本章提出以下假设：

H1：社会互动强度越高，中老年人金融受骗可能性越大。

### 7.2.2　社会互动影响中老年人金融受骗的机制

社会互动主要以传递信息的方式影响中老年人金融骗局参与情况，进而影响其受骗可能性。社会互动是社交群体信息传递的主动力（肖欣荣、刘健，2015），来自社会互动的信息在一定程度上会改变个体的认知与主观心理，从而使行为主体的实际决策行为偏离理性决策（Edwards，1954）。本章根据社会互动对个体主观心理的影响差异提出以下四条可能的作用机制。图 7-1 描述了具体的影响路径。

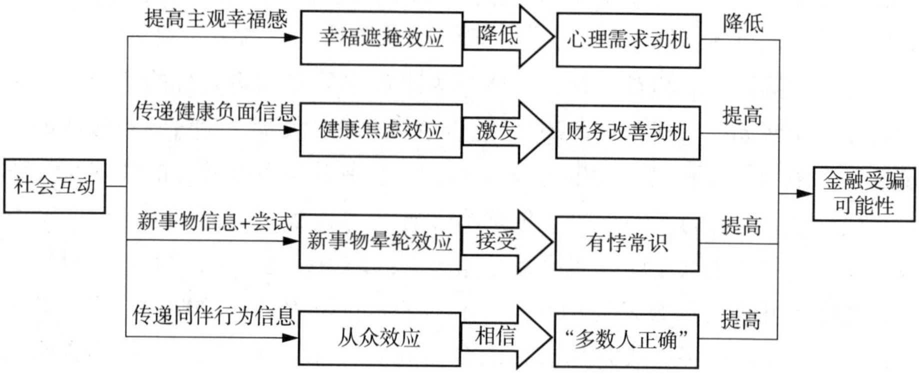


**图 7-1　社会互动对中老年人金融受骗的影响**

1. 幸福遮掩效应

幸福遮掩效应指通过社会互动满足个体的社交需求，提高其生活满意度，降低其由于情感缺失导致的金融受骗可能性。社会性是人类的根本属性，马斯洛需求层次理论认为，社交需求是人类的重要情感诉求，社会互动为中老年群体维系社交关系的重要方式，对其幸福感的提升有重要的促进作用。幸福感缺失是影响中老年人受骗风险的关键因素，Spreng 等（2016）指出，认知退化与负面情绪困扰会增强非理性因素对中老年人理性决策的干扰作用。饶育蕾等（2021）研究发现，中老年人幸福感与受骗风险存在显著负相关，情感缺失往往使得中老年人产生较强的情感弥补动机，从而更容易陷入诈骗分子精心设计的“温情陷阱”，导致财物损失。Shao 等（2019）研究发现，根据中老年人的情绪状态可以较好地预测其遭遇金融诈骗的风险。幸福感低的中老年人更容易成为金融诈骗的受害群体，为寻求情感联系甚至愿意承受被骗的损失。情感需求无法满足的老年人社交需求更为强烈，这使他们更容易受骗。Dimmock 等（2018）的研究揭示了传染性金融诈骗常常隐藏于受害者建立更强大社交网络的冲动之下。总之，那些幸福感高的中老年人可以更好地保护自己，避免上当受骗。

相反，遭遇负面事件会降低中老年人的幸福感（Brenner，2020）。幸福感与受骗经历可能存在互为因果的内生性问题，幸福感低的人遭遇诈骗的风险高，而遭遇诈骗则可能导致其幸福感低。“是因为幸福不易被骗，还是被骗幸福感降低”是个值得讨论的问题。对于该内生性问题，饶育蕾等（2021）采用工具变量法进行估计，选择了两个工具变量：第一个是未预期晴天变量，第二个是亲人身体健康变量。前者常见于研究幸福感的文献，若晴天越多或日照时间越长，个人的幸福感越高，满足相关性要求（Guven 和 Hoxha，2015；Guven，2012；Lane，2017）。同时，天气变量为外生变量，满足外生性要求。将亲人身体健康作为工具变量的依据为：亲人的身体状况与被访者的幸福感有极大关联性；但亲人的身体健康状况相对外生，不会直接影响中老年人的受骗风险。研究发现，在控制内生性问题后，幸福感与中老年人的受骗风险依旧显著负相关。综上所述，幸福感影响金融受骗的中介机制在逻辑上是成立的。

2. 健康焦虑效应

健康焦虑效应指社会互动传递"熟人"健康状态负面信息导致个体产生健康焦虑，从而导致其受骗易感性。俗话说"好事不出门，坏事传千里"。这说明负面消息往往具有相对更强的传播性，而健康方面的负面信息相对于其他信息对中老年群体具有更强的冲击力。一方面，中老年群体处于健康状态下行阶段，同伴罹患疾病、因病致贫等健康负面信息，在中老年人社交群体中传播频率相对其他年龄段人群较高；另一方面，随着年龄增长，人们对于健康问题更加关注，这使得此类负面信息的影响和冲击往往高于其他年龄群体。过多地接收有关疾病或死亡的负面消息会增加个体健康焦虑，进而导致其受骗脆弱性（Halevi et al.，2013）。现实中的老年人保健品诈骗案例就揭示了健康焦虑对于中老年人受骗可能性的正向影响。实际上，罹患疾病带来的不只是身心的伤痛，对多数家庭来说是严重的经济负担。健康焦虑会刺激中老年人产生应对衰老和疾病可能导致不利处境的理财动机，进而提高了中老年人金融受骗可能性。

3. 新事物晕轮效应

晕轮效应指当个体对一个人或者事物形成好的（坏的）印象之后，就会根据这一印象去推断这个人或事物的其他方面的好坏（乔海曙、李亦博，2013）。Manski（2000）认为，社会互动可以通过认知信息传递实现社会学习效应，让参与社会活动的行为主体彼此通过沟通交流掌握新的知识与经验。社会互动可以帮助中老年人了解和学习新鲜事物，如网上购物、移动支付、微信等。新事物为中老年人带来便捷的同时给其留下了好的印象，这使他们更容易相信那些披着新事物"外衣"的金融骗局。生活常识与现有研究都在不同程度上表明社会经验与受骗可能性一般呈现显著的负相关（Carlson 和

Zmud，1999）。中老年群体社会阅历相对丰富，理应不易受骗，然而现实中中老年群体却表现出相对较高的受骗倾向。为此，本书试图利用新事物晕轮效应解释这种现实与经验的矛盾。

4. 从众效应

从众效应指当个体了解的信息有限时，往往会根据周围人的行为提取信息，采取类似的行为。一般情况下，经验使人们相信“多数人是正确的”，在缺少参考标准和不确定性较高的相关决策中，人们往往会从众（曹国华，1998）。个体在社会互动过程中会主动或被动地接收同伴的“项目投资行为”信息，在对项目信息了解不充分或者信息认知能力有限的情况下，由于相信“多数人是正确的”，就会产生投资跟进行为。社会互动通过传递周围人骗局参与行为信息，在从众心理的作用下致使个体跟进参与到金融骗局中，进而提高了中老年人金融受骗可能性。基于以上分析，本章提出以下假设：

H2：社会互动通过幸福遮掩效应降低中老年人金融受骗可能性。

H3：社会互动通过健康焦虑效应、新事物晕轮效应、从众效应提高中老年人金融受骗可能性。

## 7.3 数据样本与变量介绍

### 7.3.1 数据来源及处理

在现有主流微观数据库（CFPS、CHFS 和 CHARLS）中，只有 CHARLS 数据库进行了金融受骗的相关调查，因此本章采用了中国健康与养老追踪调查（CHARLS）数据库 2018 年全国追踪调查数据。该项目是由北京大学国家发展研究院主持、北京大学中国社会科学调查中心与北京大学团委共同执行的大型跨学科调查项目。该项目样本覆盖了全国 28 个省 150 个县区的 450 个村居，约有 1.9 万名 45 岁及以上的中老年人受访者。鉴于广场舞、打麻将等社会互动形式主体参与者是中老年人，且中老年人金融受骗差异较小，为保证样本的全面性，本书选取 2018 年 CHARLS 数据所有有效样本。具体处理如下：合并“基本信息”“健康状况和功能”“家庭”“认知和抑郁”“医疗保健与保险”“工作和退休”“养老金”“收入、支出与资产”等模块数据，使用 2015 年基本信息数据进行补充，去除指标中有缺漏项的样本和未能匹配样本，最终样本量为 7535。本书采用 Stata16 软件进行数据分析与实证研究。

### 7.3.2 变量选取与描述性统计

1. 被解释变量：金融受骗

本章研究社会互动对中老年人金融受骗的影响，被解释变量为金融受骗。对金融受骗的界定，本书采用广义的金融受骗。理由如下：首先，狭义与广义的金融受骗的区别。从狭义的角度来看，金融受骗是购买风险金融资产过程中的受骗或产生的资产损失。从广义的角度来看，金融受骗泛指遭受财物受损的欺骗，区别于情感等方面的受骗。狭义的金融受骗较为局限：一是狭义的金融受骗与正常的投资亏损难以区分。购买风险金融资产出现亏损属正常现象，但是在个人情感上，只要亏损了就认为上当受骗了。二是狭义的金融受骗涉及人数较少。因为参与金融活动的老年人占比较低，金融受骗的人数更少，无法满足实证分析对于样本量的要求。其次，“金融受骗”与“受骗”的区别。采用“金融受骗”而不是“受骗”定义变量，除了区别于情感受骗外，主要基于 CHARLS 数据库对问题进行的限定，即过去一年遭遇诈骗及损失均为个人资产，电信电话诈骗、集资诈骗两种类型占比达 68.34%，符合广义金融受骗的定义。最后，现有文献使用 CHARLS 限定的问题来衡量金融受骗，如李媛媛与单承芸（2020）。综上所述，本章根据问卷中受访者对过去一年是否遭遇诈骗问题的回答，对受访者过去一年的受骗经历进行刻画，构建金融受骗指标 *fraud*1，其中，回答为“是”则 *fraud*1 赋值为 1；反之则为 0。此外，为了检验回归结果的稳健性，本章根据受访者对于过去一年受骗经历中损失金额的回答，按照受骗金额划分为 4 个等级，并用 1~4 赋值，构建金融受骗损失等级指标 *fraud_level*。

2. 核心解释变量：社会互动

现有研究主要从个体主观社交评价（李涛，2006；胡浩等，2018）、交往人群数量（Hong et al.，2004）、社交关系维系支出（李丁等，2019；马光荣、杨恩艳，2011）三个方面刻画个体社会互动强度。从主观社交评价角度刻画个体社会互动强度，有利于衡量个体的社交心理距离，但此类指标缺乏统一标准，个体间差异较大。从个体社交人群数量角度刻画社会互动强度是现有文献中较为常见的方式，如认识亲友数量、春节拜访人数等指标。此类指标可以有效度量个体的社交网络范围，但难以区分主体与其交往个体之间的远近亲疏。从社交关系维系支出角度刻画社会互动强度，如人情礼金支出、请客吃饭开支、通信费用等，这些指标能够有效地衡量个体对其社交网络的重视程度，但该类指标既受到主体的经济条件影响，也存在难以界定个体社交网络范围的缺点。

基于以上讨论，为避免现有研究对于社会互动刻画的局限性，本书依据个体参与的社交活动种类与参与社交活动频率来分别刻画个体的“弱关系”与“强关系”社会互动强度。以每月参与的社交活动种类数量 *num* 作为衡量中老年人社会互动广度的指标，将每月参加各种类型社交活动的总次数 *nsocial* 作为衡量中老年人社会互动深度的指标。个体的时间精力是有限的，因此参与社交活动的种类与频率难以兼顾。参与社交活动种类数量多的个体，所接触的人群相对多元化，通过社交网络获得的信息更加丰富。考虑个体参与的社交活动种类越多，意味着其分配在每个社交圈子的时间越少，因此社会互动广度指标（*num*）倾向于刻画个体的“弱关系”社会互动强度。参与社交活动总次数越多，意味着个体与其社交人群的联系越密切，具有更强的信任感，社会互动深度指标（*nsocial*）倾向于刻画个体的“强关系”社会互动强度。[①] 此外，本书构建了社会互动代理变量人情礼金支出（*humangift*），作为稳健性检验中社会互动的替代指标。

3. 控制变量选取

为避免潜在的遗漏变量问题，本书控制了其他影响中老年人金融受骗的变量，具体包括人口学特征、资产特征、家庭特征等。此外，为控制地域特征，加入省份虚拟变量。表 7-1 给出了基于 2018 年 CHARLS 全国基线调查数据构建的主要变量的定义、说明与描述性统计。

**表 7-1　变量定义、说明与描述性统计**

| 变量名称 | 符号 | 变量说明 | 均值 | 标准差 |
|---|---|---|---|---|
| 金融受骗损失 | *fraud_level* | 四个等级，分别赋值 1~4 | 1.044 | 0.318 |
| 是否金融受骗 | *fraud1* | 过去一年是否遭受诈骗，遭受过为 1，反之为 0 | 0.079 | 0.269 |
| 弱关系社会互动 | *num* | 每月参加的社交活动种类 | 0.780 | 0.995 |
| 强关系社会互动 | *nsocial* | 每月参加各种社交活动的次数汇总 | 2.030 | 3.797 |
| 人情礼金支出 | *humangift* | 上年给不住在一起的亲戚的礼金支出和困难救济支出之和（百元/月） | 1.557 | 3.885 |
| 是否退休 | *dretire* | 退休为 1，反之为 0 | 0.027 | 0.162 |

① 格兰诺维特提出，互动频率是测量人际关系强度的重要参考标准，互动的次数多为强关系，反之为弱关系。

续表

| 变量名称 | 符号 | 变量说明 | 均值 | 标准差 |
|---|---|---|---|---|
| 工资收入 | *wage*1 | 主体每年工资 | 6251.367 | 20002.397 |
| 是否在工作 | *worknow* | 工作为1，反之为0 | 0.579 | 0.494 |
| 年龄 | *age* | 调查年减出生年 | 64.113 | 11.251 |
| 性别 | *gender* | 男性为1，女性为0 | 0.480 | 0.500 |
| 婚姻状况 | *marital* | 已婚为1，反之为0 | 0.680 | 0.466 |
| 受教育年限 | *length* | 相关学历背景所对应学习年限加总 | 4.773 | 4.687 |
| 抑郁量表 | *depress* | 得分越高，抑郁倾向越严重 | 12.174 | 9.773 |
| 户口类型 | *hukou* | 城镇户口为1，反之为0 | 0.178 | 0.382 |
| 是否为党员 | *dangyuan* | 党员为1，反之为0 | 0.105 | 0.307 |
| 健康自评 | *health* | 5个等级，分别赋值1~5，等级越高自评状况越差 | 2.982 | 1.029 |
| 净财富 | *netwealth* | 财富总额减负债总额 | 26080.190 | 194000.000 |
| 是否照看孙辈 | *dcare* | 照看为1，反之为0 | 0.371 | 0.483 |
| 代际转移 | *zhuanyi* | 子女对父母的净代际转移 | -2567.314 | 38346.981 |

## 7.4 社会互动对中老年人金融受骗影响的实证分析

### 7.4.1 基准回归

考虑金融受骗是一个二值变量，而受骗损失等级为有序变量，为验证社会互动对中老年人金融受骗可能性的影响，本书的实证模型主要采用Probit与Oprobit方法进行估计，具体设定如下：

$$Financial\_fraud_i = \beta_0 + \beta_1 Interaction_i + \beta_2' Control_i + \varepsilon_i \qquad (7-1)$$

其中，$Financial\_fraud_i$ 为中老年人金融受骗指标，包括过去一年是否遭受过金融诈骗（*fraud*1）和受骗损失等级（*fraud_level*）2个变量。$Interaction_i$ 表示社会互动，包括社交活动种类（*num*）、互动频率（*nsocial*）、人情礼金支出（*humangift*）等3个变量。$Control_i$ 为控制变量，包括个人特征、家庭特征、资产特征等变量。$\beta_1$、$\beta_2'$为待估系数，$\beta_1$ 为本书重点关注的系数，表示社会互动对中老年人金融受骗可能性的影响，其显著为正说明社会互动对于中老年人金融受骗可能性起促进作用，显著为负则说明有明显的抑制效应；$\beta_2'$为向量形式；$\varepsilon_i$ 为随机扰动项。

表 7-2 给出了社会互动对中老年人金融受骗可能性影响的回归结果，从表中（1）、（2）两列可以看出，弱关系社会互动（*num*）与强关系社会互动（*nsocial*）的边际影响分别为 0.016、0.003，在 1%水平上显著，表明社会互动水平较高的中老年人，其金融受骗的可能性越大。具体来说，中老年人社会互动广度每增加一个单位，其遭遇金融诈骗的概率就增加 1.6 个百分点；而其社会互动深度每增加一个单位，其受骗概率则增加 0.3 个百分点。社会互动广度主要从中老年人社交活动的范围角度衡量其社会互动强度，而社会互动深度主要利用参加社会互动的频率来刻画主体与社交群体的熟悉程度。综合以上分析，不论强关系还是弱关系，社会互动的回归结果均支持了假设 H1。虽然从总体上来看，社会互动会促进中老年人金融受骗的概率，但分析两者之间的系数差异可以发现，中老年人实际上更容易在“半生不熟”的社交关系中受骗。

**表 7-2　基准回归结果**

| 变量 | Probit 模型 | | | Ordered Probit 模型（非边际效应） | | |
|---|---|---|---|---|---|---|
| | *fraud*1 | | | *fraud_level* | | |
| | （1） | （2） | （3） | （4） | （5） | （6） |
| *num* | 0.016***<br>（5.46） | | | 0.116***<br>（3.61） | | |
| *nsocial* | | 0.003***<br>（4.27） | | | 0.016**<br>（1.99） | |
| *humangift* | | | 0.002**<br>（2.35） | | | 0.015**<br>（1.97） |
| 控制变量 | yes | yes | yes | yes | yes | yes |
| 地区 | yes | yes | yes | yes | yes | yes |
| *N* | 7109 | 7109 | 7109 | 7143 | 7143 | 7143 |

注：（4）～（6）列参数采用非边际效应，省略的控制变量有是否退休、工资收入、是否在工作、年龄、性别、婚姻状况、受教育年限、抑郁量表、户口类型、是否为党员、健康自评、净财富、是否照看孙辈、代际转移。括号内为 *t* 值。***、**、* 分别表示在 1%、5%、10%水平上显著，本章下同。

### 7.4.2　稳健性分析

为验证上述结果具备稳健性，我们采用以下方式进行稳健性检验。

1. 变换变量

为避免由于指标定义和变量选取的差异对回归结果产生影响，在实证过程中，我们使用人情礼金支出（*humangift*）作为核心解释变量社会互动的代理变量。该变量在一定程度上可以反映主体对其社交关系的主观重视程度，并在现有社会互动研究中被广为应用（郭士祺、梁平汉，2014；马光荣、杨恩艳，2011）。从表 7-2 的（3）、（6）两列可以看出，尽管以人情礼金支出为社会互动代理变量进行回归，但是由于回归系数量纲问题较小，仍在 5%水平上显著为正，与基准回归相符。

2. 模型变更

为避免因模型选择差异对回归结果产生影响，本书使用金融受骗损失等级（*fraud_level*）作为因变量代替是否受骗（*fraud*1），采用 Ordered Probit 模型进行估计，进一步排除因变量选取与模型选择差异对回归结果造成影响。从表 7-2（4）、（5）、（6）三列可以看出，变更模型与金融受骗代理变量后，回归结果在显著性与系数符号上仍然与基准回归大致相符。OLS 与 Logit 模型对 Probit 模型估计结果进行稳健性检验虽然具有一定的参考价值，但实际效力不强，受限于篇幅未进行列示，不过 OLS 模型与 Logit 模型估计结果均与基准回归大致相符。

3. 变更样本范围

因不同样本对于结果具有不同的敏感性，为避免样本选择导致回归结果差异，本章进行了样本敏感性检验。将总样本划分为 45~60 岁中年群体与 60 岁以上老年群体两个子样本分别进行回归，检验基准回归结论是否依然稳健。从表 7-3 可以看出，采用不同年龄段子样本回归结果与基准回归结论基本一致。

表 7-3　分样本回归结果

| 变量 | *fraud*1 | | | | | |
|---|---|---|---|---|---|---|
| | 45~60 岁 | | | 60 岁以上 | | |
| | (1) | (2) | (3) | (4) | (5) | (6) |
| *num* | 0.018*** (4.20) | | | 0.014*** (3.51) | | |
| *nsocial* | | 0.005*** (3.95) | | | 0.003*** (2.62) | |
| *humangift* | | | 0.002** (2.03) | | | 0.002 (1.33) |
| 控制变量 | yes | yes | yes | yes | yes | yes |
| 地区 | yes | yes | yes | yes | yes | yes |
| *N* | 2746 | 2746 | 2746 | 4337 | 4337 | 4337 |

### 7.4.3 内生性问题

潜在的内生性主要来自双向因果。一方面，经历金融诈骗对中老年人的行为可能产生一定的影响，同样的受骗经历给受害者提供了相识的机会，从而扩大了受害主体的社交范围，增强其社会互动强度；另一方面，金融受骗可能会让受害主体产生巨大的心理创伤，出于治愈创伤的目的，受害者会提高自身的社会互动参与。为解决内生性问题，本书在模型中引入了工具变量与社会互动的滞后变量。

1. 工具变量

本书借鉴李丁等（2019）的处理方式，采用社区层面指标作为个体层面指标的工具变量，以扣除本家庭之外的社区平均社会互动作为工具变量。由于同一社区的居民在财富状况、风土人情和生活方式等方面一般具有一定共性，因此社区平均社会互动水平与个体的社会互动水平存在较强的相关性；而个体的受骗经历往往不能对社区平均社会互动水平产生影响，符合外生性要求。本书采用 IV Probit 两步法进行估计，表 7-4 为社会互动对中老年人受骗可能性影响的回归结果。

从回归结果看，在内生性检验方面，无论是社会互动广度还是社会互动深度，都在 1%水平上显著通过了 Wald 检验，说明两者都存在内生性问题；而工具变量的一阶段 $F$ 值均远大于 10，并且两者都在 5%显著性水平上通过了弱工具变量检验。这说明采取社区平均社会互动水平作为工具变量是合适的。从回归结果看，无论从社会互动深度还是社会互动广度，在修正了内生性偏误后，社会互动仍然对中老年人金融受骗可能性有显著的促进作用。

**表 7-4　内生性检验：工具变量法**

| 变量 | IV-Probit 模型 | IV-Probit 模型 |
|---|---|---|
| | *fraud*1 | *fraud*1 |
| | (1) | (2) |
| *num* | 0.279***<br>(3.87) | |
| *nsocial* | | 0.058***<br>(3.07) |
| 控制变量 | yes | yes |
| 地区 | yes | yes |

续表

| 变量 | IV-Probit 模型 | IV-Probit 模型 |
|---|---|---|
| | *fraud*1 | *fraud*1 |
| | (1) | (2) |
| *N* | 7109 | 7109 |
| 一阶段 *F* 值 | 34.25 | 23.89 |
| 内生性检验 *P* 值 | 0.0158 | 0.0494 |
| 弱工具变量检验 *P* 值 | 0.0001 | 0.0022 |

2. 滞后变量

借鉴胡浩等（2018）、李涛和张文韬（2015）的做法，采用 2015 年 CHARLS 全国追踪调查数据构建社会互动变量（*numvt*2015、*nsocialvt*2015）代替 2018 年数据构建的社会互动变量，其他基于 2018 年 CHARLS 全国追踪调查数据构建的被解释变量与控制变量保持不变进行回归，以此消除可能存在的内生性问题。从逻辑上看，个体的社会互动水平往往具有行为惯性，用 2015 年的社会互动水平指标刻画个体的 2018 年的社会互动水平具有一定合理性；而基于时间轴上先因后果的逻辑，2018 年的受骗经历不能影响 2015 年的社会互动水平。滞后变量回归结果如表 7-5 所示，与基准回归结果相比，社会互动的代理变量在 1%显著性水平上显著为正，且系数没有较大波动。在不受反向因果关系干扰的情况下，积极的社会互动会显著提高中老年人金融受骗可能性。

**表 7-5 内生性检验：滞后变量**

| 变量 | Probit 模型 | Probit 模型 |
|---|---|---|
| | *fraud*1 | *fraud*1 |
| | (1) | (2) |
| *numvt*2015 | 0.013***<br>(4.36) | |
| *nsocialvt*2015 | | 0.003***<br>(3.91) |
| 控制变量 | yes | yes |
| 地区 | yes | yes |
| *N* | 7109 | 7109 |

综上可知，消除反向因果关系造成的内生性问题后，社会互动对中老年人金融受骗可能性的正向影响始终显著且稳健。

## 7.5 影响机制分析

以上基准回归验证了社会互动对中老年人金融受骗可能性的正向影响，但其中的作用机制还有待探究。本节将分别从社会互动广度和社会互动深度来进行机制验证。在检验方法上借鉴温忠麟、叶宝娟（2014）提出的中介效应检验方法，在基准回归的基础上，构建如下检验方程：

$$Financial\_fraud_i=\beta_0+\beta_1 Interaction_i+\beta_2' Control_i+\varepsilon_i \quad (7-2)$$

$$M_i=\alpha_0+\alpha_1 Interaction_i+\alpha_2' Control_i+\varepsilon_i \quad (7-3)$$

$$Financial\_fraud_i=\varphi_0+\varphi_1 Interaction_i+\varphi_2 M_i+\varphi_3' Control_i+\varepsilon_i \quad (7-4)$$

其中，$M$ 为中介变量，社会互动对中老年人金融受骗的总效应为 $\beta_1$，直接效应为 $\varphi_1$，变量 $M$ 的间接效应为 $\varphi_2$。从基准回归结果可知 $\beta_1$ 显著为正，社会互动对中老年人受骗可能性具有显著的正向影响。如果上述检验方程回归结果显示 $\varphi_1$ 与 $\varphi_2$ 都显著为正且 $\varphi_1$ 有所减少、$\varphi_1$ 显著为正 $\varphi_2$ 显著为负且 $\varphi_1$ 有所增长都说明 $M$ 是部分中介变量；若 $\varphi_1$ 不显著 $\varphi_2$ 显著，则 $M$ 为完全中介变量。以下从中介机制检验的后两步对中介机制加以检验。

### 7.5.1 幸福遮掩效应

基于生活经验，社交活动对于个体的生活满意度具有重要影响。积极的社会互动通常能带来愉悦感，进而提高中老年人的生活满意度。与此同时，高幸福感可能会降低老年人金融受骗的概率。幸福感是影响中老年人受骗风险的关键因素。幸福感低的中老年人容易成为金融诈骗的受害群体，其为了寻求情感联系甚至愿意承受受骗的损失。因此，社会互动应当通过提高个体的生活满意度，降低其金融受骗可能性。为检验这一作用机制，本书根据 CHARLS 数据中受访者对生活满意度相关问题的回答，构建个体幸福感的代理变量 *satisfaction*；*satisfaction* 变量越大，表明受访者的生活满意度越低，估计结果如表 7-6 所示。

表 7-6　幸福遮掩效应机制检验

| 变量 | Probit 模型 | Tobit 模型 | Probit 模型 | Probit 模型 | Tobit 模型 | Probit 模型 |
|---|---|---|---|---|---|---|
| | *fraud*1 | *satisfaction* | *fraud*1 | *fraud*1 | *satisfaction* | *fraud*1 |
| | (1) | (2) | (3) | (4) | (5) | (6) |
| *num* | 0.016***<br>(5.46) | −0.074**<br>(−2.30) | 0.017***<br>(5.59) | | | |
| *satisfaction* | | | 0.005***<br>(3.92) | | | 0.005***<br>(3.85) |
| *nsocial* | | | | 0.003***<br>(4.27) | −0.015*<br>(4.27) | 0.003***<br>(4.41) |
| 控制变量 | yes | yes | yes | yes | yes | yes |
| 地区 | yes | yes | yes | yes | yes | yes |
| *N* | 7109 | 7143 | 7109 | 7109 | 7143 | 7109 |

从表 7-6（2）、（5）两列可以看出，无论是社会互动广度（*num*）还是社会互动深度（*nsocial*）都对个体的生活满意度提高有显著的负向影响；表 7-6（3）、（6）两列回归结果表明，生活满意度的上升会显著降低中老年人金融受骗可能性。这表明社会互动影响中老年人金融受骗可能性的幸福遮掩效应成立，即社会互动可以通过提高中老年人生活满意度，降低其金融受骗可能性。

从基准回归结果看，社会互动显著提高了中老年人金融受骗的可能性，而幸福遮掩效应降低了中老年群体社会互动过程中潜在的受骗风险。为进一步揭示社会互动对中老年人金融受骗的影响机制，本书继续验证其余可能的作用机制。

### 7.5.2　健康焦虑效应

中老年群体处于身体机能下行阶段，随着年龄的增长，健康问题日益成为中老年群体的关注重点。在社会互动过程中，老年人很容易接收到诸如罹患某种疾病非常痛苦、丧失自理能力的生活会变得艰辛乏味且没有尊严、治疗疾病会给家庭带来巨大负担等负面信息。这类负面信息易使中老年人产生健康焦虑，进而产生较强的改善财务状态以应对衰老和疾病导致的不利处境的动机。在缺乏专业知识的情况下，盲目投资会增加其金融受骗可能性。焦虑与金融受骗互为因果。焦虑可能引发不安全感，导致其金融受骗；反过来，金融受骗又能引起焦虑。这给验证这一中介机制带来了挑战。为检验这一机制，本书进一步细分了焦虑的类型并采用不同的刻画方式。我们认为引发金融受骗的焦虑主要是健康焦虑，金融受骗造成的焦虑主要是损失导致的抑郁。所谓的健康焦虑效应，是指社会互动传递"熟人"健康负面信息导致个体产生健康焦虑，从而使其受骗易感。过多接受有关疾病或死亡的负面消息会增加个体健康焦虑，进而提高其受骗脆弱性（Halevi et al.，2013）。现实中的老年人保健品诈骗案就揭示了健康焦虑对中老年人受骗可能性的正向影响。健康焦虑会刺激中老年人产生应对衰老和疾病导致的不利处境的理财动机，提高了中老年人金融受骗可能性。

健康焦虑和金融受骗损失引起的抑郁在衡量方式上存在较大差异。本书衡量健康焦虑主要使用的是 CHARLS 数据中"受访者最近一次常规体检检查项目总数"，作为健康焦虑的代理变量 *hanxiety*。*hanxiety* 越大，表明健康焦虑程度越深；而衡量抑郁或者不幸福主要使用抑郁量表。雷晓燕等（2015）采用生活满意度自评状况和抑郁量表两种方式对幸福感进行测度。CHARLS 2018 数据库在认知与抑郁部分列出了十个相关问题，构成了抑郁量表。每一个问题都有四个相应选项，代表不同的抑郁程度。依据抑郁程度的高低对每个选项进行赋值，依次赋值为 3、2、1、0，将十道题的赋值分相加得出取值范围为［0，30］的抑郁量表值；取值越高，表明抑郁程度越深，生活越不幸福，机制检验回归结果如表 7-7 所示。

**表 7-7　健康焦虑效应机制检验**

| 变量 | Probit 模型 | Tobit 模型 | Probit 模型 | Probit 模型 | Tobit 模型 | Probit 模型 |
|---|---|---|---|---|---|---|
| | *fraud*1 | *hanxiety* | *fraud*1 | *fraud*1 | *hanxiety* | *fraud*1 |
| | (1) | (2) | (3) | (4) | (5) | (6) |
| *num* | 0.016***<br>(5.46) | 0.979***<br>(10.26) | 0.015***<br>(4.89) | | | |
| *hanxiety* | | | 0.003***<br>(4.17) | | | 0.003***<br>(4.58) |
| *nsocial* | | | | 0.003***<br>(4.27) | 0.120***<br>(4.78) | 0.003***<br>(3.98) |
| 控制变量 | yes | yes | yes | yes | yes | yes |
| 地区 | yes | yes | yes | yes | yes | yes |
| *N* | 7109 | 7143 | 7109 | 7109 | 7143 | 7109 |

由表7-7（2）、（5）两列可以看出，社会互动在1%显著性水平上加深了中老年人的健康焦虑。表7-7（3）、（6）两列结果显示，健康焦虑在1%显著性水平上提高了中老年人金融受骗可能性，说明健康焦虑效应成立，即社会互动通过强化中老年人健康焦虑进而提高其金融受骗概率。

### 7.5.3 新事物晕轮效应

“晕轮效应”是典型的以偏概全，当个体对一个人或者事物形成好的（坏的）印象之后，就会根据这个印象去推断这个人或事物其他方面的好坏。中老年群体对于新事物、新技术的接受能力相对较弱，在社会互动过程中，同伴之间的交流学习可以帮助其认识、了解、学习诸如网上购物、移动支付、视频聊天、网约车等新事物。在晕轮效应的作用下，中老年群体在初步体验新事物带来的便利时对它们形成了好的印象，进而使其更容易相信那些披着新事物“外衣”的骗局。现实生活中犯罪分子炮制的诸如虚拟货币炒作、线上传销、非法集资等骗局，往往都借用新概念、新模式对骗局进行包装，以此让受骗者相信那些有悖生活常识的超额利润或投资收益真实存在。从逻辑上来看，老年人对新事物接受程度越高，对新形式的金融诈骗的易感性越高，两者是正相关关系。金融受骗会影响老年人对相关新形式诈骗的接受程度，金融受骗次数越多，老年人对相关新形式诈骗的接受程度越低。有很多俗语反映了这种心理，如“一朝被蛇咬，十年怕井绳”“吃一堑长一智”等。但是老年人金融受骗对其对其他新事物的接受程度并没有直接影响。

为检验这一机制，本书以中老年人上网方式（*typeinternet*）作为新事物接受程度的代理变量。互联网对于中老年群体来说具有一定的门槛，需要收集大量的信息且付出较多的时间和精力才能顺利使用互联网，并且金融诈骗影响其上网方式的可能性较低。因此，以 *typeinternet* 为变量刻画中老年群体对新事物接受程度具有一定合理性。*typeinternet* 变量越大，说明行为主体对新事物的接受程度越高，检验结果如表7-8所示。表7-8（2）、（5）列回归结果显示，社会互动在1%显著性水平上正向提高了中老年人的新事物接受程度，表7-8（3）、（6）两列回归结果显示，新事物接受程度在1%显著性水平上提高了中老年人金融受骗的可能性。以上结果说明，新事物晕轮效应中介机制成立，即社会互动促进中老年人接受了解新事物并对新事物产生好的印象，进而使其容易落入披着“新事物”外衣的骗局中。

表 7-8　新事物晕轮效应机制检验

| 变量 | Probit 模型 | Tobit 模型 | Probit 模型 | Probit 模型 | Tobit 模型 | Probit 模型 |
|---|---|---|---|---|---|---|
| | *fraud*1 | *typeinternet* | *fraud*1 | *fraud*1 | *typeinternet* | *fraud*1 |
| | (1) | (2) | (3) | (4) | (5) | (6) |
| *num* | 0.016***<br>(5.46) | 0.312***<br>(11.51) | 0.014***<br>(4.79) | | | |
| *typeinternet* | | | 0.023***<br>(3.59) | | | 0.027***<br>(4.15) |
| *nsocial* | | | | 0.003***<br>(4.27) | 0.049***<br>(6.60) | 0.003***<br>(3.94) |
| 控制变量 | yes | yes | yes | yes | yes | yes |
| 地区 | yes | yes | yes | yes | yes | yes |
| *N* | 7109 | 7143 | 7109 | 7109 | 7143 | 7109 |

### 7.5.4　从众效应

社会互动为中老年人提供了集散信息的平台，让其能了解同伴的行为和选择，为从众心理发挥作用提供了信息基础。当中老年人落入金融骗局后，其社交同伴出于从众心理也会落入骗局。社区是中老年人活动的主要场所之一，而社区平均受骗情况在一定程度上可以刻画中老年人可获取的同伴金融骗局参与情况。为检验这一作用机制，本书以中老年人所在社区的平均受骗情况（*cmfraud*1）作为中老年人可获取的同伴金融骗局参与行为信息代理变量，检验结果如表 7-9 所示。表 7-9（2）、（5）列结果显示，社会互动能显著提高个体获取同伴参与骗局行为信息。从表 7-9（3）、（6）两列结果可以看出，同伴的骗局参与行为在 1%显著性水平上对个体金融受骗可能性具有促进作用。回归结果表明，从众效应机制成立，即社会互动活动为从众心理的产生提供了信息基础，促进了个体接触骗局信息，在骗局暴露之前出于从众心理进入骗局之中，进而增加了金融受骗可能性。

表 7-9　从众效应机制检验

| 变量 | Probit 模型 | Tobit 模型 | Probit 模型 | Probit 模型 | Tobit 模型 | Probit 模型 |
|---|---|---|---|---|---|---|
| | *fraud*1 | *cm_fraud*1 | *fraud*1 | *fraud*1 | *cm_fraud*1 | *fraud*1 |
| | (1) | (2) | (3) | (4) | (5) | (6) |
| *num* | 0.016***<br>(5.46) | 0.004**<br>(2.54) | 0.013***<br>(4.71) | | | |

续表

| 变量 | Probit 模型 | Tobit 模型 | Probit 模型 | Probit 模型 | Tobit 模型 | Probit 模型 |
|---|---|---|---|---|---|---|
| | *fraud*1 | *cm_fraud*1 | *fraud*1 | *fraud*1 | *cm_fraud*1 | *fraud*1 |
| | (1) | (2) | (3) | (4) | (5) | (6) |
| *cmfraud*1 | | | 0.660***<br>(17.33) | | | 0.664***<br>(17.50) |
| *nsocial* | | | | 0.003***<br>(4.27) | 0.001*<br>(1.79) | 0.003***<br>(3.88) |
| 控制变量 | yes | yes | yes | yes | yes | yes |
| 地区 | yes | yes | yes | yes | yes | yes |
| *N* | 7109 | 7143 | 7109 | 7109 | 7143 | 7109 |

## 7.6　异质性分析

以上模型结果验证了社会互动会提高中老年人金融受骗可能性，通过机制分析，本书深入探究了社会互动提高中老年人金融受骗可能性的影响机制。在现实生活中，积极参与社会互动并不意味着更容易受骗。对于具有不同特征的中老年群体来说，社会互动对金融受骗可能性的影响存在差异。

### 7.6.1　子女职业声望

研究中老年人金融受骗的诸多案例，发现子女的行为对受害者产生重要影响。现实中，许多中老年人遭遇金融骗局时，听从子女的劝说避免了损失。但仍有许多受害者宁愿相信诈骗分子也不相信子女，最终遭受损失。为什么会存在这种差异呢？为了探究差异产生的原因，借鉴吴卫星等的分类方式（职业声望、信贷约束与金融市场参与），本书按照 CHARLS 数据库提供的子女职业类别信息，对整体样本进行分组。如果受访者有子女为国家机关、党群组织员工或企业、事业单位负责人，或者专业技术人员，视为其子女职业声望较高，其他则视为子女职业声望较低。实证结果如表 7-10 所示，从表中（1）、（2）两列可以看出，子女声望高的样本中，社会互动广度对金融受骗可能性的回归系数显著小于子女声望低的样本。这说明子女职业声望较高会削弱弱关系社交对中老年人金融受骗的促进作用；而从表 7-10（3）、（4）两列可以看出，社会互动深度维度这种差异并不显著，即子女声望在强关系社交活动中对中老年人金融受骗可能性的促进作用不存在显著差异。这说明，职业声望较高的子女更具有权威性，因此其建议更容易被接纳。在强关系社交活动中，由于熟人间存在较高的信任度，子女声望的高低对于中老年人受骗可能性影响较小。

表 7-10　子女职业声望异质性检验

| 变量 | 职业声望高<br>（1） | 职业声望低<br>（2） | 职业声望高<br>（3） | 职业声望低<br>（4） |
|---|---|---|---|---|
| *num* | 0.012**<br>（2.41） | 0.019***<br>（5.09） | | |
| *nsocial* | | | 0.004***<br>（3.28） | 0.003***<br>（2.62） |
| 控制变量 | yes | yes | yes | yes |
| 地区 | yes | yes | yes | yes |
| *N* | 2742 | 4347 | 2742 | 4347 |
| 组间差异 *P* 值 | 0.092* | | 0.583 | |

注：组间差异 *P* 值用于检验组间社会互动（*num*、*nsocial*）系数差异的显著性，通过 Bootstrap 自抽样 1000 次得到。

## 7.6.2　家庭采购行为

家庭采购是维持家庭生活不可或缺的消费活动，兼具消费和劳动双重属性，其所具有的劳动属性往往超过其享乐属性（林晓珊，2018）。家庭采购需要付出大量时间和精力，需在有限的财务预算下兼顾家庭成员的喜好，因此一般负责家庭采购的中老年人精明务实、家庭责任感强、考虑问题较为周到。考虑这些性格特征有利于帮助中老年人规避金融受骗风险，本书探究了社会互动对金融受骗可能性的影响在负责家庭采购样本组与不负责家庭采购样本组之间是否存在差异。表 7-11 中展示了两类样本的回归结果。

从表 7-11（1）、（2）两列可以看出，负责家庭采购的样本组社会互动广度对中老年人金融受骗的回归系数显著小于不负责家庭采购的样本组。这说明负责家庭采购的中老年人在弱关系社交中落入金融骗局的概率相对较低；而从社会互动深度的角度来看，这种差异不显著。

表 7-11 家庭采购行为异质性检验

| 变量 | 负责家庭采购<br>(1) | 不负责家庭采购<br>(2) | 负责家庭采购<br>(3) | 不负责家庭采购<br>(4) |
| --- | --- | --- | --- | --- |
| *num* | 0. 014***<br>(4. 33) | 0. 032***<br>(3. 97) | | |
| *nsocial* | | | 0. 003***<br>(3. 88) | 0. 004*<br>(1. 82) |
| 控制变量 | yes | yes | yes | yes |
| 地区 | yes | yes | yes | yes |
| *N* | 6044 | 1018 | 6044 | 1018 |
| 组间差异 *P* 值 | 0. 021** | | 0. 601 | |

## 7.6.3 个人经历

失意的人生经历往往会对中老年人的行为逻辑产生显著影响（Banks et al.，2020）。失意的人生经历往往会使人对未来的不确定性更加“恐惧”，产生较为强烈的风险厌恶倾向（张世虎、顾海英，2020），为应对衰老和疾病带来的可能的“不利境遇”，会产生更强烈的投资动机。值得一提的是，通常人们认为厌恶风险会抑制个体的投资行为，但在金融受骗案例中，落入骗局的受害者往往在诈骗分子的蛊惑下难以正确认识风险，这种情况下强烈的动机往往是其落入骗局的重要原因。本书根据 CHARLS 数据中受访者是否有过情感破裂、失业、交通事故、重大疾病等经历，将总样本划分为有人生失意经历和无人生失意经历两组，回归结果如表 7-12 所示。无论从社会互动广度还是社会互动深度的角度看，有过失意的人生经历的中老年人在社会互动过程中金融受骗概率都更高。

表 7-12 人生失意经历异质性检验

| 变量 | 有失意经历<br>(1) | 无失意经历<br>(2) | 有失意经历<br>(3) | 无失意经历<br>(4) |
| --- | --- | --- | --- | --- |
| *num* | 0. 030***<br>(3. 75) | 0. 013***<br>(3. 83) | | |
| *nsocial* | | | 0. 007***<br>(3. 46) | 0. 002***<br>(2. 84) |
| 控制变量 | yes | yes | yes | yes |

续表

| 变量 | 有失意经历<br>(1) | 无失意经历<br>(2) | 有失意经历<br>(3) | 无失意经历<br>(4) |
|---|---|---|---|---|
| 地区 | yes | yes | yes | yes |
| $N$ | 1196 | 5902 | 1196 | 5902 |
| 组间差异 $P$ 值 | 0.096* | | 0.061* | |

相对于失意的人生经历来说，一些无法人为掌控的重大变故会对个人的行为逻辑产生一定影响。有过重大人生变故的人可能变得更加淡泊，改变未来境遇的动机较弱，反而不容易受骗。为此，我们以丧子经历作为划分标准，将样本划分为有重大人生变故和无重大人生变故两组。受限于样本数据，尽管该标准并不全面，但在一定程度上可以刻画重大人生变故，回归结果如表7-13所示。结果表明，有过重大人生变故的样本组中，社会互动对金融受骗可能性影响变得不再显著，而在无重大人生变故组依旧显著，与预期相符。

**表 7-13　重大人生变故异质性检验**

| 变量 | 有重大变故<br>(1) | 无重大变故<br>(2) | 有重大变故<br>(3) | 无重大变故<br>(4) |
|---|---|---|---|---|
| *num* | -0.008<br>(-0.59) | 0.018***<br>(5.70) | | |
| *nsocial* | | | -0.003<br>(-1.03) | 0.004***<br>(4.58) |
| 控制变量 | yes | yes | yes | yes |
| 地区 | yes | yes | yes | yes |
| $N$ | 591 | 6352 | 591 | 6352 |
| 组间差异 $P$ 值 | 0.059* | | 0.020** | |

## 7.7　本章小结与建议

本章利用中国健康与养老追踪调查（CHARLS）数据库2018年全国追踪调查数据，研究了社会互动与中老年人金融受骗的关系。将行为金融学的研究思路与老年人金融受骗问题结合起来，从非理性角度探究了个体的社会属性对于中老年人金融受骗可能性的影响。研究发现：社会互动强度越高的中老年人金融受骗的可能性越高，且经过一系列稳健性检验证实结论稳健。机制分析发现，社会互动可以通过提高中老年人幸福感降低其受骗可能性，而通过传递健康负面消息引发健康焦虑、通过同伴信息交流降低了其对于新型骗局的警惕性、通过传递社交同伴投资行为信息引发从众效应，助推了金融骗局在同一社交群体中的扩散进而提高中老年人受骗可能性。进一步分析发现，职业声望较高的子女更容易说服中老年人摆脱金融骗局；负责家庭采购活动、具有尽职性人格特质的中老年人往往不容易受骗；有过人生失意经历的个体在弱关系社交中有更高的受骗概率。

中老年人被骗，不仅关系其健康与生命，给所在家庭及亲属带来困扰，还极大损害了社会公信力。因此，帮助中老年人防骗反诈是重要的社会议题，是打好防范化解金融风险攻坚战的重要切入点。本书带来的相关启示如下：

一是为老年人正常社会互动活动创造机会和空间，鼓励老年人“发挥余热”参与正常社会活动，提高老年人幸福感。这既是老年人参与社会互动的积极体现，也是降低社会互动带来负面影响的有效方式。通过机制分析发现，幸福感具有遮掩效应；负责家庭采购等尽职性特征会增强老年人的防骗意识。社会参与作为老年人实现自身价值的行为方式，是满足其情感需求和提高幸福感的重要途径。应增加老年人公共文化供给，为其参与正常社会活动提供条件。鼓励老年人通过参加志愿活动等方式发挥余热，丰富老年人生活，增强老年人荣誉感和尽职性，从而抑制社会互动带来的负面效应。

二是构建家庭情感纽带，给予老年人亲情关怀，从根源上杜绝诈骗分子钻空子的机会。本书通过机制研究发现，社会互动主要通过健康焦虑、新事物晕轮效应、从众效应发挥作用。需要注意的是，它们发挥作用的根源是老年人缺乏情感宣泄的渠道。家庭作为其最重要的生活依托，子女晚辈不仅要提供物质支持，还应关注父母的情感需要，多陪伴老龄父母，使老年人的生活充实愉快。当前，重视小家庭子代教育投入，而不关心大家庭亲代情感需求，已成为社会普遍问题。全社会应大力弘扬尊老、敬老、养老的传统美德，倡导子女与老年人建立持续性、定期化的情感联系。

三是发挥社区组织的作用，借助组织威信帮助老人识别骗局，彰显社会人文关怀。研究发现，子女职业声望低难以说服老年人。借助社会组织的权威进行宣传效果会更好，为此要多举办健康讲座、反诈宣传活动。同时发现，有过人生失意经历的个体在弱关系社交中有更高的受骗概率。因此，社区组织应尽可能关注失业、罹患重大疾病等弱势老年群体的情感需求，体现文明社会该有的温度。

# 8 社会关系对老年人福利的影响[①]

第7章研究了老年主体社会互动关系的第二个层面——社会关系对老年人家庭资产配置的影响，本章将基于老年群体消费行为视角，探讨社会关系对老年人福利的影响。

“国内大循环”新格局下，扩大内需是战略基点。老年群体以其庞大的人口规模及其累积的财富量具备形成超大规模市场的基础，研究如何撬动老年人消费升级为新格局增添动力具有重要现实意义。随着以广场舞为代表的老年社会互动形式的兴起，社会互动对其消费升级的影响亟待挖掘。本章考察了跳广场舞等社会互动行为与老年人消费升级的关系，首次以社会互动传递信息内容的差异作为区分社会互动效应机制的标准，剖析了社会互动影响消费者行为的内在机理，并探讨了子女孝心、隔代抚育等不同情境的调节作用。研究发现：社会互动对老年人消费升级有显著正向影响，在控制内生性情况下结论依然成立。机制检验表明，虽然社交广度会部分通过示范效应拉升老年人攀比炫耀性消费，但社会互动中的认知效应切实提高了老年人的生活品质。进一步研究发现，子女孝心可以增强社会互动对老年人消费升级的促进作用，而隔代抚育会削弱这种促进作用。本章从社会互动视角探讨老年人消费升级背后的驱动力，有助于理解老年人消费特征，为促进银发市场发展构建内循环格局提供思路，以应对人口老龄化。

## 8.1 研究背景与研究意义

在新形势下，党中央适时提出“充分发挥我国超大规模市场优势和内需

① 本章部分内容以《社会互动对老年人消费升级的影响研究——兼论广场舞的经济带动效应》为题，发表于《财经研究》2021年第6期。

潜力，构建国内国际双循环相互促进的新发展格局”。[①] 消费升级作为提振消费扩大内需的重要驱动力，已经成为当前我国经济政策制定重要的关注点与着力点。其中，老年群体以其庞大的人口规模和积累的财富量具备形成超大规模消费市场的基础，其消费升级是扩大内需不容忽视的力量。中国自2001年进入老龄化社会以来，[②] 老年人口占总人口比重不断上升，是世界上唯一老年人口超过2亿人的国家（韩秉志，2019），人口老龄化已经成为中国社会不可逆转的经济社会常态。随着人口老龄化迅速发展，银发市场消费需求不断提升，预计到2050年，我国老年人口消费潜力将增长至106万亿元，占GDP的比重达33%，是全球潜力最大的银发市场（吴玉韶等，2014）。老年人消费升级可有效将国内市场潜力转化为现实优势，为构建国内大循环格局提供着力点。

但是目前对老年人消费升级的认识和研究并不充分，与老年人消费市场的重要地位不匹配。在既有研究中，老年人常被打上消费观念保守、崇尚节俭的标签。在这种传统认知下，往往会得出老龄化会减少消费需求从而影响经济发展的结论。事实上，老年人消费异军突起不断刷新着人们对于老年人消费模式和观念的认知。2018年，老年人在淘宝、天猫平台医学美容支出同比增长了4.4倍；人均购置新衣消费金额达1500元；人均相机消费达4300元。老年人消费不再局限于生活必需品，其消费重心正迁移至旅游、美容、健身、美食等享用型消费。老年人消费已经成为推动经济发展的重要力量，如何进一步激发老年人消费升级，成为老龄化社会“变危为机”的关键。因此，基于事实重新审视老年人的消费行为、剖析老年人消费升级的驱动力显得尤为重要。

揭示老年人消费升级行为动因的既有研究主要集中在个人生理心理特质、社会保障、代际支持、收入财富状况以及互联网提供的便捷条件等层面（石贝贝，2017；臧文斌等，2012；祝仲坤，2020；邓大松、杨晶，2019；杨凡

---

① 2020年5月14日召开的中共中央政治局常务委员会会议首次提出，“充分发挥我国超大规模市场优势和内需潜力，构建国内国际双循环相互促进的新发展格局”；其后，习近平总书记多次强调了双循环新发展格局的战略内涵。2020年10月召开的党的十九届五中全会通过的《中共中央关于制定国民经济和社会发展第十四个五年规划和二〇三五年远景目标的建议》明确提出，要加快构建以国内大循环为主体、国内国际双循环相互促进的新发展格局。

② 按照国际标准，当一个国家或地区60岁以上老年人口占人口总数的10%，或65岁以上老年人口占人口总数的7%，即意味着这个国家或地区的人口处于老龄化社会。根据国家统计局官网数据，2000年末，我国65岁以上人口达8821万人，占总人口比重6.96%；2001年末，我国65岁及以上人口达9062万人，占总人口比重7.1%。

等，2020）。随着研究的深入，老年人心理特质被越来越多地挖掘展示，如孤独感与消费之间的关系（李涛等，2018）。沿着该逻辑链条，缓解老年人孤独的社会互动等社会属性因素必然会影响其消费行为。受认知能力和集体主义理念等影响，老年人的消费行为更容易受他人影响。因此，社会互动已深度嵌入老年人消费情境中，是解析老年人消费升级内在逻辑不可或缺的视角。然而，老年人消费行为的相互影响并未得到充分研究，目前鲜见相关文献。近年来，从社会互动角度分析个体经济决策行为的文献越来越多，如社会互动对股市参与、家庭创业、劳动力流动等方面的影响（郭士祺、梁平汉，2014；胡浩等，2018；潘静、陈广汉，2014；周铭山等，2011），这为本章的分析奠定了坚实基础。

随着生活水平的不断提高，人们精神层面的需求大幅提升，老年人的社会互动方式日益多样化。其中，广场舞因门槛低、参与性强、气氛欢快等特点迅速成为“中国特色”的大众化休闲活动，是时下老年人最关注的社会互动方式（卢衍衡、钱俊希，2019）。除了健身作用外，广场舞的社会文化意义得到了学者关注。广场舞能够缓和与消解市场化给老年人带来的冲击，重塑了中国社会在社区尺度上的人际关系范式（姚华松等，2019）。然而，已有文献忽视了以广场舞为典型代表的老年人社交活动的经济带动效应。那么，诸如广场舞、串门、打麻将等老年群体社会互动行为是否具有经济价值，是否会影响老年人的消费升级呢？为探究这一问题，本章基于中国健康与养老追踪调查（CHARLS）微观数据，以老年人多种类型的社交活动参与情况构建指标，剖析社会互动行为对中老年群体消费升级的影响。考虑广场舞的典型性和独特性，本章特别列示了跳广场舞对老年人消费升级的影响，揭示了以跳广场舞为代表的社会互动行为的经济价值，评估了社会互动影响老年人消费升级的机制。研究表明，社会互动显著促进了老年人的消费升级。为克服潜在内生性所造成的估计偏误，本章使用滞后变量和工具变量的方法展开稳健性检验，检验结果证实了社会互动对老年人消费升级具有促进作用。机制检验表明，社会互动的广度与深度都可以通过提高老年人对消费品的认知这一中介因素促进消费升级。社会互动广度还可以通过传递同伴消费行为这一中介因素促进老年人消费升级。以上结论印证了社会互动的产品认知效应和行为示范效应对促进老年人消费升级的积极意义。

本章在以下几个方面有所创新：一是从社会互动角度切入，拓展了老年人消费升级的研究视角，有别于现有文献从老年人生理心理特质、经济状况视角进行的研究。本章尝试挖掘老年人消费升级背后的社会属性，将视角置于老年群体消费决策全景中，为老年人消费升级行为提供了新的逻辑和动机，丰富和延伸了老年人消费研究。二是首次以社会互动传递信息内容的差异作为区分社会互动效应机制的标准，剖析社会互动影响消费者行为的内在机理，并进行了实证检验。相较于已有研究框架，该识别方式一定程度上解决了社会互动效应内在机制难以识别区分的问题，揭示了老年人社会互动过程中消费品信息、同伴的消费行为信息与老年人消费升级之间的深层次关系。三是回应了广场舞经济价值等热点关切，为孝心经济与隔代抚育对老年人的影响等研究提供了微观证据。消费升级拉动经济增长并不是一个全新话题，但老年群体一直处于消费升级研究的边缘位置，其市场地位和潜力未得到足够重视。同时，广场舞等老年人社会互动活动的经济价值未得到充分讨论。本章将两者有机联系在一起，研究结论既可为释放银发市场潜力扩大内需构建国内大循环服务，也可为提升老年人福祉提供参考。

## 8.2 理论分析与研究假设

### 8.2.1 社会互动对消费升级的影响

1. 消费升级的界定与影响因素

目前，对于消费升级的界定和度量存有争议，依据马斯洛需求层次理论将个体消费内容进行划分，以高层次需求消费所占比重来衡量消费升级是最常用的手段。除此之外，有学者通过构建一系列恩格尔系数指标或者使用高档消费品的支出总量来界定和度量消费升级（杨凡等，2020）。本章从需求层次角度将老年人的消费分为生存型消费与享用型消费两类。① 其中，生存型消费主要为生活必需品消费，属于低层次消费；而享用型消费主要为追求更高品质生活的相关消费，属于高层次消费，符合狭义上的消费升级。为进一步刻画老年人的消费升级，本章把消费升级分解为两个方面：一方面是消费规模的扩大，即老年人各类型消费支出提高，体现了消费品质的提升和消费数量的扩大；另一方面是消费结构的优化，以享用型消费支出占总消费支出的

① 生存型消费包括邮电、通信、水费、电费、燃料费（家用燃料，非汽车）的支出，当地的交通费、日用品、烟酒、衣着消费、取暖、医疗支出，各种交通工具（如自行车、电动自行车等，不包括汽车）、通信工具（如电话、手机等）的购买、维修及配件费用。享用型消费包括雇佣保姆、小时工等的支出，文化娱乐支出（包括购买书报杂志、光盘、影剧票，歌舞厅和网吧消费等），家具和耐用消费品及电器的支出（包括电冰箱、洗衣机、电视、计算机和高档乐器如钢琴等），美容支出（包括化妆品、美容护理、按摩等），家庭的旅游支出。

比重来衡量，比重越大意味着消费结构得以优化，体现了不同类型消费结构上的调整。

在消费领域，收入是影响家庭与个人消费结构的关键因素，有关我国居民消费的大量研究证实了收入对消费升级的影响。随着研究的深入，对影响消费升级因素的探索突破了以传统收入为主的研究范式。现有研究发现，影响消费升级的主要因素可以分为宏观、微观两个层面。宏观层面上，消费市场供需错配、社会保障制度、收入分配、政策不确定性等会对居民的消费升级产生重要影响（张喜艳、刘莹，2020）。微观层面上，年龄、健康状况、退休、性别、户口、心理健康、教育背景、家庭特征、资产特征等是影响个体消费升级的重要因素（杨赞等，2013；李涛等，2018；石贝贝，2017；臧文斌等，2012）。此外，部分研究发现互联网技能对于消费升级具有一定的影响（祝仲坤，2020）。综上所述，现有研究对于消费升级问题进行了广泛而深刻的探讨，为本章研究奠定了坚实的基础。但是鲜有文献考虑社会互动对于居民消费升级的影响。

2. 社会互动与消费行为

个体的行为会受到社会群体中其他人行为与特征的直接影响，这种影响在群体交互回荡中形成个体之间的相互影响，社会经济学将其称为社会互动效应（Durlauf 和 Ioannides，2010）。大量研究证实了社会互动效应在健康、教育、犯罪和农业生产等领域广泛存在，并显著影响个体的行为决策（李磊等，2016；Guo et al.，2020）。消费行为作为一种复杂的社会行为，同样受到社会互动的影响。现有研究表明，在汽车消费、生态海鲜消费、贫困家庭的有形商品消费等特定消费领域都存在显著的社会互动效应（Kuhn et al.，2011；Roth，2015）。在家庭整体消费规模方面，Angelucci 和 Giorgi（2009）发现对贫困地区的经济援助不仅直接提高了受补贴家庭的总体消费水平，还会拉升未受补贴家庭的消费水平，这很大程度上是由邻近家庭消费水平的变动导致，并非出于真实需求的扩大或收入水平的提高。这些研究从不同角度揭示了个体的消费行为会受到社会群体中他人消费行为与特征的影响。

3. 社会互动与老年人消费升级

由于生理、心理特征和社会文化背景，中国老年人的消费升级更容易受到社会互动效应的影响。从生理特征来看，老年人体能和精力的衰退使其倾向于通过较为便捷的方式获取消费信息。同伴的消费行为信息获取便捷、可信任程度高，往往更容易激励老年人尝试新的消费，增加消费规模，提高享用型消费比重。从心理特征来看，随着年龄增长，老年人对子女和他人的依赖逐渐增强，变得较为敏感脆弱，渴望被认同和尊重。这种心理特征使老年人乐于向同伴分享自己的消费经验，增强自我认同感。在某些社交情境下，为获得同伴的认可和尊重，老年人会进行一些从众或攀比消费。由于其敏感的心理特征，他们可能更容易受到同伴的消费行为影响，扩大消费规模和尝试享用型消费。从社会文化背景来看，中国传统社会“面子”和“集体主义”观念深刻影响着老年人消费理念。中国传统社会是一个存在差序格局的“熟人社会”，“熟人”是社会关系网最重要的组成部分（费孝通，1998）。在熟人圈中的“面子”是个体最重要的声誉指标，对于“面子”的维护甚至社会化为中国人的一种本能反应（罗家德，2012）。老年人比较在意自己在别人眼中的形象，对外界的评价、褒贬、标准等较为敏感且重视。受传统社会文化的影响，老年人在生活中更容易因为“好面子”产生从众行为（翟学伟，2004）。此外，集体主义强调集体利益高于个人利益，更加重视群体约束或群体规范（田子方，2020）。在集体主义文化氛围下，个体往往具有较强的自尊心，热衷于与他人进行比较，并且对自己与他人之间的差距较为敏感（李涛等，2019）。中国老年人在进行消费决策时，往往与群体中其他人进行比较，以群体标准作为自身行为的重要参考。因此，同伴扩大某类消费规模或者进行享用型消费这一消费行为信息在一定程度上会影响个体的各类消费规模和享用型消费的参与情况。

基于以上分析，为检验社会互动效应对老年人消费升级的影响，本章提出以下假设：

H1：社会互动强度越高，老年人生存型消费与享用型消费规模越大。

H2：社会互动强度越高，老年人享用型消费占总消费的比重越大。

### 8.2.2 社会互动影响老年人消费升级的机制

揭示社会互动影响个体行为的机制最经典文献当属 Manski A（2000），其将社会互动的作用机制分为两类：第一类是外生互动效应，该效应强调个体的行为受到参考群体成员外部特征的影响，但个体的行为无法反作用于参考群体成员的外部特征。在后续研究中，以时间先后顺序作为因果判断的主要依据，对于外生互动的讨论主要强调参考群体成员的行为结果对个体行为的单方面影响，这种影响也被称为结果示范效应（何兴强、李涛，2009）。第二类是内生互动效应，该效应强调群体中成员的同期行为之间会相互影响，其主要影响路径包括社会性学习、交流感受、社会规范。[①] 这种区分机制的视角虽然在表意上较为清晰，但是由于存在映射问题（陆铭、张爽，2007），内生机制与外生机制往往难以区分。此外，由于受到交流时间和空间的限制，社交情境下决策主体很容易将三种路径的影响混淆，在实证识别中存在很大困难（董占奎、任传普，2019）。社会互动本质上是通过传递信息来影响个体消费行为（肖欣荣、刘健，2015）。社会互动过程中个体获得的信息大致可分为两类：群体中其他人的消费行为信息与特定消费品的相关信息。据此，本章以传递信息内容差异为区分标准，提出了有别于传统框架的两条可能作用机制：基于消费行为信息的示范效应与基于消费品信息的认知效应，图 8-1 反映了这种差异。

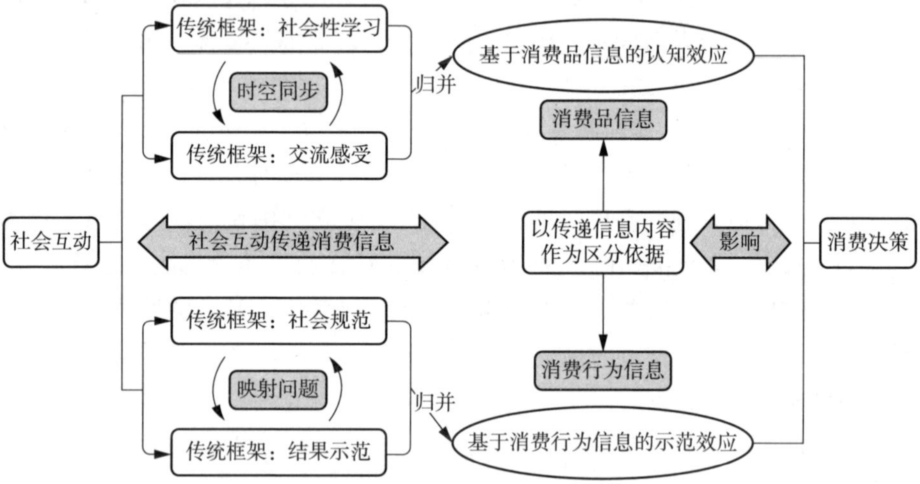


**图 8-1　社会互动对老年人消费升级的作用机制**

1. 基于消费行为信息的示范效应渠道

基于消费行为信息的示范效应指老年人在社会互动过程中主动或被动地获得群体中其他人的消费行为信息，并根据其他人的行为调整自身的消费行为。他人的消费行为信息会对个体的消费行为产生一定的影响。凡勃伦在《有闲阶级论》中指出，人们的消费行为背后蕴含着一定的社会属性，上层阶级希望通过炫耀性消费与下层阶级划清界限，以彰显其社会地位；下层阶级

① 具体来说，社会性学习指个体通过与群体其他成员进行交流或观察他们的行为获取决策信息，从而降低自身决策成本；交流感受指个体通过与他人交流共同的话题获得精神上的愉悦；社会规范指个体行为受群体中其他成员行为所反映的群体公认标准的影响。

会为了减轻剥夺感或者获得身份认同而模仿上层阶级的消费行为。由此可见，为获得身份认同或出于炫耀攀比心理，人们会参考其他人的行为对自身的消费行为进行调整。此外，从众心理作为一种普遍存在的社会现象，也对个体的行为产生影响（代祺等，2007）。从众心理在消费领域主要表现为个体会根据他人的消费信息调整自己的消费行为，保持与周边人相对一致的消费状态（Lascua 和 Zinkhanb，1999）。个体产生从众心理往往需要以获得他人的消费行为信息和感知自身与他人之间的相似程度为基础（Fromkin 和 Snyder，1980），在这个过程中他人的消费行为信息起到了重要作用。

他人消费行为信息对老年人享用型消费的影响更加突出。随着经济发展和老年人生活水平的提高，老年人基本生活条件相对均质化，“吃饱穿暖”的生活状态逐渐成为社会常态，生存型消费领域的各类旧事物难以成为老年人从众攀比的对象，而享用型消费领域的新事物为老年群体的从众攀比提供了物质条件。因此，消费行为信息的传递会促进同一群体中个体老人提高享用型消费，实现消费升级。

2. 基于消费品信息的认知效应渠道

基于消费品信息的认知效应指社会互动在传递消费品信息的过程中，通过提高老年人的消费认知能力，进而影响老年人的消费升级。认知能力是指人脑加工、储蓄和提取信息的能力（Hunter，1986），能对人的行为决策产生重要影响（Dimitris et al.，2010）。行为经济学理论认为人是有限理性的（Kahneman，2003），当决策情境具有不确定性时，决策者往往容易产生认知偏差，从而做出错误决策。个体的认知能力是婚姻、储蓄、资产配置等决策的重要影响因素（孟亦佳，2014；Mansour 和 Mckinnish，2014）。从影响效果看，认知能力衰退会显著限制中老年群体股票投资参与（Christelis et al.，2008）；而认知能力提升会使人在面临风险与不确定性时敢于冒险与尝试（Dohmen et al.，2018）。

消费市场日渐信息化、复杂化，老年人消费面临更多的风险与不确定性。全球化、信息化背景下，消费者需求被进一步细分。生产厂商不遗余力地丰富产品种类以满足消费者需求，使得消费市场呈现出复杂化、多样化的结构性特征。但是复杂多样的消费市场对于老年群体来说可能是一种挑战：一方面，他们难以精准地捕捉到满足自身消费需求的产品信息，在一定条件下消费的扩大可能会导致消费者无从选择（Kuksov 和 Villas-Boas，2011）；另一方面，他们对于手机、计算机等相对陌生的产品信息难以理解。老年人的消费升级一定程度上需要依托于消费认知能力与水平的提高。

由于社交群体存在共性，同伴间的消费品信息交流有利于老年人消费认知能力与水平的提升，进而促进消费升级。一方面，由于群体的消费需求具有共性，社交过程中同伴间的消费品信息交流可以更加高效地帮助老年人筛选满足自身需求的消费品信息；另一方面，对于相对复杂的新消费方式和享用型消费，同一群体面对的信息技术障碍与思想顾虑是类似的，沟通起来更容易直击痛点，可以更有效地帮助老年人克服消费升级的信息障碍，实现消费认知能力与水平的提升。老年人认知能力的提高，使其对消费品信息的甄别处理能力提高，从而能迅速地认识和掌握陌生的消费品属性与性价比等信息，进而更容易接受复杂的消费方式，面对结果不确定的消费行为时更加勇于尝试。因此，老年人的消费认知能力提升一定程度上可促进其消费升级。

综合以上分析，在社会互动影响老年人消费升级的作用机制方面，本章按照社会互动所传递的信息内容是“他人消费行为信息”还是“消费品信息”，提出基于消费行为信息的示范效应与基于消费品信息的认知效应两个可能的机制。其中，基于消费行为信息的示范效应机制着重识别社会互动中因从众和攀比心理等非理性因素产生的消费升级；而基于消费品信息的认知效应机制侧重于讨论社会互动通过提升老人认知能力而引发的消费升级，更关注理性因素对老年人消费行为的影响。两种效应所引起的消费升级对老年人生活的改善存在差异，后者能切实改善老年人的生活质量，前者则可能增加老年人的经济负担，降低其真实效用。出于改善老年人福利、推动老年人合理消费升级的考量，本章提出以下假设：

H3：社会互动通过基于消费行为信息的示范效应和基于消费品信息的认知效应影响老年人消费升级。

## 8.3 数据样本与变量介绍

### 8.3.1 数据来源

本章数据来源于中国健康与养老追踪调查（CHARLS）数据库2015年全国追踪调查数据。该项目覆盖全国28个省150个县区的450个村居，涉及约1.9万名45岁及以上的中老年受访者。鉴于以广场舞为典型代表的社会互动参与主体是中老年人，且中老年人所属消费细分市场差异较小，为确保样本全面性，本章选取CHARLS所有有效样本。具体处理如下：合并“基本信息”

“健康状况和功能”“家庭经济交往”“家户收入”“支出及资产”“个人收入及资产”“工作、退休养老金”“医疗保健与保险”等模块数据得到12026个样本，去除所用指标中有缺漏项的样本，最终样本量为5938个，并使用2013年基本信息数据进行补充。在稳健性检验中，将2013年与2015年数据进行匹配，删除了未能匹配样本。刻画老年人消费升级的思路如图8-2所示。

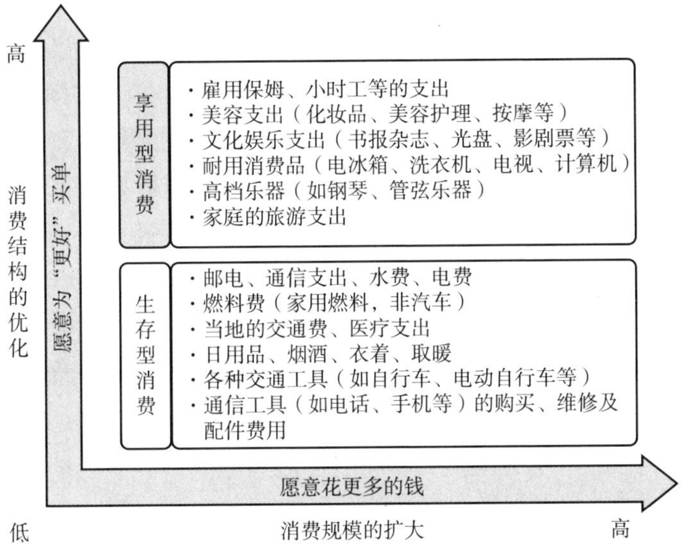


图8-2 刻画老年人消费升级思路

## 8.3.2 变量选取与描述性统计

1. 被解释变量：老年人消费升级的衡量

本章将关注的被解释变量消费升级分解成两个方面：一方面是消费规模的扩大；另一方面是消费结构的优化。消费结构优化用享用型消费占总消费的比重衡量，比重上升意味着消费结构得以优化。假定老年人在不同时间周期内消费基本不变，根据受访者对“收入、支出与资产”模块中“您家过去一个月在以下各项消费中的支出”等相关问题的回答，本章构建了生存型消费与享用型消费两类消费指标来探究社会互动对于老年人消费升级的影响。

2. 核心变量：社会互动的衡量

目前，学术界对于社会互动的衡量尚未形成统一标准，现有研究主要从以下三个方面入手：一是基于主观评价指标衡量社会互动强度，如李涛（2006）在研究社会互动对居民股市参与的影响时，使用了居民对其人际交往程度的主观评价作为社会互动强度的衡量指标。二是基于交往人数刻画社会互动强度，如认识的亲友数量（Hong et al.，2004）、春节拜访人数（李涛，2006）等指标。三是基于社交行为支出衡量社会互动强度，如婚丧嫁娶等各种礼金收支（马光荣、杨恩艳，2011）、请客吃饭开支（何兴强、李涛，2009）、通信支出（郭士祺、梁平汉，2014）等指标。然而，单纯使用上述三种刻画方法存在以下问题：其一，采用主观评价指标虽然可以很好地衡量相关主体的心理距离，但由于对社交程度的理解因人而异，难以形成统一标准，据此得出的结论可能存在偏差。其二，通过交往人数虽然可在一定程度上界定个体拥有的社会关系网大小，但这种方式难以分辨研究对象与交往个体之间的"远近亲疏"。不同研究主体的社会关系网络人员构成存在差异，这种差异使社会网络对人的影响在个体间存在异质性。因此，单纯以这种方法难以准确地衡量相关主体的社会互动强度。其三，从社交行为支出角度衡量社会互动强度，虽然可以在一定程度上衡量相关主体对于社会网络的依赖和重视程度，但此类指标只能作为衡量社会互动强度的参考与辅助，无法单独衡量社会互动强度。因为如果忽略了主体的社会关系网络规模，只考虑其支出金额容易导致衡量社会互动强度的偏误。①

基于已有研究和数据可得性，为避免采用单一指标存在的不足，本章从社会互动维度出发，综合使用社会互动广度与社会互动深度两类指标来对社会互动的强度进行衡量。以这两个指标衡量社会互动有其必要性：一是社会互动广度可直接影响老年人消费信息渠道。交际广泛的老年人所接触的人群更加多样，凭借社交网络能获取的消费信息更加丰富，其消费行为更容易受到社交同伴的影响。二是社会互动广度与深度对消费行为影响存在差异。社会互动深度会促进消费行为，较高的社交频率会增进老年人与同伴之间的亲密度和信任度，而亲密度和信任度的提升会增强老年人分享和表露其生活的意愿，特别是在分享新鲜事物方面（Utz，2015）。此外，老年人在消费决策过程中往往更加信任和重视从熟人处获得的信息，因此社会互动深度使同伴行为容易对老年人产生影响。但是值得注意的是，较强的社会互动深度可能会导致老年人的社交关系固化，这种固化一方面限制了老年人信息渠道的扩

① 例如，A 和 B 同样支出 1000 元为朋友买礼物，若 A 有 1 个朋友，B 有 1000 个朋友，A 与 B 虽然在社交支出上是相同的，但是我们很难仅从社交花费上判断 A 和 B 谁更重视并更容易受朋友影响。

张，另一方面使由从众攀比心理导致的消费升级在交往密切的群体中不太显著。因为在这样的群体中，同伴之间交往密切且知根知底，任何超过自身消费能力的从众或攀比消费都存在被揭穿的风险。综合以上分析，只有兼顾社会互动深度与广度，才能准确地衡量老年人的社会互动强度。本章以老年人每月所参与的社交活动种类数量（*num*）作为衡量老年人社会互动广度的代理变量，将老年人每月参加各种类型社交活动的总次数（*nsocial*）作为衡量老年人社会互动深度的代理变量。此外，本章使用受访者每月给予非同住亲戚的礼金支出和困难救济支出之和，构成社会互动代理变量人情礼金支出（*humangift*），作为稳健性检验中社会互动的替代指标。

3. 控制变量选取

为避免潜在的内生性问题，本章控制了人口特征、资产特征、家庭特征等影响老年人消费的变量。考虑老年人积极乐观的性格可能是社会互动和消费决策行为的促进因素（郭士祺、梁平汉，2014），控制了老年人的抑郁程度变量。此外，为控制地域特征，本书加入省份、社区类型两个虚拟变量。社区类型在 CHARLS 数据库中被定义为“主城区、城乡结合区、镇中心区、镇乡结合区、特殊区域、乡中心区、村庄”等七种类型。表 8-1 给出了基于2015 年 CHARLS 全国基线调查数据构建的主要变量的定义、说明与描述性统计。需要说明的是，尽管老年人家庭享用型消费与人均享用型消费的均值很小，分别只有 140. 628 元与 60. 250 元，但是从标准差可以看出老年人在享用型消费方面具有高度异质性，这种高度异质性一定程度上能抵消享用型消费均值较小对后续回归分析的影响。

**表 8-1 变量定义、说明与描述性统计**

| 变量名称 | | 符号 | 变量说明 | 均值 | 标准差 |
|---|---|---|---|---|---|
| 被解释变量 | 生存型消费（元） | *exp_ jb* | 每月家庭生存型消费金额 | 2286. 177 | 2860. 439 |
| | 人均生存型消费（元） | *exp_ jb_ rj* | 每月家庭人均生存型消费金额 | 1011. 431 | 1283. 235 |
| | 生存型消费占比（%） | *exp_ jb_ zb* | 每月家庭生存型消费与生活总支出之比乘 100 | 89. 508 | 18. 389 |
| | 享用型消费（元） | *exp_ xs* | 每月家庭享用型消费金额 | 140. 628 | 462. 639 |
| | 人均享用型消费（元） | *exp_ xs_ rj* | 每月家庭人均享用型消费金额 | 60. 250 | 202. 699 |
| | 享用型消费占比（%） | *exp_ xs_ zb* | 每月家庭享用型消费与生活总支出之比乘 100 | 3. 765 | 8. 911 |

续表

| 变量名称 | | 符号 | 变量说明 | 均值 | 标准差 |
|---|---|---|---|---|---|
| 社会互动 | 社会互动广度（种） | *num* | 每月参加社交活动种类数量（包含广场舞等） | 0.900 | 1.057 |
| | 社会互动深度（次） | *nsocial* | 每月参加各种社交活动的次数加总 | 11.015 | 16.258 |
| | 是否跳广场舞 | *num_ dance* | 上月是否参与跳舞、健身、练气功等 | 0.086 | 0.281 |
| | 每月跳广场舞次数 | *nsocial_ dance* | 每月参与跳舞、健身、练气功等频率 | 2.114 | 7.077 |
| | 人情礼金支出（百元） | *humangift* | 每月给不住在一起的亲戚的礼金支出和困难救济支出之和 | 1.293 | 3.080 |
| 人口特征 | 年龄（岁） | *age* | 调查年减出生年 | 60.975 | 10.499 |
| | 退休 | *dretire* | 办理了退休手续赋值1，反之则为0 | 0.092 | 0.290 |
| | 户口 | *hukou* | 非农户口赋值1，反之则为0 | 0.185 | 0.388 |
| | 性别 | *gender* | 男性赋值为1，反之则为0 | 0.502 | 0.500 |
| | 婚姻 | *marital* | 单身赋值为0，反之则为1 | 0.776 | 0.417 |
| | 党员 | *communist* | 党员赋值1，反之则为0 | 0.108 | 0.310 |
| | 受教育年限（年） | *length* | “毕业以后又读了几年书”的回答数据与相关学历背景所对应的学习年限相加所得 | 4.746 | 4.903 |
| | 健康 | *health* | 六个等级，分别赋值1~6 | 3.992 | 0.961 |
| | 健康状态变化 | *healthchange* | 三个等级，分别赋值1~3 | 2.362 | 0.649 |
| | 抑郁程度 | *depress* | 依据受访者对认知与抑郁部分10个问题的回答，从抑郁程度最高的选项到最低的选项依次赋值3、2、1、0并相加 | 9.090 | 5.313 |
| 资产特征 | 负债总额（百元） | *debt* | 未还贷款、信用卡欠款和其他负债月均量 | 8.444 | 31.916 |
| | 财富总额（百元） | *wealth* | 现金、存款、股票、债券、基金等月均量 | 12.585 | 38.448 |
| | 工资收入（百元） | *wage* | 受访者包含奖金在内的月均工资收入 | 4.559 | 13.019 |
| 家庭特征 | 家庭常住人口数（个） | *fmember* | 上周不包括客人家中有几口人吃饭 | 2.471 | 1.152 |
| | 隔代抚育个数（个） | *ochild* | 根据“帮哪几个子女带孩子”的回答加总所得 | 0.476 | 0.681 |
| | 隔代抚育时长（日） | *caregt* | 受访者与爱人照看孙子女月均天数 | 6.558 | 14.168 |
| | 对子女依赖程度（百元） | *relychild* | 子女对父母的净代际转移月均量 | -0.136 | 14.253 |
| | 子女代际支持（千元） | *fromchild* | 子女对老人的经济支出月均量 | 1.406 | 75.726 |

# 8.4 社会互动影响老年人消费升级的实证分析

## 8.4.1 社会互动对消费升级的影响

本章的核心是社会互动对老年人消费升级的影响，以老年人生存型消费和享用型消费的相关指标为被解释变量。基准回归模型具体设定如下：

$$Consume_i = \beta_0 + \beta_1 Interaction_i + \beta_2' Control_i + \varepsilon_i \quad (8-1)$$

其中，$Consume_i$ 是老年人的消费指标，包括生存型消费和享用型消费指标等 6 个变量。$Interaction_i$ 表示社会互动，包括社会互动广度（*num*）、社会互动深度（*nsocial*）、人情礼金支出（*humangift*）等 3 个变量。$Control_i$ 为控制变量，包括个人特征、家庭特征、资产特征、地域特征等变量。$\beta_1$、$\beta_2'$为待估系数，$\beta_1$ 为本章关注的重点系数，表示社会互动对老年人消费的影响，其显著为正说明社会互动对于老年人消费规模或比重提升起促进作用，显著为负则说明有明显的抑制效应；$\beta_2'$为向量形式。$\varepsilon_i$ 为随机扰动项。

作为被解释变量的消费变量尤其是享用型消费变量存在大量为 0 的样本，数据的截断特征非常明显，在这种情形下采用 OLS 估计存在偏差。借鉴李涛等（2018），我们采用 Tobit 模型进行估计。同时在稳健性检验部分使用 OLS、CLAD、Two-part model 方法进行检验。为剔除异常值影响，本章对所有连续性变量在前后 0.5%水平上进行了缩尾处理。

本节从社会互动广度和深度角度对老年人消费的相关指标进行了回归分析。社会互动对老年人各项消费指标的回归分析结果见表 8-2。回归结果显示，社会互动广度和深度均在 1%显著性水平上显著提高了老年人生存型消费与享用型消费规模，假设 H1 得证。表 8-2 第（6）列结果显示，社会互动广度和深度均在 1%显著性水平上显著提高了享用型消费在总消费支出中的比重，显著降低了生存型消费占比。说明社会互动对老年人消费结构的优化具有显著促进作用，假设 H2 得证。综合基准回归结果可以看出，社会互动显著促进了老年人消费升级。

控制变量方面回归结果表明，其他条件不变的情况下，受教育水平越高的老年人生存型消费与享用型消费规模越大，享用型消费占比越高。城市老年人相较于农村老年人享用型消费规模更大，享用型消费占比更高。老年男性的生存型消费规模相较于女性更大，享用型消费有所减少。年龄增长会缩小老年人的生存型消费与享用型消费规模，降低享用型消费占比。抑郁程度越高的老年人，生存型消费规模越大，享用型消费占比越低。

**表 8–2　社会互动对老年人消费升级基准回归结果**

| 被解释变量 | | 生存型消费 | | | 享用型消费 | | |
|---|---|---|---|---|---|---|---|
| | | (1) | (2) | (3) | (4) | (5) | (6) |
| | | *exp_ jb* | *exp_ jb_ rj* | *exp_ jb_ zb* | *exp_ xs* | *exp_ xs_ rj* | *exp_ xs_ zb* |
| 社会互动广度 | *num* | 147.665*** | 65.550*** | −0.994*** | 33.135*** | 14.405*** | 0.712*** |
| | | (4.70) | (4.58) | (−4.07) | (8.21) | (8.22) | (8.37) |
| | *length* | 18.918*** | 8.142** | −0.196*** | 6.860*** | 3.006*** | 0.147*** |
| | | (2.64) | (2.57) | (−3.24) | (6.42) | (6.35) | (6.16) |
| | *hukou* | 37.567 | 50.167 | −0.374 | 36.496*** | 16.146*** | 0.813*** |
| | | (0.37) | (0.37) | (−0.44) | (2.74) | (2.76) | (2.76) |
| | *age* | −17.013*** | −8.860*** | 0.158*** | −1.780*** | −0.806*** | −0.034*** |
| | | (−5.00) | (−5.45) | (5.67) | (−3.49) | (−3.56) | (−2.86) |
| | *gender* | 135.291** | 67.261** | 1.374*** | −16.429* | −6.501* | −0.444** |
| | | (2.21) | (2.42) | (2.73) | (−1.84) | (−1.67) | (−2.14) |
| | *depress* | 9.510* | 5.904** | 0.084* | −0.981 | −0.412 | −0.043** |
| | | (1.79) | (2.38) | (1.95) | (−1.15) | (−1.10) | (−2.20) |
| | 观测值 | 5938 | 5938 | 5839 | 5938 | 5938 | 5839 |
| 社会互动深度 | *nsocial* | 6.948*** | 3.175*** | −0.055*** | 1.509*** | 0.677*** | 0.029*** |
| | | (3.62) | (3.69) | (−3.58) | (5.82) | (5.95) | (5.41) |
| | *length* | 21.513*** | 9.267*** | −0.210*** | 7.525*** | 3.288*** | 0.162*** |
| | | (3.01) | (2.92) | (−3.49) | (7.02) | (6.93) | (6.81) |
| | *hukou* | 32.773 | 47.950 | −0.336 | 35.635*** | 15.737*** | 0.804*** |
| | | (0.32) | (1.07) | (−0.40) | (2.67) | (2.69) | (2.71) |
| | *age* | −18.492*** | −9.514*** | 0.168*** | −2.160*** | −0.970*** | −0.042*** |
| | | (−5.46) | (−5.91) | (6.06) | (−4.21) | (−4.27) | (−3.53) |
| | *gender* | 146.780** | 72.527*** | 1.279** | −13.607 | −5.246 | −0.389* |
| | | (2.38) | (2.59) | (2.53) | (−1.51) | (−1.34) | (−1.86) |
| | *depress* | 10.749** | 6.450*** | 0.076* | −0.670 | −0.279 | −0.036* |
| | | (2.02) | (2.61) | (1.77) | (−0.79) | (−0.75) | (−1.86) |
| | 观测值 | 5938 | 5938 | 5839 | 5938 | 5938 | 5839 |

注：表中汇报了各解释变量的边际效应，括号内为 $t$ 值。***、**、* 分别表示在 1%、5%和 10%水平上显著，本章下同。回归中同时使用稳健聚类标准误以消除异方差的影响。限于篇幅，资产收入特征变量（包含财富总额、负债总额及工资收入）和家庭特征变量（包含家庭常住人口、隔代抚育个数、隔代抚育时长及对子女依赖程度和子女代际支持）、人口特征部分变量（退休、婚姻、党员、健康、健康状态变化）、地区虚拟变量（省份、社区类型）及常数项的回归结果未予列示，结果留存备索。

### 8.4.2 老年人社会互动典型形式——广场舞对消费升级的作用

在社会互动的具体表征方面，本章基准分析部分将社会互动种类分为以娱乐休闲为目的的社会互动（广场舞、打麻将、志愿活动、串门跟朋友交往、上学或参加培训）、以提供无偿服务为目的的社会互动（照顾不住在一起的病人、帮助朋友、加入社团组织）等类型，从社会互动广度和深度两个维度进行了分析。考虑广场舞的典型性和独特性，本部分单独列示了广场舞对老年人消费升级的作用。广场舞作为时下老年群体最流行的社交娱乐活动，是许多老年人日常生活的重要组成部分。样本统计显示，在参与社交活动老年人中，15.86%的人选择跳广场舞。尽管比打麻将、串门等传统社交活动占比低，但由于活动人数多、外部性强、对陌生人接纳程度高，成为城镇化加速背景下陌生人打破隔阂的主要社交形式，受到了越来越多的关注。广场舞深受老年群体喜爱的原因主要有：一方面，跳广场舞可以增强体质，帮助老年人提高生命质量；另一方面，随着年龄的增长，老年人不得不面对退休、身体机能退化、亲朋好友离世、经济丧失独立性等问题，孤独感逐渐在老年群体中蔓延并成为常态。广场舞为老年人提供了缓解孤独的社交平台和机会。随着广场舞的风靡，参与广场舞活动的老年人消费行为呈现新特点，除购买专业的广场舞装备之外，还催生了舞伴聚餐、组团旅游等享用型消费。作为最具代表性的老年群体社会互动行为，广场舞对老年人消费升级有没有促进作用呢？为了探究广场舞活动对老年人消费升级的影响，本章进行了相应检验，回归结果见表8-3。

从表8-3第（1）、第（2）列两列可以看出，老年人参加广场舞活动对老年人生存型消费规模的扩大具有显著的促进作用；表8-3第（3）列回归结果显示，参与广场舞活动在1%显著性水平上显著降低了老年人家庭生存型消费占总消费的比重；表8-3第（4）、第（5）列两列显示，老年人参加广场舞活动在1%水平上显著扩大了老年人享用型消费规模；表8-3第（6）列显示，老年人参与广场舞活动在1%水平上提高了老年人享用型消费在总消费中的占比。综合回归结果可知，参与广场舞活动可以有效扩大老年人的消费规模，优化其消费结构。换言之，老年人参与广场舞活动能有效地促进老年人消费升级。

表 8-3　参与广场舞对老年人消费升级的影响

| 变量 | (1)<br>exp_ jb | (2)<br>exp_ jb_ rj | (3)<br>exp_ jb_ zb | (4)<br>exp_ xs | (5)<br>exp_ xs_ rj | (6)<br>exp_ xs_ zb |
|---|---|---|---|---|---|---|
| 是否跳广场舞 | 212.775**<br>(1.97) | 120.949**<br>(2.36) | -2.812***<br>(-2.89) | 62.175***<br>(4.50) | 27.867***<br>(4.59) | 1.174***<br>(4.16) |
| 控制变量 | 是 | 是 | 是 | 是 | 是 | 是 |
| 观测值 | 5938 | 5938 | 5839 | 5938 | 5938 | 5839 |
| 每天都跳广场舞 | 6.901*<br>(1.66) | 4.323**<br>(2.14) | -0.119***<br>(-3.06) | 2.451***<br>(4.67) | 1.110***<br>(4.80) | 0.048***<br>(4.37) |
| 控制变量 | 是 | 是 | 是 | 是 | 是 | 是 |
| 观测值 | 5938 | 5938 | 5839 | 5938 | 5938 | 5839 |

## 8.4.3　稳健性分析

1. 内生性问题

上述社会互动对老年人消费升级影响的检验可能存在潜在内生性问题。内生性问题主要来源于四个方面：双向因果、遗漏变量、测量误差、样本选择。对于测量误差，本部分在分析中采用替换变量的方式进行检验。对于遗漏变量问题，在基准回归中引入了涉及老年人资产、家庭特征、人口特征（包含性格特质）和地域特征等控制变量，本部分还进一步控制了上一期各种类型的消费变量，在一定程度上避免了遗漏变量导致内生性问题的可能。本章在回归过程中并没有剔除老年人消费为 0 的样本，一定程度上避免了样本选择问题。因此，潜在的内生性问题主要来自双向因果。社会互动通过传递消费信息影响老年人的消费行为，而消费行为可能对老年人的社会互动产生一定的影响。为消除这种潜在的双向因果导致的内生性问题，本章使用滞后变量和工具变量的方法来进行检验。

（1）滞后变量

借鉴李涛和张文韬（2015）、胡浩等（2018）及李树与于文超（2020）的做法，采用 2013 年 CHARLS 全国追踪调查数据构建社会互动变量代替以 2015 年数据构建的社会互动变量，其他基于 2015 年 CHARLS 全国追踪调查数据构建的被解释变量与控制变量保持不变进行回归，以此消除可能存在的反向因果问题。这种处理方式能够消除反向因果问题的逻辑如下：由于先因后果是逻辑上的要求（温忠麟，2017），2013 年的社会互动程度能够影响 2015

年的各种类型消费，但是2015年的各种类型消费不能影响2013年的社会互动程度，结果如表8-4所示。*numvt* 与 *nsocialvt* 为基于2013年CHARLS数据库数据构建的社会互动广度与深度指标。回归结果显示，社会互动广度滞后变量 *numvt* 至少在5%水平上显著扩大了老年人生存型消费与享用型消费规模；在1%水平上显著降低了生存型消费占总消费的比重，并提高了享用型消费的比重，促进了老年人消费结构优化。社会互动深度滞后变量 *nsocialvt* 对老年人生存型消费与享用型消费规模的扩大产生正向影响，并在5%水平上显著降低了生存型消费在总消费中的比重，同时提升了享用型消费比重。综合考虑社会互动广度与深度两个维度，使用社会互动的滞后变量对消费升级的回归结果基本符合本章理论预期，说明基准回归的结果在考虑反向因果问题后仍然稳健。

**表8-4　社会互动滞后变量对老年人消费升级的影响**

| 变量 | (1)<br>*exp_ jb* | (2)<br>*exp_ jb_ rj* | (3)<br>*exp_ jb_ zb* | (4)<br>*exp_ xs* | (5)<br>*exp_ xs_ rj* | (6)<br>*exp_ xs_ zb* |
|---|---|---|---|---|---|---|
| *numvt* | 70.954**<br>(2.31) | 30.570**<br>(2.13) | −0.734***<br>(−2.87) | 18.855***<br>(4.54) | 8.184***<br>(4.59) | 0.410***<br>(4.37) |
| 控制变量 | 是 | 是 | 是 | 是 | 是 | 是 |
| 观测值 | 5367 | 5367 | 5274 | 5367 | 5367 | 5274 |
| *nsocialvt* | 4.572**<br>(2.35) | 1.637*<br>(1.86) | −0.034**<br>(−2.26) | 0.678***<br>(2.61) | 0.294***<br>(2.64) | 0.012**<br>(2.01) |
| 控制变量 | 是 | 是 | 是 | 是 | 是 | 是 |
| 观测值 | 5367 | 5367 | 5274 | 5367 | 5367 | 5274 |

（2）工具变量

采用社区层面的指标作为个体层面指标的工具变量是现有文献常用的处理方法（陈云松，2012），在处理社会互动相关问题时也有文献使用（李丁等，2019）。借鉴以上处理方式，本章使用扣除本家庭之外的社区平均社会互动作为工具变量。因为居住在同一社区的居民在家庭收入、受教育水平、生活习惯等方面具有一定的相似性，所以扣除本家庭之外的社区平均社会互动水平和家庭的社会互动水平存在相关性；但是社区除本家庭之外的社会互动与本家庭消费行为却不相关，因此满足工具变量的相关性和外生性假设。本章采用IV Tobit两步法进行估计，外生性检验Wald均拒绝了社会互动变量不存在内生性的原假设，证实了社会互动变量存在内生性问题；第一阶段回归

中工具变量的 $T$ 检验均在1%水平上显著，整个方程的 $F$ 统计量较大，说明用扣除本家庭之外的社区平均社会互动作工具变量是恰当的，不存在弱工具变量问题，回归结果如表8-5所示。从回归系数符号和方向看，在考虑内生性问题的情况下，社会互动从广度和深度两大维度都显著促进了老年人消费规模的扩大和消费结构的优化，说明社会互动能显著促进老年人消费升级，和前文结论一致，结果稳健。

**表8-5　社会互动工具变量对老年人消费升级的影响**

| 变量 | (1) *exp_ jb* | (2) *exp_ jb_ rj* | (3) *exp_ jb_ zb* | (4) *exp_ xs* | (5) *exp_ xs_ rj* | (6) *exp_ xs_ zb* |
|---|---|---|---|---|---|---|
| *num* | 845. 792*** (3. 40) | 392. 430*** (3. 48) | -6. 762*** (-4. 14) | 380. 352*** (4. 10) | 169. 722*** (4. 14) | 7. 055*** (3. 64) |
| 控制变量 | 是 | 是 | 是 | 是 | 是 | 是 |
| 一阶段 $F$ 值 | 16. 85 | 16. 85 | 16. 26 | 16. 85 | 16. 85 | 16. 26 |
| 工具变量 $T$ 值 | 11. 45 | 11. 45 | 11. 36 | 11. 45 | 11. 45 | 11. 36 |
| 两步法 Wald chi2（$p$ 值） | 654. 66 (0. 0000) | 538. 63 (0. 0000) | 533. 20 (0. 0000) | 704. 33 (0. 0000) | 648. 92 (0. 0000) | 422. 75 (0. 0000) |
| 外生性检验 Wald chi2（$p$ 值） | 7. 57 (0. 0059) | 8. 13 (0. 0043) | 14. 21 (0. 0002) | 9. 28 (0. 0023) | 9. 66 (0. 0019) | 6. 85 (0. 0089) |
| 观测值 | 5937 | 5937 | 5839 | 5937 | 5937 | 5839 |
| *nsocial* | 41. 599** (2. 25) | 22. 693*** (2. 68) | -0. 491*** (-3. 96) | 21. 443*** (3. 08) | 9. 706*** (3. 16) | 0. 357** (2. 49) |
| 控制变量 | 是 | 是 | 是 | 是 | 是 | 是 |
| 一阶段 $F$ 值 | 8. 75 | 8. 75 | 8. 72 | 8. 75 | 8. 75 | 8. 72 |
| 工具变量 $T$ 值 | 9. 60 | 9. 60 | 9. 62 | 9. 60 | 9. 60 | 9. 62 |
| 两步法 Wald chi2（$p$ 值） | 660. 28 (0. 0000) | 535. 41 (0. 0000) | 510. 28 (0. 0000) | 701. 58 (0. 0000) | 645. 98 (0. 0000) | 422. 57 (0. 0000) |
| 外生性检验 Wald chi2（$p$ 值） | 3. 29 (0. 0695) | 5. 21 (0. 0225) | 14. 56 (0. 0001) | 6. 04 (0. 0139) | 6. 39 (0. 0115) | 3. 75 (0. 0529) |
| 观测值 | 5937 | 5937 | 5839 | 5937 | 5937 | 5839 |

注：采用IVTobit两步法估计，表中报告的是回归系数。

（3）控制滞后一期因变量

为进一步解决可能的遗漏变量问题，考虑消费具有棘轮效应，过去的消费习惯很大程度上会影响现在的消费。借鉴李树与于文超（2020）的做法，加入上一期（2013年）各种类型的消费数据作为控制变量，来缓解遗漏变量问题。除社会互动深度促进生存型消费的绝对规模不显著之外，其余社会互动变量的显著性符合本章预期，能够在一定程度上证明结论是稳健的，见表8-6。

**表 8-6　控制滞后一期消费变量回归结果**

| 变量 | (1)<br>*exp_ jb* | (2)<br>*exp_ jb_ rj* | (3)<br>*exp_ jb_ zb* | (4)<br>*exp_ xs* | (5)<br>*exp_ xs_ rj* | (6)<br>*exp_ xs_ zb* |
|---|---|---|---|---|---|---|
| *num* | 113.216***<br>(2.98) | 58.831***<br>(3.21) | -0.502*<br>(-1.77) | 28.490***<br>(5.73) | 12.313***<br>(5.80) | 0.645***<br>(5.86) |
| 控制变量 | 是 | 是 | 是 | 是 | 是 | 是 |
| 控制滞后因变量 | 是 | 是 | 是 | 是 | 是 | 是 |
| 观测值 | 3839 | 3839 | 3652 | 3839 | 3839 | 3652 |
| *nsocial* | 3.039<br>(1.40) | 1.767*<br>(1.74) | -0.038**<br>(-2.06) | 1.077***<br>(3.62) | 0.489***<br>(3.82) | 0.023***<br>(3.52) |
| 控制变量 | 是 | 是 | 是 | 是 | 是 | 是 |
| 控制滞后因变量 | 是 | 是 | 是 | 是 | 是 | 是 |
| 观测值 | 3839 | 3839 | 3652 | 3839 | 3839 | 3652 |

2. 改变回归模型的设定方式

采用 MLE 进行估计，Tobit 模型的稳健性对分布的依赖性较强，若不服从正态分布或存在异方差，则估计结果很可能不一致。为此，尝试改变回归模型的设定方式：①直接使用稳健标准差的 OLS 估计；②对各种类型的消费变量进行对数化处理后采用稳健标准差 OLS 方法估计，为避免产生大量缺失值而采用文献中常见的先加 1 再取对数的处理办法；③采用更加稳健的“归并最小绝对离差法”（CLAD）进行估计。此法虽然可解决非正态性和异方差的问题，但其估计思想还是似然估计的范畴，在被解释变量为享用型消费时出现不收敛、无法得到解的情况。因此，被解释变量为生存型消费时采用 CLAD 回归，为享用型消费时采用两部模型（Two-part model）。因篇幅所限，只列示第二种方式的回归结果，如表 8-7 所示。结果表明，第一种和第二种方式的稳健性检验均与基准回归模型核心解释变量系数在符号和显著性方面没有较大差异，符合理论预期。第三种方式，生存型消费和享用型消费正显著，而生存型消费占比负显著，享用型消费占比不显著。这意味着未纳入两者范畴的非生存型其他消费正增长幅度较大，从侧面反映了消费结构的升级，总体上证明了本章基本结论较为稳健。

表 8-7　替换估计方法和被解释变量衡量方式回归结果

| 变量 | (1)<br>lnexp_ jb | (2)<br>lnexp_ jb_ rj | (3)<br>lnexp_ jb_ zb | (4)<br>lnexp_ xs | (5)<br>lnexp_ xs_ rj | (6)<br>lnexp_ xs_ zb |
|---|---|---|---|---|---|---|
| *num* | 0.099*** (6.51) | 0.099*** (6.78) | -0.010** (-2.16) | 0.340*** (10.36) | 0.292*** (10.36) | 0.123*** (8.34) |
| 控制变量 | 是 | 是 | 是 | 是 | 是 | 是 |
| 观测值 | 5938 | 5938 | 5839 | 5938 | 5938 | 5839 |
| *nsocial* | 0.005*** (5.29) | 0.005*** (5.52) | -0.001** (-2.16) | 0.015*** (7.27) | 0.013*** (7.28) | 0.005*** (5.35) |
| 控制变量 | 是 | 是 | 是 | 是 | 是 | 是 |
| 观测值 | 5938 | 5938 | 5839 | 5938 | 5938 | 5839 |

3. 替换核心解释变量

在回归方程中使用不同定义口径的解释变量进行回归，若回归结果与基准回归结果差距不大，则可认为回归结果稳健。本章采用人情礼金支出（*humangift*）替换社会互动指标的方式进行了稳健性检验，回归结果如表 8-8 所示。结果显示社会互动对老年人消费规模和消费结构的优化在 1%水平上具有显著的促进作用，即显著促进了老年人的消费升级。说明无论采取哪种方式衡量老年人的社会互动，核心解释变量系数在符号和显著性方面都没有较大差异。由此可见，本章的结果具有稳健性。

表 8-8　人情礼金支出对老年人消费升级回归结果

| 变量 | (1)<br>exp_ jb | (2)<br>exp_ jb_ rj | (3)<br>exp_ jb_ zb | (4)<br>exp_ xs | (5)<br>exp_ xs_ rj | (6)<br>exp_ xs_ zb |
|---|---|---|---|---|---|---|
| *humangift* | 118.436*** (7.61) | 48.064*** (7.07) | -0.285*** (-2.92) | 11.248*** (6.14) | 4.677*** (5.98) | 0.134*** (4.87) |
| 控制变量 | 是 | 是 | 是 | 是 | 是 | 是 |
| 观测值 | 5938 | 5938 | 5839 | 5938 | 5938 | 5839 |

## 8.5　影响机制分析

以上部分验证了社会互动显著促进老年人消费升级，但是社会互动影响老年人消费升级的作用机制与传导过程是怎样的？这是本节要回答的问题。前文将老年人的消费升级定义为消费规模的扩大和消费结构的升级，考虑享用型消费规模的扩大和比重的上升更能代表老年人消费行为的质变过程，且符合狭义的消费升级概念，因此以下机制检验中我们以享用型消费的规模和比重变动来衡量老年人的消费升级。

结合前文提出的两种可能影响途径：基于消费行为信息的示范效应和基于消费品信息的认知效应，本章分别从社会互动广度和社会互动深度来进行机制验证。在检验方法上借鉴温忠麟等（2004）提出的中介效应检验方法，在基准回归的基础上，构建如下检验方程：

$$Consume_i = \beta_0 + \beta_1 Interaction_i + \beta_2' Control_i + \varepsilon_i \tag{8-2}$$

$$M_i = \alpha_0 + \alpha_1 Interaction_i + \alpha_2' Control_i + \varepsilon_i \tag{8-3}$$

$$Consume_i = \varphi_0 + \varphi_1 Interaction_i + \varphi_2 M_i + \varphi_3' Control_i + \varepsilon_i \tag{8-4}$$

其中，$M$ 为中介变量，表示认知效应和示范效应。社会互动对老年人消费升级的总效应为 $\beta_1$，直接效应为 $\varphi_1$，变量 $M$ 的间接效应为 $\varphi_2$。在基准回归中 $\beta_1$ 显著为正，社会互动对老年人消费规模的扩大和享用型消费比重的提高都具有显著的正向影响，即对老年人的消费升级具有显著的正向影响。如果上述检验方程回归结果显示 $\varphi_1$ 与 $\varphi_2$ 都显著为正且 $\varphi_1$ 有所减少，或者 $\varphi_1$ 显著为正 $\varphi_2$ 显著为负且 $\varphi_1$ 有所增长，都说明 $M$ 是部分中介变量；若 $\varphi_1$ 不显著 $\varphi_2$ 显著，则 $M$ 为完全中介变量。以下从中介机制检验的后两步对两条机制加以检验。

### 8.5.1 基于消费行为信息的示范效应

基于消费行为信息的示范效应指老年人在社会互动过程中主动或被动地获得群体中其他人的消费行为信息，并根据其他人的行为调整自身的消费行为。当社会互动将群体中同伴老年人消费升级行为和结果的信息传递给其他老年人时，在基于消费行为的示范效应作用下，收到信息的老年人会做出消费“跟进”行为。

为检验这一作用机制，本章以老年人所在社区的平均享用型消费指标（社区家庭平均享用型消费支出 *cmexp_xs*、社区人均享用型消费支出 *cmexp_xs_rj* 和社区家庭享用型消费支出占总消费比重 *cmexp_xs_zb*）作为示范效应的代理变量。由于老年人社会互动范围和人群的界定方面受数据限制，本章将老年人的社会互动范围人为设定为社区。虽然不够精准，但考虑社区是老年人活动的主要场所之一，而社区平均享用型消费可以在一定程度上刻画老年人所能接触到的同伴享用型消费行为信息。因此，这样的设定不失为可取的次优选择。以下我们从社会互动广度和深度两个维度分别检验基于消费行为的示范效应，检验结果如表 8-9 所示。

从社会互动广度维度来看，表 8-9 的第（1）、第（2）、第（3）列显示检验方程中 $\alpha_1$ 显著为正，第（4）、第（5）、第（6）列显示检验方程中 $\varphi_1$ 与 $\varphi_2$ 都显著为正，且 $\varphi_1$ 相对表 8-2 基准结果边际效应系数有所减少，即所选取的变量为部分中介变量，且符合理论预期。说明从社会互动广度来看，社会互动可以通过传递同伴消费行为信息的示范效应影响老年人消费升级。从社会互动深度维度来看，表 8-9 的第（4）、第（5）、第（6）列显示中介效应检验方程中 $\varphi_2$ 都显著为正，但表 8-9 的第（1）、第（2）、第（3）列显示，检验方程中 $\alpha_1$ 并不显著。因此，从社会互动深度角度看中介机制不成立，有悖于本章的理论预期。这可能是由于交往密切的老年人对于彼此的实际情况更加了解，知根知底，炫耀攀比有被他人揭穿的风险，使得老年人的攀比从众动机大大减弱。社会互动深度和广度的机制检验结果差异一定程度上反映了基于消费行为的示范机制发挥作用的方式。从逻辑上来说，"交浅莫言深"符合中国人的行为逻辑。单从互动广度来看，由于交往深度不够，彼此不够了解，老年人的从众攀比心理会相对强烈，更容易导致消费行为的趋同。此外，本章还进行了 Sobel-Goodman 检验，结论与前文一致。

**表 8-9　示范效应机制检验**

| 被解释变量 | | 中介变量：社区平均享用型消费 | | | 享用型消费 | | |
|---|---|---|---|---|---|---|---|
| | | (1) | (2) | (3) | (4) | (5) | (6) |
| | | *cmexp_ xs* | *cmexp_ xs_ rj* | *cmexp_ xs_ zb* | *exp_ xs* | *exp_ xs_ rj* | *exp_ xs_ zb* |
| 社会互动广度 | *num* | 4.811**<br>(2.35) | 2.215**<br>(2.57) | 0.087***<br>(3.13) | 31.087***<br>(7.93) | 13.427***<br>(7.89) | 0.647***<br>(7.88) |
| | *cmexp_ xs* | | | | 0.220***<br>(6.95) | | |
| | *cmexp_ xs_ rj* | | | | | 0.237***<br>(7.92) | |
| | *cmexp_ xs_ zb* | | | | | | 0.601***<br>(12.31) |
| | 控制变量 | 是 | 是 | 是 | 是 | 是 | 是 |
| | 观测值 | 5938 | 5938 | 5937 | 5938 | 5938 | 5839 |

续表

| 被解释变量 | | 中介变量：社区平均享用型消费 | | | 享用型消费 | | |
|---|---|---|---|---|---|---|---|
| | | (1) | (2) | (3) | (4) | (5) | (6) |
| | | cmexp_ xs | cmexp_ xs_ rj | cmexp_ xs_ zb | exp_ xs | exp_ xs_ rj | exp_ xs_ zb |
| 社会互动深度 | nsocial | 0.126<br>(0.95) | 0.061<br>(1.07) | 0.001<br>(0.85) | 1.450***<br>(5.76) | 0.649***<br>(5.88) | 0.027***<br>(5.32) |
| | cmexp_ xs | | | | 0.224***<br>(7.05) | | |
| | cmexp_ xs_ rj | | | | | 0.241***<br>(7.23) | |
| | cmexp_ xs_ zb | | | | | | 0.612***<br>(12.54) |
| | 控制变量 | 是 | 是 | 是 | 是 | 是 | 是 |
| | 观测值 | 5938 | 5938 | 5937 | 5938 | 5938 | 5839 |

## 8.5.2　基于消费品信息的认知效应

基于消费品信息的认知效应表明社会互动在传递消费品信息的过程中，通过提高老年人的消费认知能力，进而影响老年人的消费行为。当老年人出现更高层次的消费需求时，他们可以凭借较高的消费认知能力，迅速并准确地从各种消费品中筛选出符合自身需要的产品，并且愿意在陌生领域进行消费尝试。为检验这一作用机制，本章以老年人上网方式种类（*typeinternet*）作为认知能力的代理变量，老年人上网方式种类增加说明其认知水平有所提高。使用互联网对于老年群体来说具有一定的认知门槛，需要收集大量的信息且付出较多的时间和精力才能实现。如果通过社会互动能显著促进老年人掌握多种上网方式，一定程度上可以验证社会互动在消费品信息传递过程中对提升老年人认知能力具有较好的效果。此外，互联网对于老年群体来说是一个崭新的领域，从这个角度考虑，以老年人上网方式种类作为认知水平的代理变量可以验证社会互动是否可以促进老年人对新事物的了解和尝试。对新事物的了解和尝试落实在消费领域就是消费升级。以下我们基于产品的认知效应从社会互动广度和社会互动深度两个维度分别检验，检验结果如表 8-10 所示。

表 8-10　认知效应机制检验

| 被解释变量 | | 中介变量：上网方式种类 | 享用型消费 | | |
|---|---|---|---|---|---|
| | | (1) | (2) | (3) | (4) |
| | | *typeinternet* | *exp_ xs* | *exp_ xs_ rj* | *exp_ xs_ zb* |
| 社会互动广度 | *num* | 0.025***<br>(7.16) | 29.417***<br>(7.33) | 12.955***<br>(7.38) | 0.640***<br>(7.48) |
| | *typeinternet* | | 54.004***<br>(5.72) | 21.182***<br>(5.32) | 1.103***<br>(6.38) |
| | 控制变量 | 是 | 是 | 是 | 是 |
| | 观测值 | 5938 | 5938 | 5938 | 5839 |
| 社会互动深度 | *nsocial* | 0.001***<br>(5.23) | 1.373***<br>(5.31) | 0.624***<br>(5.47) | 0.026***<br>(4.91) |
| | *typeinternet* | | 60.334***<br>(6.35) | 23.916***<br>(5.99) | 1.248***<br>(7.23) |
| | 控制变量 | 是 | 是 | 是 | 是 |
| | 观测值 | 5938 | 5938 | 5938 | 5839 |

表 8-10 的第（1）列显示，检验方程中 $\alpha_1$ 显著为正，说明社会互动对于老年人掌握多种互联网技术具有显著的促进作用。表 8-10 第（2）、第（3）、第（4）列显示，$\varphi_1$ 与 $\varphi_2$ 均在 1%显著性水平上显著为正，且 $\varphi_1$ 相对基准回归中社会互动边际效应系数减少，说明无论从社会互动深度还是社会互动广度维度选取的中介变量作为部分中介变量都成立，且符合理论预期。社会互动为老年人获得产品信息提供了渠道，由于具有“熟人背书”的潜在优势，社会互动传递的信息往往具有更强的说服力。此外，本章进行了 Sobel-Goodman 检验，结论与前文一致。

综合以上两个方面，除社会互动深度的示范效应机制之外，假设 H3 得以证实。社会互动的广度和深度发挥作用的机制存在差异，前者基于消费行为信息的示范效应与消费品信息的认知效应发挥作用；后者只能通过认知效应影响老年人消费升级，并未发现示范效应机制发挥作用。这说明虽然社交广度会部分通过示范效应拉升老年人的攀比炫耀性消费，但社会互动中的认知效应切实提高了老年人生活品质。

## 8.6 拓展性研究

### 8.6.1 社会互动、代际支持与老年人消费升级

当前，独生子女家庭数量巨大，中国家庭普遍呈现“4-2-1”结构，传统家庭养老模式面临情感与经济上的两难困境。在工业化、城市化及地区经济发展不平衡的背景下，子女承受较大的经济压力，一方面需背井离乡寻求更好的就业机会，另一方面要接受难以陪伴父母的无奈。在难以“事亲”的情况下，怎样更好地尽孝并提高父母的生活品质，日渐成为人们关注的问题。面对时间和空间距离的限制，很多人只能通过经济支持弥补对父母情感上的亏欠，希望提高父母的生活品质，“孝心经济”成为一种新的消费趋势。中国的父母大多比较简朴，现实中许多老年人并不愿意让子女过于破费。消费升级不仅意味着消费规模的扩大，还代表着老年人消费结构的优化，消费升级可以使老年人的消费在质和量上均得到提高。子女物质和经济上支持力度的加大能否促进老年人消费升级进而提高其生活品质呢？为回答这个问题，本章对子女的代际支持能否强化社会互动对老年人消费升级的促进作用进行了检验。

本章从社会互动广度和深度两个维度分别将社会互动与子女的代际支持（*fromchild*）进行交乘，结果如表 8-11 所示。从社会互动广度角度来看，回归结果显示，社会互动与代际支持交乘项系数在 1%显著性水平上显著为正。从社会互动深度角度来看，回归结果显示模型加入社会互动与代际支持交乘项后，社会互动与代际支持交乘项的回归系数在 1%显著性水平上显著为正。两个维度的检验结果表明，代际转移显著强化了社会互动对老年人消费升级的促进作用。其原因可能是，子女对老年人的代际转移缓解了老年人的消费预算约束，提高了老年人享用型消费的能力。

### 8.6.2 社会互动、隔代抚育与老年人消费升级

随着经济转型和家庭结构的变迁，中青年群体的压力逐渐增大，家庭经济负担日渐加重，中青年群体无暇顾及抚育儿女成为当今社会的普遍问题。对于许多中青年人来说，聘请保姆经济负担大，出于传统家庭观念和血缘亲情考虑，把孩子托付给父母是相对安心且经济的选择（何圆、王伊攀，2015）。基于以上原因，隔代抚育逐渐成为普遍现象。近年来，学者们开始关

注隔代抚育对老年人心理健康与生活质量的影响，但是对于隔代抚育的影响还存有争议。一部分研究者认为隔代抚育对老年人的身心健康产生了消极影响（肖雅勤，2017）；另一部分研究者则认为隔代抚育提高了老年人的幸福感，有利于老年人的身心健康（吴培材，2018）。由于针对隔代抚育对老年人消费行为的影响的研究较少，隔代抚育行为会不会影响老年人消费升级是个有待探讨的问题。

**表 8-11　子女代际支持、隔代抚育对社会互动促进老年人消费升级的影响**

| | | 被解释变量 | (1)<br>exp_ xs | (2)<br>exp_ xs_ rj | (3)<br>exp_ xs_ zb |
|---|---|---|---|---|---|
| 子女代际支持 | 社会互动广度 | num | 25.892***<br>(6.16) | 11.197***<br>(6.15) | 0.581***<br>(6.52) |
| | | fromchild | -0.072***<br>(-3.19) | -0.033***<br>(-3.28) | -0.002***<br>(-3.63) |
| | | num×fromchild | 12.690***<br>(4.26) | 5.618***<br>(3.94) | 0.230***<br>(4.68) |
| | 社会互动深度 | nsocial | 1.034***<br>(3.71) | 0.451***<br>(3.77) | 0.020***<br>(3.46) |
| | | fromchild | -0.073***<br>(-3.12) | -0.033***<br>(-3.24) | -0.002***<br>(-3.61) |
| | | nsocial×fromchild | 0.770***<br>(3.80) | 0.366***<br>(4.11) | 0.015***<br>(4.76) |
| 隔代抚育 | 社会互动广度 | num | 35.632***<br>(7.98) | 15.511***<br>(8.01) | 0.792***<br>(8.42) |
| | | caregt | -0.163<br>(-0.40) | -0.047<br>(-0.27) | 0.002<br>(0.17) |
| | | num×caregt | -0.390<br>(-1.44) | -0.174<br>(-1.58) | -0.012**<br>(-2.12) |
| | 社会互动深度 | nsocial | 1.643***<br>(5.73) | 0.732***<br>(5.85) | 0.034***<br>(5.80) |
| | | caregt | -0.356<br>(-0.90) | -0.140<br>(-0.84) | -0.002<br>(-0.16) |
| | | nsocial×caregt | -0.021<br>(-1.23) | -0.009<br>(-1.19) | -0.001**<br>(-2.34) |
| 控制变量 | | | 是 | 是 | 是 |
| 观测值 | | | 5938 | 5938 | 5839 |

为探究这一问题，本章将社会互动与隔代抚育（*caregt*）进行交乘，结果如表 8-11 所示，不论是从社会互动广度还是社会互动深度角度看，社会互动与隔代抚育的交乘项对享用型消费占比的回归系数在 5%水平上显著为负，说明隔代抚育显著削弱了社会互动对提高老年人享用型消费占比的促进作用。虽然社会互动与隔代抚育的交乘项对享用型消费规模的回归系数符号为负，但是并不显著，并未发现隔代抚育影响社会互动促进老年人享用型消费规模的证据。以上两个维度的检验结果表明，老年人的代际抚育行为很大程度上削弱了社会互动对老年人消费结构升级的促进作用。其原因可能是，隔代抚育增加了老年人的负担，照看孙辈所花费的时间和精力对其参与社会互动具有挤出效应，从而削弱了社会互动对老年人消费升级的促进作用。

## 8.7 本章小结与建议

通常认为老年群体消费需求低、节俭保守、缺乏消费活力。但随着以广场舞为代表的老年社交活动的多样化，老年消费市场的活力被重新审视。本章着重研究了社会互动对老年人消费升级的影响，主要有以下发现：首先，以跳广场舞为代表的社会互动促进了老年人生存型消费和享用型消费规模的扩大，显著提高了享用型消费的比重，促进了消费结构的升级，在控制内生性情况下结论依然成立。其次，从社会互动影响老年人消费升级的机制来看，社会互动的广度和深度发挥作用的机制存在差异，社会互动广度基于消费行为信息的示范效应与消费品信息的认知效应发挥作用；社会互动深度只能通过认知效应影响老年人消费升级，并未发现示范效应机制发挥作用。这意味着虽然社会互动广度会部分通过示范效应拉升老年人的攀比炫耀性消费，但社会互动中的认知效应切实提高了老年人生活品质。最后，发现子女的孝心支持可以增强社会互动对老年人消费升级的促进作用，而老年人的隔代抚育行为会削弱这种促进作用。

本章探讨了老年人消费升级背后的驱动力，有助于理解老年人的消费特征，为促进银发市场的发展提供了一个新的政策视角，即从社会互动角度去认识老年人消费行为。传统研究侧重社会保障、收入水平等经济因素对老年人消费的影响。这些因素的重要性不可否认，但提升老年人收入和社会保障水平受到众多客观因素限制，更重要的是在老年人收入提高、社会保障水平上升到较为理想状态之后，如何促进老年人转变消费观念实现消费升级依然是需要探讨的问题。社会互动在转变老年人消费观念方面具有重要意义，基于认知效应与示范效应的影响，社会互动会促进老年人了解消费品信息并且进行消费体验，从而成为转变观念的先导。根据本章研究结果，可得到以下政策启示：

一是增加专属老年人的公共基础设施和娱乐休闲场所，为老年人进行有益的社会互动提供条件，通过社会互动促进老年人消费观念和行为的转变。研究发现，老年人的消费行为背后蕴含社会属性。在社会互动中，老年人部分消费行为在一定程度上是为了获得在群体中的归属感，这种归属感一方面能增加老年人的幸福感，另一方面为老年人了解消费品信息和进行消费体验提供了驱动力，从而促进了老年人消费升级。当前，我国公共文化基础设施覆盖范围虽广，但是属于老年人的专属活动场所较少，这与我国人口老龄化日趋严峻的形势不相匹配。近年来，老年人占用篮球场和社区街道跳广场舞等事件经常成为公众舆论所讨论的话题，背后隐藏着老年人口增长和老年人专属活动空间不足之间的矛盾。

二是重视老年消费市场的时空集聚效应。研究发现，老年人的消费受到认知效应与示范效应的影响。老年人在做消费决策时会在社会互动过程中和同伴交流消费品的相关信息，进而提高自身对产品的认知；并且在社会互动过程中观察学习同伴群体的消费行为，进行相应的消费。老年人消费决策不仅有理性的判断，还同时受非理性因素的影响，如从众心理和攀比效应等。他们在购买产品时会征求同伴的意见，也会在消费后劝导同伴消费或者进行炫耀，这导致老年人的消费行为在时间和空间上存在集聚效应。从企业的角度看，企业要遵循老年消费市场的规律，在产品研发和销售环节紧贴老年人社会互动圈际、紧跟老年人消费潮流，生产适销对路的产品，满足老年人消费需求，激发其消费活力，增进老年人福祉。从政府的角度来看，应该加强对老年人消费领域的监管。老年人消费市场存在的时空集聚效应虽对于物美质优产品的销售起到促进作用，但对于假冒伪劣产品的扩张也产生推波助澜的作用。因此，政府应加强监管，保障老年人的合法权益不受侵害，如此才能使社会互动对老年人消费升级发挥持续的促进作用。

三是重视当下普遍存在的中青年人孝亲抚幼压力日增的社会问题。研究发现，子女的孝心支持会增强社会互动对老年人消费升级的促进作用，而隔代抚养会对老年人生活造成一定负担，从而削弱这种促进作用。因此，政府应制定相关政策，减轻中青年人赡养老人的经济负担，鼓励子女为父母提供经济和物质上的孝心支持。同时为中青年群体抚育子女创造条件和可能，减轻老年人隔代抚育的压力。如此才能激发银发市场活力，改善老年人福祉，缓解“空巢老人”与“留守儿童”等社会问题，提高民众的幸福感。

# 9 数字化社会网络对老年人福利的影响[①]

研究表明，社会互动对老年人消费升级有显著的促进作用。在数字技术快速发展的背景下，人们的社会网络形态发生了相应的变化，其中最明显的变化为社会网络逐渐数字化，人们的交流逐渐从线下转为线上。现阶段，互联网已然成为大部分老年人生活中不可或缺的一部分，越来越多的老年人参与到数字化的社会网络中。数字经济具有极大的辐射潜力，加速了社会生活各领域的数字化进程，拓展了老年人的社会网络空间。数字经济发展程度能够较为全面地刻画老年人面临的数字化社会网络的特征，因此本书采用数字经济发展程度衡量老年人面临的数字化社会网络。数字经济的发展不断激发社会公众的消费活力，在客观上促进了老年人与其他成员间的社会互动，进而为老年人消费升级增添了新的动力。本章基于互联网数字经济不断发展的背景，从老年群体消费行为视角出发，探讨了数字经济对老年人消费福利的影响，特别关注了数字经济对于老年人社会互动的强化效应，从而为社会互动促进老年人福利的改善提供实证支持。

本章以老年人消费升级度量了老年人福利的改善程度，检验了数字经济发展对老年人生活改善的影响。研究发现，数字经济发展显著促进了老年人生存型消费和享用型消费规模扩大和消费结构升级，且采用倾向得分匹配以及工具变量法得到的结果依然稳健。老年人享受到的数字红利主要基于提高支付便利性、降低搜寻成本以及增加社会互动等机制实现。与此同时，存在数字红利享受不平等问题，居住在城镇、人力及物质资本高、智能化素养高的老年人享受了更多的数字红利，具有“强者愈强”特点。因此，政府在支持数字经济发展的同时应将更多的关注

① 本章部分内容已发表，参见 Crossing the digital divide：The impact of the digital economy on elderly individuals' consumption upgrade in China［J］. Technology in Society，2022.

和资源向享受较少数字红利的老年人倾斜，实现数字红利的普惠。本章结论可为数字经济全面均衡发展提供新视角，同时有助于释放数字红利激发银发市场发展，助力构建新发展格局。

## 9.1 研究背景与研究意义

习近平总书记在中共中央政治局第三十四次集体学习时指出，数字经济在抗击疫情和恢复生产生活方面发挥了重大作用，并强调要充分把握数字经济发展趋势和规律，推动我国数字经济健康发展。“十四五”规划和2035年远景目标纲要也提出加快建设数字经济，数字经济已成为我国构建新发展格局的关键力量。与此同时，随着我国人口老龄化程度的不断加深，老年人口的庞大规模及其财富积累量是扩大内需构建国内大循环格局不可忽视的重要因素，推动老年人消费已成为新的经济增长点。研究数字经济对老年人消费的影响成为数字经济发展过程中不可忽视的问题。

近年来，以互联网为重要载体的数字经济发展迅速，蕴含巨大发展潜力。《中国数字经济发展白皮书》显示，2020年我国数字经济规模约为39.2万亿元，居世界第二位；同比增长9.6%，增速排名全球第一，占GDP比重为38.6%。特别是疫情期间数字经济表现得尤为活跃，深刻地影响了社会公众的生活方式（何宗樾、宋旭光，2020）。但老年人却在数字化时代逐渐被边缘化，以致沦落为“数字难民”（陆杰华、韦晓丹，2021）。老年人在使用智能手机和互联网上依然存在“数字融入”困难（杜鹏、韩文婷，2021），如不会使用各种智能机器，限制了老年人消费潜力的释放。为缓解互联网适老化问题，国家和各地方都出台了相应政策，如工业和信息化部在2021年2月发布了《工业和信息化部关于切实解决老年人运用智能技术困难便利老年人使用智能化产品和服务的通知》，帮助老年人跨越“数字鸿沟”。实际上，促进老年人享受数字红利不仅是改善老年人社会福利的必然要求，也是积极应对老龄化“变危为机”的现实选择。老年人消费升级在微观上改善老年人福利的同时在宏观上扩大了内需，促进了经济高质量发展。客观识别把握数字经济与老年人消费升级的关系，对于改善老年人福利和落实新发展格局重大战略具有重要意义。

现有研究将关注点放在数字经济对整体居民消费行为的影响上，忽视了老年群体在数字经济条件下的消费行为。即便考虑了老年群体，也主要从数字经济对于老年人就业、身心健康的影响切入（吕明阳等，2020）。由于早期数字经济衡量困难，多数研究并不深入（向国成等，2021）。鲜有学者从老年人的角度出发实证探究老年人能否享受数字红利、是否存在享受数字红利不平等这些焦点问题。

基于上述境况，本章旨在检验数字经济发展与老年人消费升级之间的关系，尝试回答以下问题：数字经济发展是否能促进老年人消费升级？数字经济发展对老年人消费升级的影响在不同地区、不同社会资本和物质条件群体间是否存在异质性？数字经济发展影响老年人消费升级的渠道有哪些？研究上述问题不仅能全面了解老年人面临的“数字鸿沟”问题，进而有针对性地采取相应措施来保障弱势老年群体的数字权利，还能挖掘银发经济活力，助力构建新发展格局。因此，本章使用中国“互联网+”指数和中国健康与养老追踪调查数据探讨了数字经济发展能否让老年人享受数字红利这一问题，并用工具变量和倾向得分匹配法检验了结论的稳健性。同时对数字经济影响老年人消费升级的机制以及不同老年群体在享受数字红利时存在的“强者愈强”效应进行了深入分析。

本章的主要贡献在于：直面数字经济迅速发展过程中产生的“数字鸿沟”，老年群体在数字经济发展过程中经常被忽视等问题。现有文献主要关注互联网使用对老年人身心健康的影响等方面，虽有少量文献探索了互联网使用对老年人消费的影响（彭小辉、李颖，2020），但缺乏对消费规模和结构的细分，不能精确衡量老年人的生活改善。本章首次将腾讯研究院发布的中国“互联网+”总指数与中国健康与养老追踪调查（CHARLS）数据相结合，以老年人消费升级直观地度量了老年人生活的改善，实证检验了数字经济对老年人生活改善的影响效应及实现机制。二是对城乡、人力资本、物质条件和智能化素养不同的老年群体进行异质性分析，实证检验了“强者愈强”效应的存在，提出政府应将更多资源向数字弱势老年群体倾斜，为数字经济全面均衡发展提供了新视角。三是使用 PSM（倾向得分匹配法）验证了“信息惠民国家试点城市”政策的实施有助于促进老年人消费升级，检验了结论的稳健性。研究结论为政府更好地推动数字化、信息化城市的构建，促进老年人消费需求向更高层次转化提供了实证依据。

## 9.2 理论分析与研究假设

### 9.2.1 数字经济发展对消费升级的影响

自“十三五”以来，我国消费市场规模逐渐扩大，消费结构呈现线上化以及服务占比增加等特征。伴随着“双循环”新发展格局的构建，“十四五”期间，消费升级已成为我国经济稳步增长的一个重要驱动力。关于消费升级，学术界有多种定义。大多数学者以消费结构作为衡量消费升级的指标，部分学者认为消费结构变得高级化即为消费升级（孙早、许薛璐，2018）。但这样的定义过于简单，伴随消费升级研究的加深，有学者认为当文化、休闲等高质量服务型消费在所有消费支出中的比重上升即为消费升级（方娴、金刚，2020），还有学者将恩格尔系数以及在高档消费品方面的支出作为衡量消费升级的指标（杨凡等，2020）。本章在研究老年人消费升级时从需求层级角度将消费分为生存型消费和享用型消费，生存型消费为满足基础日常生活需求的消费支出，享用型消费为实现自我满足、自我愉悦的支出。除此以外，从消费规模的扩大和消费结构的优化两个方面来研究消费升级。

近年来，大数据、人工智能以及云计算等技术的发展推动了数字经济的进步，而消费作为经济增长的根本动力，也受到了数字经济的影响。马香品（2020）研究了在数字经济时代，我国居民消费变革的趋势、特征以及内在机制。龚雅娴（2021）从线上销售、消费者隐私保护和价格歧视等方面回顾了数字经济与消费者行为的研究文献，发现数字经济对线上和线下的销售模式、消费者隐私保护、消费者的行为和福利有一定的影响。较多学者将关注点放在数字经济对居民消费行为的影响上，但由于早期数字经济衡量困难，关于数字经济的实证研究并不多，尤其是没有学者从老年人的角度探讨在各种政策实施和适老化软件推出的情况下，老年人能否跨越“数字鸿沟”、享受到数字红利的问题。

数字经济的蓬勃发展引领着居民消费向更加多元化的方向迈进，越来越多的老年消费者从传统的线下消费向新式线上消费转变。首先，数字经济可以打破地区限制，帮助出行不易的老年消费者减少了购物的时间，同时让消费者的支付痛感降低，进而刺激了居民的消费需求（马德功等，2017；Zeng 和 Reinartz，2003）。其次，数字经济可以降低商品价格和提高消费者的满意度。网络交易提高了商品价格的透明度，容易形成相对统一且较低的价格，拉动消费（刘向东等，2019）。企业可以掌握多数消费者的消费偏好，甚至能够依托电商平台等让消费者根据自身喜好直接参与产品设计（李晓华，2021），进而针对性地改造商品，提供更完善的服务，满足消费者的需求。最后，伴随着数字经济的发展衍生出各种新型消费模式，作为最有潜力的消费者，老年人经由身边人的示范、攀比等产生更高层次消费需求，进而促进老年人消费升级。基于以上讨论，本章提出以下假设：

假设 1.1：数字经济发展对老年人生存型消费和享用型消费规模有促进作用。

假设 1.2：数字经济发展对提高老年人享用型消费占总消费的比重有促进作用。

## 9.2.2 数字经济发展影响老年人消费升级的渠道

为进一步探究数字经济发展影响老年人消费升级的机制，本章结合数字经济的特点，提出了需要验证的假设（见图 9-1），以便更好地解释数字经济发展如何影响老年人消费升级。

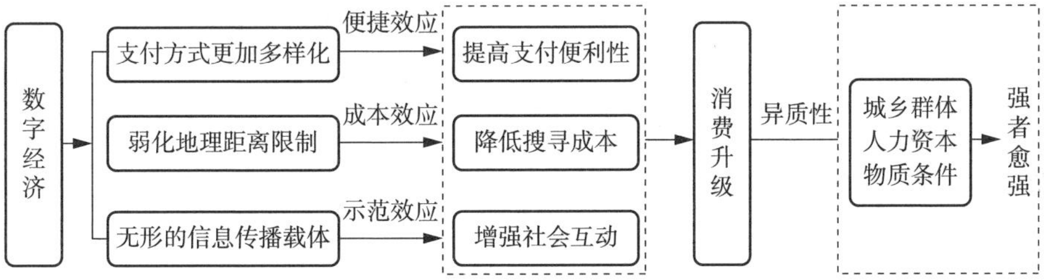


**图 9-1 数字经济影响老年人消费升级的机制**

1. 便捷效应

伴随着数字经济的发展，越来越多的人使用微信或支付宝进行线上或线下支付。数字经济发展带来的支付方式的改变和电子商务平台的出现极大地便利了人们的消费。首先，人们可以通过电子商务平台快速地搜索需要的物品，相对于线下购物节省了大量时间；付款方式的改变同样节约了时间，人们不再需要随身携带现金，大大便捷了人们消费。其次，大数据会基于人们搜索的内容以及对每次网购的评价，通过电子商务平台及时向消费者推送其满意度高的物品，在很大程度上提高了消费者二次购买意向，提升了消费品的回购率。最后，数字经济的发展在一定程度上克服了以往对商业网点的依赖，打破了商品和服务的地区限制，具有很强的地理穿透能力（焦瑾璞，2014），人们不出门也能买到当地甚至更远地方的物品。数字经济极大便利了消费者的同时，还极大丰富了资源和产品，从而推动消费者从满足简单的生活需求向获取自我愉悦的需求升级（马香品，2020）。数字经济的发展刺激了老年人的消费欲望，打破了老年人的传统消费观念，越来越多的老年人愿意进行享受型消费。因此，本章提出以下假设：

假设 2.1：数字经济提高了支付便利性，进而促进了老年人消费升级。

2. 成本效应

价格是影响消费的主要因素，决定了消费者的购买力，进而影响消费结构。数字经济的快速发展能够提高供给侧的生产效率，同时提高了消费品的流通效率，进而降低了生产成本，且能够根据消费者的需求提供更加个性化的服务，联通供给侧和需求侧，降低消费成本。根据搜寻理论可知，人们搜寻信息要花费相应成本。对于消费者而言，消费时会因为与商家的距离不同产生不同的搜寻成本，特别是在线下市场；由于空间等因素产生较高的搜寻成本，进而使商品价格较高，对部分消费者产生挤出效应（Bakos，1997）。消费者在线下市场购物时，为了以合适的价格买到商品，通常要去同类型的商店对商品价格进行比对。电子商务作为数字经济的牵引者，可以实现消费者与商家的“零距离”（Choi 和 Suh，2005），进而帮助消费者快速搜索到性价比高的商品，使搜寻成本最小化（方福前、邢炜，2015）；同时，线上商家不需要租赁门店，降低了经营成本，使线上商品价格更低，吸引了更多的消费者。生活水平的提高让很多老年人成为既有经济条件又有时间的消费群体，同时数字化赋予了更多可供选择的消费模式，技术的进步与创新对消费升级产生了推动作用（杜丹清，2017）。借助互联网，积累较多财富的老年人接触到更加丰富的商品，从而刺激了其更深层次的消费需求，即搜寻成本的降低及较低的商品价格促进了老年人消费升级。因此，本章提出以下假设：

假设 2.2：数字经济降低了搜寻成本，进而促进了老年人消费升级。

3. 示范效应

目前，已有研究验证了社会互动对老年人的消费升级有显著的促进作用（何圆等，2021）。互联网作为新的信息传播媒介，能够扩大人们之间的社会互动，在一定程度上改变了传统的社会互动形式（周广肃、梁琪，2018）。《中老年互联网生活研究报告》指出，微信在中老年人的社会互动参与和组织中扮演着极其重要的角色，对于旅游、运动健身和广场舞这些常见的活动而言，微信是最常见的联络方式。首先，社交软件可以促进人们的交流，让人们的关系更加紧密。其次，虽然大部分老年网民的网龄并不长，但是有研究表明，截至2020年底，超过1.2万老年人每天上网时间超过6小时，有1.1亿银发族活跃在互联网上，银发族的网上冲浪时间超过年轻人。[①] 互联网及社交软件的使用提高了老年人的凝聚力与组织力，在一定程度上增加了老年人社会互动的频率。最后，伴随着数字经济的发展，社会互动的新型媒介以及形式逐渐衍生，这些都促进了老年人的社会互动。经济水平相对较高的老年人通过互联网拓宽消费内容，起到示范作用，诱发经济水平较低、对互联网接触不深的老年人去效仿，促进了老年人消费结构的改变。因此，本章提出以下假设：

假设2.3：数字经济能增强老年人的社会互动，进而促进老年人消费升级。

### 9.2.3　哪类老年群体能够享受更多“数字红利”

分析表明，数字经济促进了老年人消费升级，让老年人享受到数字红利。但事实上，不同城市之间、城乡之间的数字经济水平存在一定的差异，老年群体对数字红利的享受并不平等。从消费者的角度来看，数字经济的消费者主要分布在城市，数字经济的蓬勃发展可能让农村老年人与社会隔离，加深了老年群体的“数字鸿沟”，无法接触到互联网的老年群体享受不到数字红利（何宗樾等，2020）。除城乡和互联网可得性即智能化素养外，人力资本和物质条件也是影响老年人数字红利享受不平等的因素。不同学历的老年人对于新事物的接受能力以及互联网意识存在很大不同，而这是老年人享受数字红利的基础条件。如果无法接触并使用互联网，就会从根源上失去享受数字红利的机会。除此之外，数字经济的发展存在一定的结构问题，特别是对拥有较低物质条件的老年人不利的结构问题（何宗樾等，2020）。数字经济发展带来的红利并不能覆盖全体老年群体，不同老年群体享受数字红利存在“强者愈强效应”。因此，本章提出以下假设：

假设3：城镇和人力资本、物质条件、智能化素养高的老年群体更能享受到数字红利，存在一定的“强者愈强”效应。

---

① 参见新快网《日均上网时长超4小时“网瘾老人”还不少》一文。

## 9.3 数据选取与模型构建

### 9.3.1 数据来源

本章使用的数据为腾讯研究院发布的中国“互联网+”指数，为研究数字经济发展水平对老年人消费升级的影响，将该指数与2018年中国健康与养老追踪调查（CHARLS）面访问卷数据进行匹配。中国“互联网+”指数是由数字经济分指数、数字政务分指数、数字生活分指数和数字文化分指数四部分加权平均构成，其中分指数和一些重要指标的权重由专家独立打分后代入公式，再将数据按百分比的方法进行标准化处理。该指数能够从多个维度真实反映一个城市的数字经济指数（党琳等，2021）。CHARLS数据库涵盖范围较广，受访者皆为45岁及以上的中老年人且对消费信息划分得比较全面，因此选取CHARLS数据库数据能很好地刻画老年人的消费。

### 9.3.2 变量选取

（1）核心解释变量

本章的核心解释变量为数字经济发展水平，将腾讯研究院的中国“互联网+”总指数作为代理变量。

（2）被解释变量

本章的被解释变量为老年人的消费升级，将老年人的消费升级划分为规模和结构两个方面（何圆等，2021）。规模方面分别用每月生存型消费、每月人均生存型消费、每月享用型消费和每月人均享用型消费四个变量来刻画；结构方面用每月生存型消费与家庭月总生活支出之比和每月享用型消费与家庭月生活总支出之比来刻画。这些变量用2018年CHARLS数据库中收入、支出与资产模块中设置的“您家过去一个月在以下各项消费中的支出”以及“您家过去一年在以下各项消费中的支出”两个问题及其选项来刻画。①

① 将老年人的消费信息划分为生存型消费和享用型消费两类，生存型消费主要包含邮电、通信支出（电话、手机、上网、邮寄等），水费、电费、燃料费（煤炭、煤制品、柴草、木炭、天然气、液化气等）、在当地的交通费、日用品（洗漱用品、家居用品、厨卫用品、装饰用品等）、衣着消费、家庭的取暖费支出；享用型消费主要包括保姆、小时工等的支出，文化娱乐支出（书报杂志、光盘、影剧票、歌舞厅和网吧支出），家庭的旅游支出，家具、耐用消费品及电器的支出（电冰箱、洗衣机、电视、计算机和高档乐器如钢琴等），美容支出（化妆品、美容护理、按摩等）。

（3）控制变量

为避免由遗漏变量引起的内生性问题，本章参考了其他有关消费的研究文献，在方程中引入个人特征、家庭特征以及财富特征三类控制变量。个人特征主要有受访者在2018年时的年龄（*age*）；性别（*gender*），女受访者赋值为0，男受访者赋值为1；婚姻状况（*marital*），本章将已婚且与配偶共同居住、已婚但因为工作原因暂时没有跟配偶一起居住定义为已婚，赋值为1，将分居（不再作为配偶共同生活）、离异、丧偶、从未结婚定义为未婚，赋值为0；户口（*hukou*），受访者为农业户口赋值为0，非农业户口赋值为1；此外，引入了是否为党员（*dangyuan*）、自评健康状况（*health*）、宗教信仰（*religious*）和学历（*dxueli*）等个人特征。家庭特征主要包括子女对父母的净代际转移（*zhuanyi*）、家庭常住人口（*changzhu*）、受访者照看子女时长（*caregi*）、受访者爱人照看子女时长（*caregs*）。财富特征主要包括受访者每年的工资（*wage*1）、受访者手中持有的电子货币（*emoney*）、尚未还清的贷款（*loan*）、负债总额（*debt*）、是否退休（*dretire*）。

## 9.3.3　描述性统计

本章对主要变量的描述性统计分析如表9-1所示。从表中可知，所有城市数字经济发展水平的均值为1.42，其对应的最大值为28.43，最小值为0.14，最大值约是最小值的203倍，说明不同城市间数字经济发展水平存在巨大的差异。从消费信息来看，无论是生存型消费还是享用型消费，最小值和最大值之间存在巨大的差异，在一定程度上说明了老年人在消费水平和消费结构上存在很大的不同。老年群体生存型消费占总支出的比重均值为90.29，享用型消费占总支出比重均值为3.47，说明老年人消费是以满足日常生活所需为主，只有一小部分老年人会满足自己的精神需求。

**表9-1　主要变量的描述性统计**

| 变量名称 | | 符号 | 变量说明 | 均值 | 最小值 | 最大值 |
|---|---|---|---|---|---|---|
| 解释变量 | 数字经济 | *DE* | 各个城市的“互联网+”总指数 | 1.42 | 0.14 | 28.43 |
| 被解释变量 | 生存型消费（元） | *exp_jb* | 每月家庭生存型消费金额 | 2394.82 | 0 | 102356.16 |
| | 人均生存型消费（元） | *exp_jb_rj* | 每月家庭人均生存型消费金额 | 1194.49 | 0 | 70875 |
| | 生存型消费占比 | *exp_jb_zb* | 每月家庭生存型消费占月生活总支出的比重×100 | 90.29 | 0 | 100 |

续表

| 变量名称 | | 符号 | 变量说明 | 均值 | 最小值 | 最大值 |
|---|---|---|---|---|---|---|
| 被解释变量 | 享用型消费（元） | *exp_xs* | 每月家庭享用型消费金额 | 155.71 | 0 | 44958.33 |
| | 人均享用型消费（元） | *exp_xs_rj* | 每月家庭人均享用型消费金额 | 76.3 | 0 | 22479.17 |
| | 享用型消费占比 | *exp_xs_zb* | 每月家庭享用型消费占月生活总支出的比重×100 | 3.47 | 0 | 100 |
| 家庭特征 | 代际净转移（元） | *zhuanyi* | 子女对老人经济支持规模-老人对子女经济支持规模 | 0.47 | -991.25 | 316.92 |
| | 隔代抚育时长（天） | *caregi* | 受访者照看孙子女月均天数 | 709.35 | 0 | 8736 |
| | 家庭常住人口（个） | *changzhu* | 家庭常住人口的数量 | 2.28 | 1 | 10 |
| 财富特征 | 是否退休 | *dretire* | 是否办理了退休手续，办理了赋值为1，否则为0 | 0.03 | 0 | 1 |
| | 负债总额（元） | *debt* | 尚未还清贷款总额+信用卡欠款+其他负债 | 4697.18 | 0 | 3100000 |
| | 工资（元） | *wage*1 | 老年人每年的工资 | 2213.46 | 0 | 480000 |
| 个人特征 | 是否为党员 | *dangyuan* | 是否为共产党员，是赋值为1，否则为0 | 0.12 | 0 | 1 |
| | 学历 | *dxueli* | 老年人学历类别，高中及高中以上赋值为1，否则为0 | 0.09 | 0 | 1 |
| | 健康状况 | *health* | 老年人自评健康状况，认为好和很好赋值为1，否则为0 | 0.19 | 0 | 1 |

## 9.3.4 模型设定

基于理论分析，为探究数字经济对老年人消费升级的影响，验证研究假设与影响机制，本章建立以下基准回归模型：

$$Consume_i = \beta_0 + \beta_1 DE + \beta'_2 \ Control_i + \varepsilon_i \tag{9-1}$$

其中，$Consume_i$为被解释变量，为老年人的消费升级指标，主要包括两个方面：一是消费规模上的扩大，二是消费结构上的优化，共用六个变量来刻画。*DE* 为解释变量，表示“互联网+”驱动下的数字经济发展水平，其系数

$\beta_1$ 表示数字经济发展水平对老年人消费升级的影响。$Control_i$ 为控制变量，包括个人特征、家庭特征、财富特征三个方面。$\varepsilon_i$ 表示随机扰动项。在刻画老年人消费指标的六个变量中有大量样本取值为0，观测值的左侧被限制在该点上，如果采用OLS对全部样本进行回归，会导致估计结果不一致，因此本章选择了Tobit模型作为基准回归模型进行估计。此外，为剔除异常值对本章结论的影响，对所有连续性变量在1%水平上进行了前后缩尾处理。

方程（9-1）检验了数字经济发展水平对老年人消费升级的影响，为检验方程中可能存在的中介效应，本章参考温忠麟等（2004）的做法，分别建立了以下模型：

$$Consume_i=\beta_0+\beta_1 DE+\beta'_2\ Control_i+\varepsilon_i \tag{9-2}$$

$$M_i=\alpha_0+\alpha_1 DE+\alpha'_2\ Control_i+\varepsilon_i \tag{9-3}$$

$$Consume_i=\gamma_0+\gamma_1 DE+\gamma_2 M_i+\gamma'_3\ Control_i+\varepsilon_i \tag{9-4}$$

其中，方程（9-2）与方程（9-1）相同，当数字经济发展水平的系数 $\beta_1$ 显著时，再对方程（9-3）、方程（9-4）进行估计。$M_i$ 为本章的中介变量，选取的中介变量分别为支付便利性、搜寻成本与社会互动。

## 9.4　实证结果及分析

本章主要探讨了数字经济发展水平对老年人消费升级的影响，在基准回归分析之后，进行了内生性讨论与稳健性检验，最后从城乡、人力资本与物质条件、智能化素养等角度进行异质性分析。

### 9.4.1　基准回归结果及分析

本章用Tobit模型研究了数字经济发展水平对老年人消费升级的影响，回归结果如表9-2所示。从表9-2第（1）、第（2）、第（4）、第（5）列可以看出，数字经济发展水平在1%显著性水平上对老年人每月生存型消费和享用型消费规模有促进作用。表9-2第（6）列显示，数字经济发展水平在1%显著性水平上促进了老年人享用型消费占生活总支出比重增加，表示数字经济发展水平对老年人消费升级有促进作用。其他变量的系数也符合本章的预期，如更能促进城镇的老年人消费升级，学历越高越能促进老年人享用型消费规模扩大和消费结构上的优化。

表 9-2 基准回归结果

| 被解释变量 | (1) | (2) | (3) | (4) | (5) | (6) |
|---|---|---|---|---|---|---|
| | exp_jb | exp_jb_rj | exp_jb_zb | exp_xs | exp_xs_rj | exp_xs_zb |
| DE | 66.829***<br>(3.83) | 26.064***<br>(3.27) | -0.317**<br>(-2.51) | 7.143***<br>(3.74) | 3.210***<br>(3.55) | 0.128***<br>(3.14) |
| age | -4.456<br>(-1.05) | -3.086<br>(-1.41) | -0.041<br>(-1.04) | 0.403<br>(0.61) | 0.209<br>(0.63) | 0.009<br>(0.60) |
| gender | 8.624<br>(0.14) | 3.028<br>(0.10) | 1.124**<br>(2.05) | -15.354<br>(-1.63) | -7.653<br>(-1.64) | -0.306<br>(-1.40) |
| marital | 242.809***<br>(3.56) | 36.977<br>(1.08) | 3.269***<br>(5.33) | 0.432<br>(0.04) | -1.179<br>(-0.24) | -0.062<br>(-0.26) |
| hukou | 613.038***<br>(4.85) | 310.628***<br>(4.74) | -3.987***<br>(-3.42) | 94.981***<br>(5.63) | 47.811***<br>(5.64) | 1.826***<br>(5.31) |
| zhuanyi | 3.961<br>(1.04) | 2.595<br>(1.30) | 0.037<br>(1.07) | -1.067**<br>(-1.99) | -0.539**<br>(-1.97) | -0.024**<br>(-2.13) |
| dxueli | 942.052***<br>(7.06) | 441.739***<br>(6.69) | -4.613***<br>(-4.43) | 106.528***<br>(6.82) | 51.751***<br>(6.63) | 1.887***<br>(5.84) |
| health | -164.902**<br>(-2.27) | -83.864**<br>(-2.34) | -0.232<br>(-0.35) | 12.040<br>(1.07) | 6.536<br>(1.16) | 0.338<br>(1.27) |
| changzhu | 246.386***<br>(8.27) | -197.635***<br>(-15.80) | -1.356***<br>(-5.44) | 14.036***<br>(3.76) | -0.044<br>(-0.02) | 0.180**<br>(2.10) |
| N | 4746 | 4746 | 4702 | 4746 | 4746 | 4702 |

注：表中为各变量的边际效应，括号内为 $t$ 值。***、**分别表示在1%、5%水平上显著。回归中同时使用稳健聚类标准误以消除异方差的影响。限于篇幅，本表只列示部分控制变量，未予列示部分结果留存备索。如无备注说明，以下各表除一一列示各控制变量外，其余与本表相同。

## 9.4.2 稳健性检验

1. 内生性问题

本章在分析数字经济发展水平对老年人消费升级的影响时可能存在内生性问题，出现内生性问题主要有两方面原因：一是反向因果。由于本章衡量数字经济发展水平时选取的是腾讯研究院 2018 年发布的中国“互联网+”总指数，该指数反映了 2017 年各城市的数据；而老年人消费升级衡量标准选取的是 2018 年 CHARLS 数据库里的消费信息。2018 年老年人的消费信息不会影响 2017 年各城市的数字经济发展水平，因此在一定程度上缓解了由反向因果导致的内生性问题。二是遗漏变量。尽管本章对老年人的个人特征、家庭特征以及财富特征进行了一系列控制，但仍然有可能遗漏其他对老年人消费升级有影响的变量。因此，本章采取了以下措施。

（1）工具变量

本章参考了李连梦（2020）的做法，选取2017年北京大学发布的数字普惠金融指数子指数支付宝覆盖广度指数作为工具变量。该指数的具体指标有三类，分别是每万人拥有支付宝账户数量、支付宝绑卡用户比例和平均每个支付宝账号绑定银行卡数。选取该指数是因为它可以影响电子商务的发展，而电子商务引领了中国数字经济的发展，是数字经济的主要组成部分，且该指数的子指标只能说明支付宝的普及度，并不能说明拥有账户的人使用它并进行消费，因此该指数不会直接影响老年人的消费升级。采用IVTobit两步法进行估计的结果如表9-3所示，结果与本章的预期相一致，基准回归结果较为稳健。

**表9-3 工具变量**

| 被解释变量 | (1) | (2) | (3) | (4) | (5) | (6) |
|---|---|---|---|---|---|---|
| | *exp_jb* | *exp_jb_rj* | *exp_jb_zb* | *exp_xs* | *exp_xs_rj* | *exp_xs_zb* |
| *DE* | 154.397***<br>(4.92) | 65.071***<br>(3.98) | -0.889***<br>(-3.96) | 73.030***<br>(5.64) | 34.965***<br>(5.38) | 1.261***<br>(4.37) |
| 控制变量 | 是 | 是 | 是 | 是 | 是 | 是 |
| *N* | 4668 | 4668 | 4624 | 4668 | 4668 | 4624 |

注：该表反映了工具变量支付宝覆盖广度指数对老年人消费升级的影响。括号内为 $t$ 值。*** 表示在1%水平上显著。

（2）控制上一期即2015年的消费变量

由于消费具有棘轮效应，即当期老年人的消费行为在一定程度上受上一期消费习惯的影响，因此本章引入CHARLS数据库2015年的消费数据，在基准回归模型中控制2015年老年人的消费指标。其中，2015年消费指标同2018年，一共用六个变量来刻画，这样可以在一定程度上减少内生性偏误。表9-4为控制2015年老年人消费指标后的结果，从表中可以看出，控制了上一期消费变量后，数字经济发展对其余消费变量的影响同基准回归结果一致，结论较为稳健。

表 9-4 控制消费滞后一期检验结果

| 被解释变量 | (1) | (2) | (3) | (4) | (5) | (6) |
|---|---|---|---|---|---|---|
| | exp_jb | exp_jb_rj | exp_jb_zb | exp_xs | exp_xs_rj | exp_xs_zb |
| DE | 59.733***<br>(3.50) | 23.267***<br>(3.00) | -0.264**<br>(-2.10) | 5.693***<br>(3.06) | 2.612***<br>(2.96) | 0.108***<br>(2.62) |
| 控制变量 | 是 | 是 | 是 | 是 | 是 | 是 |
| N | 4725 | 4725 | 4431 | 4725 | 4725 | 4431 |

(3) 倾向匹配得分法

为解决自选择偏误引起的内生性问题，本章参考 Rosenbaum 和 Rubin 的倾向匹配估计思路，采用核匹配的方法，将在信息惠民国家试点城市名单里的城市作为实验组，没有在试点名单里的城市作为控制组进行稳健性检验。回归结果如表 9-5 所示，前三列是基于所有观测值进行估计，后三列基于成功匹配的 4694 个观测值进行估计，结果同本章结论一致。

表 9-5 倾向匹配得分法

| 被解释变量 | TOBIT | | | PSM_TOBIT | | |
|---|---|---|---|---|---|---|
| | (1) | (2) | (3) | (4) | (5) | (6) |
| | exp_xs | exp_xs_rj | exp_xs_zb | exp_xs | exp_xs_rj | exp_xs_zb |
| policy | 26.737***<br>(2.87) | 12.798***<br>(2.76) | 0.550**<br>(2.55) | 27.283***<br>(2.57) | 12.670**<br>(2.43) | 0.540**<br>(2.21) |
| 控制变量 | 是 | 是 | 是 | 是 | 是 | 是 |
| N | 4746 | 4746 | 4702 | 4694 | 4694 | 4694 |

2. 替换核心解释变量

将本章的核心解释变量数字经济发展水平替换成北京大学数字金融研究中心课题组发布的 2017 年北京大学数字普惠金融指数（郭峰等，2020），重新估计数字普惠金融的发展水平对老年人消费升级的影响，表 9-6 显示了替换变量后的结果。从表 9-6 中可以看出，数字普惠金融指数对老年人享用型消费规模和结构在 1%水平上有显著正向影响，而且结果符合本章预期。

表 9-6 替换变量结果

| 被解释变量 | (1) | (2) | (3) | (4) | (5) | (6) |
|---|---|---|---|---|---|---|
| | *exp_jb* | *exp_jb_rj* | *exp_jb_zb* | *exp_xs* | *exp_xs_rj* | *exp_xs_zb* |
| *DIF* | 8.717***<br>(5.04) | 3.640***<br>(4.30) | -0.062***<br>(-4.30) | 1.327***<br>(5.65) | 0.631***<br>(5.49) | 0.024***<br>(4.64) |
| 控制变量 | 是 | 是 | 是 | 是 | 是 | 是 |
| *N* | 4705 | 4705 | 4661 | 4705 | 4705 | 4661 |

3. 扩大样本量

在本章基准回归模型中，被解释变量选取的是60岁以上（包括60岁）老年人的消费信息。为验证本章结论的稳健性，本章采用扩大样本量的方法，引入CHARLS数据库2018年所有年龄在45岁以上（包括45岁）受访者的信息，探究数字经济发展水平对中老年人消费升级的影响。扩大样本后对方程（9-1）重新进行回归，结果如表9-7所示。从表9-7中可以看出，数字经济发展水平对中老年人的生存型消费和享用型消费规模和结构在1%水平上有显著影响，检验结果较为稳健。

表 9-7 扩大样本结果

| 被解释变量 | (1) | (2) | (3) | (4) | (5) | (6) |
|---|---|---|---|---|---|---|
| | *exp_jb* | *exp_jb_rj* | *exp_jb_zb* | *exp_xs* | *exp_xs_rj* | *exp_xs_zb* |
| *DE* | 61.357***<br>(4.58) | 24.446***<br>(3.96) | -0.334***<br>(-3.42) | 5.406***<br>(4.03) | 2.332***<br>(3.85) | 0.081***<br>(3.05) |
| 控制变量 | 是 | 是 | 是 | 是 | 是 | 是 |
| *N* | 7543 | 7543 | 7492 | 7543 | 7543 | 7492 |

4. 改变回归模型

本章尝试将Tobit模型替换成OLS进行回归估计，并对每月基本日常消费、每月人均基本日常消费、每月享用型消费、每月人均享用型消费取对数，生存型消费和享用型消费占家庭月生活总支出的比重仍和基准回归模型保持一致，结果如表9-8所示。数字经济发展水平在1%显著性水平上促进了老年人享用型消费规模的扩大，在5%显著性水平上促进了老年人消费结构的优化，结论稳健。

表 9-8 替换计算方式结果

| 被解释变量 | (1) | (2) | (3) | (4) | (5) | (6) |
|---|---|---|---|---|---|---|
| | *lnexp_jb* | *lnexp_jb_rj* | *exp_jb_zb* | *lnexp_xs* | *lnexp_xs_rj* | *exp_xs_zb* |
| *DE* | 0.028***<br>(3.80) | 0.027***<br>(3.73) | -0.317**<br>(-2.51) | 0.055***<br>(3.10) | 0.047***<br>(3.06) | 0.129**<br>(2.20) |
| 控制变量 | 是 | 是 | 是 | 是 | 是 | 是 |
| *N* | 4746 | 4746 | 4702 | 4746 | 4746 | 4702 |

### 9.4.3 异质性分析

1. 城乡异质性

基准回归结果表明数字经济的发展可以促进老年人的消费升级，但城乡发展不平衡仍是我国经济发展的一个重要特征；为探究数字经济的发展对于城镇和农村老年人消费升级的影响是否存在差异，本章在方程（9-1）中加入数字经济发展水平和户口的交叉项，城乡异质性结果如表 9-9 所示。从表 9-9 中可以看出，数字经济的发展更能促进城镇老年人享用型消费规模的扩大，这主要由两方面原因造成：一方面，城镇和农村的数字经济发展水平存在一定的差异。2021 年 8 月 27 日，中国互联网络信息中心发布的第 48 次《中国互联网络发展状况统计报告》提出：我国目前使用手机上网的人数达到了 10.07 亿人，其中农村网民占 29.4%，达到了 2.97 亿人；城镇网民 7.14 亿人，占总数的 70.6%。依托于互联网的数字经济发展水平在城镇和农村依然存在巨大的差异，数字经济发展带来的红利更多体现在生活于网络设施健全和互联网普及率高的城镇老年人享用型消费的增加上。另一方面，城乡老年人在消费结构上存在一定的差异。城镇老年人偏向于追求生活质量，而且受身边人影响，思想意识更新快、接受新事物的能力更强。相较于城镇老年人，农村老年人倾向于满足刚需型消费。由于农村年轻人多外出务工，缺少年轻人的示范，农村老年人接触互联网的机会相对较少。因此，数字经济发展更能促进城镇老年人享用型消费的增加。

表 9-9 异质性检验结果

| 被解释变量 | | (1) exp_xs | (2) exp_xs_rj | (3) exp_xs_zb |
|---|---|---|---|---|
| 城乡异质性 | *DE* | 5.980*** (2.96) | 2.708*** (2.80) | 0.111** (2.56) |
| | *DE×hukou* | 9.685* (1.94) | 4.141** (2.00) | 0.133 (1.52) |
| 人力资本异质性 | *DE* | 3.695* (1.78) | 1.645* (1.67) | 0.079* (1.69) |
| | *DE×dxueli* | 20.150*** (4.03) | 9.283*** (4.04) | 0.302*** (3.43) |
| 物质条件异质性 | *DE* | 4.431** (2.19) | 1.704* (1.77) | 0.085* (1.91) |
| | *DE×wealth*1 | 0.695*** (3.28) | 0.383*** (3.32) | 0.011*** (3.64) |
| 智能化素养异质性 | *DE* | 5.162*** (2.64) | 2.335** (2.53) | 0.089** (2.08) |
| | *DE×znhsy* | 5.759*** (2.34) | 2.548** (2.27) | 0.112** (2.32) |
| 控制变量 | | 是 | 是 | 是 |
| *N* | | 4746 | 4746 | 4702 |

### 2. 人力资本异质性

从基准回归结果可以看出，学历对于老年人的生存型消费和享用型消费有显著影响。为探索数字经济发展对老年人消费升级的影响是否因为老年人学历不同而存在差异，本章基于老年人的受教育水平，且考虑 2018 年数据中出生于 1958 年甚至更早的老年人受教育水平有限，将其分为高学历组和低学历组。低学历组为高中以下，赋值为 0；高学历组为高中及高中以上，赋值为 1。将数字经济发展水平与老年人的学历交叉项引入到基准方程中，结果如表 9-9 所示。从表 9-9 中可以看出，交互项的系数在 1%水平上显著为正，说明数字经济的发展促进了高学历老年人的消费升级，这与本章的预期相一致。因为数字经济依托于互联网技术以及智能设备的应用，所以需要老年人有一定的认知能力和学习能力。

3. 物质条件异质性

老年人拥有的物质条件对其消费有着重要影响，如果入不敷出，自然会将财富用在满足日常生活所需方面，而不是享受型消费。因此，本章认为对于拥有不同财富的老年人来说，数字经济发展对其消费升级的影响存在一定差异。本章以老年人拥有的现金、金融机构存款、股票、基金和债券的总值来刻画老年人拥有的财富总额，且财富总额以万为单位。在基准回归模型中引入数字经济发展水平和财富总额的交叉项，回归结果如表 9-9 所示。从该表中可以看出交叉项的系数显著为正，说明数字经济的发展更能促进拥有较多财富的老年人消费升级，这与我们的预期相同。数字经济的发展让老年人拥有更多的渠道获取信息、接受新事物，但拥有较好物质条件才能享受到数字经济发展所带来的数字红利。

4. 智能化素养异质性

数字经济的发展离不开网络基础设施与智能设备等。对于老年人而言，互联网属于新兴事物，老年人对此的接受能力存在很大不同，只有学会使用智能设备和互联网的老年人才能跨越“数字鸿沟”。因此，本书认为对于智能化素养不同的老年人来说，数字经济发展对其消费升级存在异质性影响。本章使用 2018 年 CHARLS 数据库中“您是否会用手机支付，如支付宝、微信钱包等”“您是否会使用微信”和“您发不发微信朋友圈”三个问题选项赋值加总构建老年人的智能化素养指标，并在基准回归模型中加入数字经济发展水平与智能化素养的交叉项，回归结果如表 9-9 所示。从该表可见，交叉项在 1%水平上显著正向影响每月享用型消费，在 5%水平上显著正向影响每月人均享用型消费和享用型消费占总支出的比重，说明数字经济的发展更能促进智能化素养高的老年人消费升级。

## 9.5 数字经济发展水平影响老年人消费升级的内在机制分析

### 9.5.1 基于支付便利性的考察

数字经济的发展依托于互联网技术与智能设备，互联网与手机拓宽了老年人获得信息的渠道，提高了支付便利性，从而促进了消费。本章从上网方式多样性和是否使用手机支付两个维度来衡量支付便利性。

首先，利用 CHARLS 数据库中“请问您使用以下哪些工具上网”的问题来归纳受访者上网方式种类，用作互联网使用的代理变量，表 9-10 为该机制的检验结果。从表 9-10 第（1）列可以看出，数字经济发展水平对老年人上网方式种类在 1%显著性水平上起促进作用，从表 9-10 第（3）、第（4）、第（5）列可以看出，上网方式种类对老年人享用型消费规模、享用型消费占总支出的比重在 1%显著性水平上有正向影响，老年人上网方式越丰富，享用型消费支出占总支出的比重越大，越促进老年人消费升级。其次，支付便利性是数字经济发展的重要体现，它能加快老年人做出消费决策，甚至数字支付相比现金支付会减少人们的支付痛感，更容易引起消费者冲动消费，促进消费者向更高层次的消费升级。本章选取 CHARLS 数据库中“您是否会用手机支付，如支付宝、微信钱包等”问题的回答选项衡量支付便利性，结果如表 9-10 所示。从表 9-10 第（2）列可以看出，数字经济发展水平在 5%显著性水平上提高了支付便利性；从表 9-10 第（3）、第（4）列可以看出，支付便利性在 5%显著性水平上促进了老年人享用型消费规模的扩大；从表 9-10 第（5）列可以看出，支付便利性在 1%显著性水平上促进了享用型消费占总支出的比重，说明支付便利性机制成立。

**表 9-10 支付便利性机制检验**

| 被解释变量 | | 中介变量 | | | 享用型消费 | |
|---|---|---|---|---|---|---|
| | | （1） | （2） | （3） | （4） | （5） |
| | | *typeinternet* | *sjzf* | *exp_xs* | *exp_xs_rj* | *exp_xs_zb* |
| 数字经济 | *DE* | 0.007***<br>（5.56） | 0.001**<br>（2.40） | | | |
| | *typeinternet* | | | 83.126***<br>（5.02） | 38.612***<br>（4.89） | 1.623***<br>（5.07） |
| | *sjzf* | | | 71.856**<br>（2.23） | 30.941**<br>（2.00） | 1.644***<br>（2.61） |
| | 控制变量 | 是 | 是 | 是 | 是 | 是 |
| | 观测值 | 4746 | 4746 | 4746 | 4746 | 4602 |

## 9.5.2 基于搜寻成本的考察

伴随着数字经济的迅速发展，消费者的消费方式日新月异。消费者足不出户就能利用互联网搜寻其需要的产品，并且能货比三家买到性价比高的产品。这在一定程度上降低了信息的不对称性，大大提高了消费者的搜寻效率，降低了搜寻成本。本章用“互联网覆盖程度”作为搜寻成本的代理变量（孙浦阳等，2017），使用2018年《中国城市统计年鉴》数据手动整理各地级市的移动电话用户数（单位：万户）和年末户籍人口（单位：万人），并通过计算二者的比值刻画“互联网覆盖程度”，表9-11为搜寻成本机制检验结果。由于《中国城市统计年鉴》中有些地级市的数据缺失，合并后得到4423个样本。从表9-11第（1）列可以看出，数字经济的发展在1%显著性水平上促进了城市的互联网覆盖程度，从表9-11第（5）、第（6）、第（7）列可以看出，互联网覆盖程度在1%显著性水平上促进了老年人享用型消费规模扩大和结构优化。随着适老化软件的推出，越来越多的老年人使用智能手机从网上购物，相对于线下消费降低了搜寻成本，同时减少了地域差异。消费者能更容易搜寻到稀缺物品及跨地域物品，特别是大数据可捕捉消费者的需求，从而让有条件有时间的老年消费者产生更高层次消费需求以提高其生活质量，促进消费升级。

表9-11　搜寻成本机制检验

| 被解释变量 | (1) | (2) | (3) | (4) | (5) | (6) | (7) |
|---|---|---|---|---|---|---|---|
| | *cover* | *exp_jb* | *exp_jb_rj* | *exp_jb_zb* | *exp_xs* | *exp_xs_rj* | *exp_xs_zb* |
| *DE* | 0.168***<br>(43.49) | -11.376<br>(-0.48) | -7.122<br>(-0.62) | 0.088<br>(0.45) | -5.167*<br>(-1.67) | -2.651*<br>(-1.78) | -0.084<br>(-1.21) |
| *cover* | | 522.975***<br>(5.28) | 222.265***<br>(4.45) | -2.421***<br>(-2.65) | 74.517***<br>(5.02) | 35.384***<br>(4.83) | 1.285***<br>(3.98) |
| 控制变量 | 是 | 是 | 是 | 是 | 是 | 是 | 是 |
| *N* | 4423 | 4423 | 4423 | 4379 | 4423 | 4423 | 4379 |

### 9.5.3　基于社会互动的考察

社会互动对老年人消费升级的影响已经得到验证，而伴随数字经济发展衍生而来的新型社交方式为老年人改变社会互动的方式和频率提供了更多可能性。本章以“您过去一个月是否进行了下列社交活动?”问题的回答选项构建社会互动的代理变量。如果老年人一个月进行了一项及几项社交活动，则赋值为1；否则赋值为0，表9-12为社会互动机制的检验结果。从表9-12中可以看出，数字经济的发展在1%显著性水平上增加了老年人的社会互动，这是由于传统的社会互动受血缘与地缘“关系”的影响（周广肃、梁琪，2018），有一定程度的局限性；而数字经济发展水平高的地区，老年人更容易接触互联网，并以互联网为媒介，进行更广泛更高频的社会互动。表9-12还显示了社会互动在1%的显著性水平上促进了老年人消费升级，这与何圆等（2021）的研究结果相一致。

**表 9-12 社会互动机制检验**

| 被解释变量 | (1) | (2) | (3) | (4) | (5) | (6) | (7) |
|---|---|---|---|---|---|---|---|
| | *social* | *exp_jb* | *exp_jb_rj* | *exp_jb_zb* | *exp_xs* | *exp_xs_rj* | *exp_xs_zb* |
| *DE* | 0.010*** (3.09) | 64.701*** (3.72) | 25.283*** (3.17) | -0.290** (-2.31) | 6.488*** (3.43) | 2.904*** (3.25) | 0.113*** (2.82) |
| *social* | | 205.611*** (3.57) | 75.498** (2.56) | -2.520*** (-4.93) | 63.016*** (7.33) | 29.505*** (6.90) | 1.395*** (6.96) |
| 控制变量 | 是 | 是 | 是 | 是 | 是 | 是 | 是 |
| *N* | 4746 | 4746 | 4746 | 4702 | 4746 | 4746 | 4702 |

## 9.6 本章小结与建议

针对近年来出现的“数字鸿沟”等热点话题，本章用腾讯研究院发布的中国“互联网+”指数和2018年中国健康与养老追踪调查（CHARLS）数据，研究了数字经济发展对老年人消费升级的影响，主要结论如下：数字经济发展有助于促进老年人消费升级，让老年人享受到数字红利，且该结论经使用工具变量和倾向匹配得分法得到了验证。但是不同老年群体在享受数字红利上并不平等，数字经济发展更能促进城镇老年人的消费升级。数字经济发展对老年人消费升级的促进作用依赖于老年人自身的学习能力、接受新事物的能力以及自身的消费水平，拥有较高学历、财富水平较高以及对新兴事物接受能力较强的老年人更容易享受到数字红利，存在一定的“强者愈强”效应。数字经济发展主要通过提高支付便利性、降低搜寻成本、增强社会互动等机制改变老年人传统的消费方式、消费水平和消费结构，进一步推动老年人消费升级。

在验证数字经济对老年人消费升级积极影响的同时，还需注意老年人数字融入困难和数字红利享受不平等等问题依然存在。为更好地弥合老年人面临的“数字鸿沟”，挖掘老年人消费潜力，助力我国双循环新发展格局的构建，本章提出如下建议：

首先，加强基础设施建设及推出适老化软件，大力发展数字经济。本章验证了数字经济发展对促进老年人消费升级有重要作用，老年人也能享受到数字经济发展所带来的数字红利，大力推进数字经济的发展对提升老年人整体福利有积极作用。与此同时，存在因老年人数字融入困难产生的数字红利享受不平等问题。因此，从政府层面来看，既需要制定相应政策帮助老年人解决数字融入困难的问题，也需加大资金投入力度，加强基础设施建设，尤其是农村及数字经济发展水平低的地区基础设施建设。从企业角度来看，企业越来越关注老年人的需求，如华为、OPPO 等品牌手机推出“大字简易模式”、滴滴打车推出“滴滴老人版”、百度推出“百度大字版”，这些适老化软件对老年人融入数字时代有积极作用。因此，相关科技企业应不断升级信息技术，补齐短板，创新推出适老化软件，帮助更多老年人解决数字融入困难的问题。

其次，提高老年人互联网可得性，提升老年人的智能化素养，让更多老年人享受到数字红利。由于资源条件所限，多数老年人学历较低，限制了老年人的数字参与。为防止数字经济发展带来“数字鸿沟”，应重点提高老年群体，尤其是低教育水平老年群体的数字参与度。互联网可得性是影响不同老年人数字参与的一大鸿沟，政府应努力扩大互联网覆盖广度和老年网民规模，提高老年人互联网可得性，加强针对老年人的教育活动和增加老年人的学识。同时引导老年人主动靠拢互联网，提高其网上支付和网上购物的频率，让更多老年群体享受到数字经济带来的红利。

最后，充分利用数字经济带来的便捷性，同时加强针对老年人的防诈宣传，降低老年人受骗概率。数字经济的发展虽让人们享受到了便捷性，但同时引发了各种社会问题，其中，网络诈骗尤甚。老年人作为认知能力较低、易受骗的群体，面对各种新型网络诈骗时，无法辨别。政府应出台相应政策严厉打击相关违法犯罪行为，以电话、短信、新闻、网络直播等形式加强防诈宣传，充分发挥国家反诈中心等 App 的作用。政府、社会和家庭须协同应对老年人的安全问题，帮助老年人树立安全意识，提高老年人反诈骗的识别能力，降低老年人的受骗概率，确保老年人安全融入数字化时代，享受到数字红利。

# 10 老年主体福利状况对家庭资产配置的反馈作用

近年来，我国人口结构发生重大变化，我国已步入老龄化社会。随着年龄的增大，老年人身体机能下滑，健康问题随之增加。考虑已有很多学者关注身体健康状况对资产配置的作用，本书对金融参与中的保险参与进行分析。中国农村社会养老保险制度的变革为研究老年人主体福利状况对于家庭金融参与的影响提供了独特的视角。新型农村社会养老保险（简称新农保）在互济属性、预定利率调整机制以及规范化管理等方面做出重大改进，成为农村社会保险体系中缴费规模最大、基金积累最多的险种。因此，以保障农村老年人基本生活为目标的新型农村社会养老保险，是否覆盖到遭受健康问题的老年人值得探究。

以上各章讨论了社会网络对于老年主体资产配置以及福利的影响，现有研究也发现主体福利状况对家庭资产配置决策产生影响。如果直接以以上各章衡量老年主体福利状况的方式进行检验可能存在互为因果的内生性问题，而健康问题作为外生事件为检验反馈作用提供了突破口。

本章以健康问题对于新农保参与的影响为例，检验了老年主体福利状况对于家庭资产配置的反馈作用。基于 2018 年中国健康与养老追踪调查（CHARLS）数据，从健康问题这一崭新视角探究其对新农保参与度的影响，并在此基础上研究其与家庭金融脆弱性之间的内在联系。研究发现，健康问题与新农保参保行为之间存在显著正相关，且健康问题在教育水平高、家庭成员数量多和年龄小的样本中与新农保参保行为之间正向关系更显著。丧失自理能力、工资收入降低以及家庭金融脆弱性是健康问题影响新农保参与力度的内在机制。研究成果为健康问题与新农保参保行为之间的关系提供了经验证据，对于改变农村养老模式、保障弱势群体基本生活具有借鉴意义。

## 10.1 问题提出

我国已步入老龄化社会，人口老龄化程度的日益加深使得老年人养老，尤其是农村老年人养老面临巨大挑战。党的十九届五中全会将健全社会保障体系作为“十四五”时期经济社会发展主要目标之一，并将“积极应对人口老龄化”上升为国家战略，充分体现了中央对养老问题的高度重视。近年来，随着城镇化率的进一步提高，农村空巢老人随之增加，使得农村社会人口老龄化较城镇更为严峻，养老保障需求难以满足（邓大松、王增文，2008；史清华，2009）。《中国乡村振兴综合调查研究报告2021》显示，在农村人口中，60岁及以上人口占比20.04%，65岁及以上人口占比13.82%。未来一段时期，我国农村老龄化程度会持续加深，2030年农村老年抚养比将达到79.9%，2050年甚至上升至94.7%（葛延风等，2020）。面对日渐突出的养老保障压力，依靠家庭养老的养老模式逐渐弱化。为破除城乡二元结构的藩篱、应对人口老龄化、减轻农村家庭养老负担，我国于2009年9月底推出了新型农村社会养老保险。

新农保的实施弥补了农村养老保障供给的不足，保障了农村中老年人的基本生活。仅仅用了三年的时间，在2012年7月就基本实现了新农保在全国范围内的全覆盖。但是新农保的参与力度远远不足，华中师范大学中国农村问题研究中心的调研报告显示，在被调查的68个村庄中，新农保参保率仅为57.59%。随着农村社会老龄化程度的加深，步入老年行列的人口在逐年增加，由此带来的一个严重后果是许多农村家庭逐渐步入一个“健康不稳定”时期。老年人年纪大、身体的各项机能开始下滑，相比于青壮年，老年人更容易遭受健康问题。新农保作为一种自愿参保的社会保险，受到健康冲击的老年人能否依靠新农保获得养老保障值得探究。

梳理现有文献发现，大多文献是从横向联系“社会关系”出发来研究新农保的参保行为。例如：高明等（2021）从信任角度出发研究新农保参保率；张川川和朱涵宇（2021）从同村居民参保率出发进行研究。然而，以往的社会经历会对个人行为、个人决策产生广泛而持久的影响（乔海曙、粟亚亚，2019），现有研究却忽视了“社会经历”这一纵向联系。健康问题作为一种创伤经历，是一种特殊的社会经历，通过改变市场主体的认知与心理进而对其投资决策产生影响（蔡庆丰等，2016）。当农户遭受健康问题，往往表现为更加厌恶风险（富茜楠等，2020）。弱势群体在进行投资时，会选择风险较低的品种，新农保作为一种基本养老保险，具有低风险特征，可以使农村老年人的基本生活获得保障。因此，在遭受健康问题后，农户参与新农保的意愿会增强。从健康问题视角切入研究新农保的参保行为，可以更透彻地了解新农保的普惠性，保障遭受健康问题的弱势群体的基本生活并减轻整个家庭的经济负担。基于以上背景，本章从健康问题的视角来解读新农保参与不足的问题，采用 CHARLS 数据库 2018 年最新追访问卷的截面数据，对健康问题、家庭金融脆弱性以及新农保参保行为进行研究。旨在回答以下问题：首先，健康问题与新农保参保行为之间存在哪种联系；其次，健康问题通过何种渠道与新农保参保行为之间发生联系；最后，健康问题与新农保参保行为之间的联系在哪些人群中更显著。厘清上述问题，既是解决农村养老问题的客观需要，也是保障弱势群体基本生活、实现乡村振兴的重要内容。

本章主要有以下三个贡献：首先，关注弱势群体，探索新农保是否真正做到“普”和“惠”。以遭受过健康问题的人群为着手点检验新农保的普惠性，研究有助于政府针对性地实施并改进新农保，对未享受新农保的弱势群体进行及时、有针对性地帮扶，减轻贫困家庭的经济负担，保障更多老年人“老有所养”。其次，从健康问题的视角切入，考虑了纵向联系社会经历，拓宽了新农保的研究维度。现有研究主要关注社会关系这一横向联系对新农保参保行为的影响，而鲜有从纵向联系社会经历入手研究新农保参与。本章从健康问题这一创伤经历切入，为新农保相关研究提供了崭新视角，延伸了新农保研究的逻辑链条，研究结论对新农保的改革和发展提供了新的思路。最后，考虑农村中老年人遭受健康问题会影响家庭金融脆弱性，本章将金融脆弱性纳入研究框架，从实证分析的角度探究了健康问题影响新农保参与的渠道，并关注不同人群中其影响的异质性。研究进一步地丰富了已有文献，为政府完善新农保制度、确保老年人晚年生活无忧提供经验依据，同时可对发展我国多层次、多方面保险提供参考。

## 10.2 理论分析与研究假设

### 10.2.1 健康问题对新农保参与的影响

1. 健康问题的基本特征与影响研究

当人们解决了最基本的生存问题后，就会注重健康需求，因为有了健康的身体，才能从事其他活动。但是健康问题作为一种突发事件，很大程度上是无法避免的，它类似于一种风险。除了一般风险所具有的基本特征“不确定性”以外，它还具有严重性、普遍性以及复杂性。所谓严重性，是指健康问题对人的身体造成了不同程度的损伤，可能导致其丧失劳动力甚至是死亡。因此，健康问题的严重程度是不容忽视的。所谓普遍性，是指健康问题不同于其他的风险，可能会出现于任何家庭、任何年龄段以及任何性别。尽管现阶段人们的生活水平以及医疗水平有了很大程度的提高，但健康问题还是很难避免。所谓复杂性，一方面是指健康问题种类繁多；另一方面是指病毒逐渐进化且更加顽强不易灭亡。

健康问题作为一种风险，是一种特殊的社会经历。在遭受健康问题后，投资主体往往表现为更加厌恶风险（富茜楠等，2020）。乔海曙和粟亚亚（2019）曾对创伤经历与家庭资产选择进行了考察，结果显示创伤经历与风险偏好存在负向关系，遭遇创伤经历显著抑制了家庭持有风险资产的比重。由此可见，健康问题会对市场主体的投资决策产生影响：在遭遇健康问题后，市场主体的风险偏好发生显著变化，在投资决策上往往比没有创伤经历的投资主体更加厌恶风险。

2. 新农保参与的影响因素及经济效果研究

影响新农保参与的因素主要包含三类：一是基于自身的因素。柳晨（2017）发现年龄、受教育程度、健康状况、家庭 60 岁以上老人比例、实际耕地面积、家庭年收入、是否赞同养儿防老、是否认为缴费标准合理等对新农保参与有显著影响。李云峰和徐书林（2020）认为，掌握的金融知识越多，参与新农保越积极。二是自身因素之外的诸如信任与社会互动之类的因素。高明等（2021）发现，信任程度越高，家庭金融参与率越高，当信任机制得以重建，新农保的参与率有显著提升。张川川和朱涵宇（2021）认为，个体参保率会随着同村居民参保率的提高而显著上升。三是社会客观环境方面的因素。张若瑾等（2017）发现，金融机构的空间聚集程度会对农村居民的参保意愿产生显著的正向影响。郑雄飞和黄一倬（2020）认为，公平正义可以在一定程度上促进新农保的参与。可见，影响新农保参保行为的因素有很多。

参与新农保的效果主要体现为对主观福利的影响。张川川等（2015）认为，新农保对收入、消费以及主观福利有显著的促进作用，而对贫困和老年人的劳动供给有显著的抑制作用。与其观点不同的是，谭华清等（2016）认为新农保对劳动供给不存在抑制作用，参加新农保的家庭成员外出务工的概率反倒高于没有参加新农保的家庭。何泱泱和周钦（2016）发现，参加新农保可以显著减少居民的抑郁情绪，即新农保对居民的主观福利有显著的正向作用，这与张川川等（2014）的结论不谋而合。何晖和李小琴（2020）发现，新农保对于消费的促进作用主要体现在短期，且主要对居民的食品以及衣着等基本生活消费产生影响。综观已有研究，能够发现新农保可以在很大程度上增加农村居民的主观福利，对于增进民生福祉具有显著作用。

3. 健康问题影响新农保参与的原因

一方面，弗洛伊德认为"人类行动的依据来源于对过去知识与经验的记忆，通过条件反射与学习，形成对当前和未来行动的指导"。相对于社会关系来说，社会经历是一种"纵向的联系"，包括人生经历以及社会履历，通过改变市场主体的认知与心理进而对其投资决策产生影响（蔡庆丰等，2016）。因此，新农保参保行为作为一种投资决策，与个人的社会经历有着密切的联系。另一方面，心理学中的创伤事件可以对个人行为产生广泛而持久的影响（乔海曙、粟亚亚，2019）。健康问题作为创伤经历的一种，往往会对个人的行为产生持续的影响。因此，健康问题很有可能会改变个体的新农保参保行为。此外，尽管遭受健康问题的风险无法避免，但人们可以通过其他的方式来使意外事件发生后的损失降至最小。通常情况下，人们通过参加各种保险来减少这种损失。遭受健康问题以后，投资主体往往表现为更加厌恶风险。乔海曙和粟亚亚（2019）认为，当人们遭受创伤以后，会减少其持有的风险资产的比例。当人们遭受健康问题后，心理上以及身体上会留有不同程度的创伤，为弥补其经济方面的损失，他们会倾向于参加新农保来使其生活多一层保障。故本章提出以下假说：

假说 1：健康问题与新农保参保行为之间存在正相关性。

### 10.2.2 健康问题影响新农保参与的渠道

1. 丧失自理能力

正如上文所提到的，健康问题对人们的心理及身体造成不同程度的损伤，可能会导致其暂时性甚至永久性丧失劳动能力，更有甚者会导致死亡。因此，由于健康问题导致的劳动能力不同程度的丧失，可能会使这类人群照顾不了自己的衣食起居。李琴等（2021）发现，丧偶会使其日常活动需要帮助的概率显著提高，而健康问题与丧偶同为创伤经历，可能会使患者日常活动需要帮助，即丧失自理能力的概率提高。如果农村居民丧失自理能力，其参与新农保的意愿会加强。这是因为：一方面，新农保可以使农村居民获得各类医疗服务和日常照料的机会，改善其整体健康水平（杜兴艳等，2022）。因此，当农村居民失去自理能力时，很有可能会通过参加新农保来改善其健康水平；另一方面，健康状况差的农村居民，其投资风险资产的概率会降低，其家庭往往倾向于持有低风险的储蓄性资产，目的是增加家庭的预防性储蓄。因此，当健康问题导致农村居民丧失自理能力时，他们会倾向于参加具有低风险特征的新农保，并以此来改善自身的健康水平。故提出以下假说：

假说 2：健康问题提高了丧失自理能力的概率，促进了农村居民新农保参与。

2. 工资收入降低

遭受健康问题的人，其工资收入可能会大幅降低。这是因为：一方面，遭受健康问题的人，体能会有所下降，使其劳动质量降低，对工资的议价权丧失，进而导致其收入水平下降（李忠旭、庄健，2021）；另一方面，遭受健康问题的人其家庭总劳动数量会减少、个体劳动参与率降低、劳动时间相应减少（李忠旭、庄健，2021；朱超、王戎，2022）。对于农村居民来说，更愿意采用自我储蓄的养老模式养老。收入水平越低，农村居民参与新农保的意愿越强烈；反之，收入水平提高时，参与新农保的意愿会降低，即收入水平与新农保参保行为之间存在负相关关系，这与农村居民整体文化水平较低以及接受新鲜事物的能力较弱有关（柳晨，2017）。因此，当健康问题导致农村居民的收入水平降低时，农户参与新农保的积极性会提高。故提出以下假说：

假说 3：健康问题降低了农村居民工资收入水平，促进了新农保参与。

3. 金融脆弱性

健康问题作为一种创伤经历，会对家庭金融风险产生显著影响，进而改变家庭的投资决策。一方面，健康问题会使个体劳动供给减少。朱超和王戎（2022）指出，健康问题会使个体劳动参与率降低，且这种影响在男性群体以及农村地区更严重。受此影响，遭受过健康问题的人群，其家庭收入会显著降低，家庭金融风险则会扩大。另一方面，遭受健康问题的人群，其医疗支出将会增加，家庭偿付能力会弱化。何兴强和史卫（2014）发现，当受到健康问题冲击时，城镇家庭会通过减少非食品消费来缓解家庭经济压力。李昊和张昭（2020）的研究发现，健康问题会挤出家庭教育投资，且这种挤出效应在低收入群体以及农村家庭中更为显著。因此，遭受健康问题的人群受医疗成本增加的影响，家庭金融风险提高。综合以上分析可知，健康问题会使家庭金融脆弱性提高（张冀等，2022）。此外，张冀等（2016）发现，对于缓解家庭金融脆弱性，采用保险的方式比储蓄的方式更有效。新农保作为一种普惠性养老保险，家庭可以通过购买新农保来缓解所面临的金融脆弱性。故提出以下假说：

假说 4：健康问题增强了家庭金融脆弱性，促进了新农保参与。

### 10.2.3 健康问题对新农保参与的异质性分析

意外伤残与重大疾病是一种特殊风险，而每个人对风险的认知水平与防范能力不同，这种能力与受教育水平相关。对于受教育水平高的人群来说，他们对风险的认知水平较高（叶明华，2014），意味着其对风险的识别能力相对较高，更加注重采用各种方式来防范风险。保险作为防范风险的重要手段，对于受教育水平高的人群来说更容易接受，因此倾向于参加新农保。此外，年龄及家庭规模对投资主体的投资决策产生显著影响（王聪等，2017；朱光伟等，2014）。因此，年龄及家庭成员数量会影响农村居民新农保的参与。由于本章所选取数据均为 45 周岁及以上居民样本，故对于年龄特别大的老年群体来说，其对新农保的接受程度不会太强。家庭成员数量作为一项家庭决策经常会考虑的重要指标，人们在决定是否参加新农保时也会对其进行考虑。因此，家庭成员数量不同，参与新农保的概率也有所不同。故本章认为，健康问题与新农保参与的相关程度会因为人群的差异而存在异质性，故提出以下假说：

假说 5：健康问题与新农保参与行为之间的相关性存在人群异质性。

## 10.3 模型设计与变量选取

### 10.3.1 模型设计

本章主要研究健康问题与新农保参与行为之间的相关性。考虑是否参加新农保是二值变量，故采取 Probit 模型来进行研究，模型设计如下：

$$Y=\beta_0+\beta_1 X+\beta_2 control+\mu \tag{10-1}$$

式中，$Y$ 表示被解释变量是否参与新农保，$Y=1$ 表示参加了新农保，$Y=0$ 表示没有参加新农保；$\beta_0$ 为常数项；$X$ 表示核心解释变量健康问题，$X=1$

表示遭受过健康问题，$X=0$ 表示没有遭受过健康问题，$\beta_1$ 是其回归系数；*control* 表示控制变量，$\beta_2$ 为其相应回归系数；$\mu$ 为随机误差项。

### 10.3.2 数据来源

本章数据主要来源于中国健康与养老追踪调查（CHARLS）2018 年的问卷。CHARLS 数据库中的调查对象为我国 45 岁及以上的中老年人，基于这些微观数据，可对我国的老龄化问题进行分析研究。该数据库自 2011 年起开始全国基线调查，覆盖上万户家庭，之后每隔两到三年进行一次追踪调查，调查内容包含健康状况以及保险与医疗等方面。因此，用 CHARLS 数据库数据可以真实地反映我国老年群体的特征。本章主要研究健康问题与新农保参与行为之间的相关性，故将城市户口的样本剔除，只保留农村户口样本共 3117 个，参加新农保的总样本量为 2492。

### 10.3.3 变量选取与说明

1. 被解释变量

被解释变量为是否参与新农保，参与的赋值为 1，否则为 0。为尽可能地减少缺失值，本章为该变量选取四个问卷问题，分别为“现在正在领取或缴费的养老保险种类”“现在没有缴纳的原因”“没有资格参与的原因”和“现在不领取的原因”。将第一个问题问答选项为“新型农村养老保险”的赋值为 1，回答了第二个问题或者第三个问题的赋值为 0，第四个问题问答选项为“我没有缴费”的赋值为 0。

2. 核心解释变量

核心解释变量为是否遭受过健康问题，有则赋值为 1，否则为 0。参考乔海曙和粟亚亚（2019）的做法，选取了五个问题来对该变量赋值，分别为“身体的哪个器官或部位患有或曾经患有癌症”“您是否有下列残疾问题”“您是否经历过交通事故，或任何重大意外伤害，并接受了治疗”“事故导致的伤害是否影响现在的日常生活”“您认为您的健康状况怎样”。将前四个问题问答选项为“是”以及第五个问题问答选项为“不好”或“很不好”的赋值为 1，否则为 0。此外，为尽量减少衡量误差，采用了另一种方法对核心解释变量进行衡量。为此，选取了两个问题，分别为“因为残疾或健康原因，我无法正常工作或劳动”以及“因为残疾或健康原因，我无法正常家务”，将问答选项为“我完全无法正常工作或劳动”“我不能长时间工作或劳动”“我完全无法正常做家务”或“我不能长时间做家务”的赋值为1，否则为0。

3. 控制变量

为减少更多外在因素的干扰使模型更加稳健，本章根据前人经验选取了以下几个控制变量：性别，男性赋值为1，女性赋值为0；民族，汉族赋值为1，否则为0；教育水平，初中以上赋值为1，否则为0；生活满意度，分“极其满意”到“一点也不满意”共五个档次，分别赋值为1~5；平均每月支出，做对数处理；家庭成员数量；婚姻状况，已婚且同居赋值为1，否则为0；睡眠时间，本章采用“过去1个月内，您平均每晚真正睡着的时间”进行衡量，睡眠时间能够综合反映一个人的健康状况包括生理及心理的健康状况，如果长期睡眠不足，容易引发多种慢性疾病（李琴，2021）；工作状态，工作赋值为1，否则为0；年龄，以调查时间减去出生年份算得。

## 10.3.4　描述性统计

依上文所述，表10-1给出了相关变量的描述性统计，包括观测值数量、样本均值、标准差、最小值以及最大值。

表10-1　描述性统计

| 变量 | 观测值数量 | 样本均值 | 标准差 | 最小值 | 最大值 |
| --- | --- | --- | --- | --- | --- |
| 新农保 | 2492 | 0.7797 | 0.4145 | 0 | 1 |
| 健康问题 | 3117 | 0.3843 | 0.4865 | 0 | 1 |
| 健康问题1 | 3117 | 0.4536 | 0.4979 | 0 | 1 |
| 丧失自理能力 | 3117 | 0.5772 | 0.4941 | 0 | 1 |
| 工资收入的对数 | 3107 | 1.7755 | 3.6936 | 0 | 12 |
| 性别 | 3117 | 0.4642 | 0.4988 | 0 | 1 |
| 民族 | 3117 | 0.9163 | 0.2770 | 0 | 1 |
| 教育水平 | 3117 | 0.0542 | 0.2265 | 0 | 1 |
| 生活满意度 | 3117 | 2.7010 | 0.9314 | 1 | 5 |
| 平均每月支出的对数 | 3053 | 6.8564 | 1.1955 | 0 | 11 |
| 家庭成员数量 | 3117 | 0.5274 | 0.7892 | 0 | 9 |
| 婚姻状况 | 3117 | 0.6660 | 0.4717 | 0 | 1 |
| 睡眠时间 | 3117 | 6.1598 | 2.1492 | 0 | 15 |

续表

| 变量 | 观测值数量 | 样本均值 | 标准差 | 最小值 | 最大值 |
|---|---|---|---|---|---|
| 工作状态 | 3117 | 0.8508 | 0.3563 | 0 | 1 |
| 年龄 | 3117 | 63.0327 | 10.7119 | 45 | 118 |

## 10.4 实证分析

### 10.4.1 基准回归

本章用 Probit 模型探究了健康问题与新农保参与行为之间的相关性，基准回归结果见表 10-2，其中，第（1）、第（2）列为用第一种方式衡量核心解释变量的回归结果，第（3）、第（4）列为用第二种方式衡量核心解释变量的回归结果。从表 10-2 第（1）、第（2）列可见，无论是否加控制变量，核心解释变量健康问题都在 1%的显著性水平上促进了新农保的参与，且促进的程度差异微小；从表 10-2 第（3）列可见，用另一种方法衡量的核心解释变量在没有控制变量的情况下在 1%的显著性水平上促进了新农保的参与，表 10-2 第（4）列显示加入控制变量后在 5%的水平上显著促进了新农保的参与，且促进程度与第一种衡量方式的差异也相当小，表明本章核心解释变量的测量结果相对稳健，很好地验证了假说 1。

表 10-2　基准回归

| 变量 | 健康问题第一种衡量方式 | | 健康问题第二种衡量方式 | |
|---|---|---|---|---|
| | (1) | (2) | (3) | (4) |
| | 新农保 | 新农保 | 新农保 | 新农保 |
| 健康问题 | 0.049***<br>(2.84) | 0.050***<br>(2.74) | 0.048***<br>(2.86) | 0.041**<br>(2.22) |
| 性别 | | -0.018<br>(-1.05) | | -0.017<br>(-0.97) |
| 民族 | | 0.072**<br>(2.51) | | 0.074**<br>(2.57) |
| 教育水平 | | -0.052<br>(-1.49) | | -0.051<br>(-1.44) |

续表

| 变量 | 健康问题第一种衡量方式 | | 健康问题第二种衡量方式 | |
|---|---|---|---|---|
| | (1) | (2) | (3) | (4) |
| | 新农保 | 新农保 | 新农保 | 新农保 |
| 生活满意度 | | -0.014<br>(-1.52) | | -0.012<br>(-1.31) |
| 平均每月支出的对数 | | -0.012<br>(-1.40) | | -0.012<br>(-1.43) |
| 家庭成员数量 | | -0.013<br>(-1.23) | | -0.013<br>(-1.25) |
| 婚姻状况 | | 0.017<br>(0.89) | | 0.018<br>(0.91) |
| 睡眠时间 | | -0.001<br>(-0.31) | | -0.002<br>(-0.40) |
| 工作状态 | | -0.013<br>(-0.54) | | -0.012<br>(-0.49) |
| 年龄 | | 0.001<br>(0.80) | | 0.000<br>(0.42) |
| *N* | 2492 | 2440 | 2492 | 2440 |

注：括号内为稳健标准误；**为在5%水平上显著，***为在1%水平上显著。

### 10.4.2　中介效应

前文已证实健康问题与新农保参与行为之间存在显著的正向关系。那么，健康问题是怎么影响新农保参与的呢？为探讨健康问题影响新农保参与的内在机理，本章采用逐步回归法，选取“丧失自理能力”“工资收入”以及“家庭金融脆弱性”三个中介变量分析其作用机制。模型如下：

$$Y=cX+e_1 \tag{10-2}$$

$$M=aX+e_2 \tag{10-3}$$

$$Y=c'X+bM+e_3 \tag{10-4}$$

其中，$Y$ 为被解释变量新农保；$X$ 为核心解释变量健康问题；$M$ 为中介变量。式（10-2）表示解释变量对被解释变量回归，这在基准回归中已经实现；式（10-3）表示解释变量对中介变量回归；式（10-4）表示中介变量对被解释变量回归；$e_1$、$e_2$、$e_3$ 均为随机扰动项。

1. 丧失自理能力

丧失自理能力以日常活动是否需要帮助进行衡量。将日常活动分为日常生活活动以及工具性日常生活活动两大类，只要有一类日常活动需要帮助，就称为丧失自理能力（李琴，2021）。需要帮助赋值为1，否则为0。按照模型进行回归，结果显示健康问题在1%的显著性水平上提升了丧失自理能力的概率；丧失自理能力在5%的显著性水平上促进了新农保的参与，回归结果见表10-3第（1）、第（2）列。原因在于对于遭受过健康问题的人群来说，无论是身体上还是心理上，都受到了一定的伤害，其劳动能力存在不同程度的丧失，导致其在日常生活中的一些不便，增加了其丧失自理能力的概率；当其丧失自理能力时，其在心理上产生脆弱感。为改善生活，这类弱势群体倾向于参加新农保。基于以上分析，验证了假说2。

2. 工资收入

为衡量工资收入选取问卷问题“包括奖金、各种补贴在内，过去一年一共领取的工资”，并对其进行对数处理。按照模型进行回归，结果显示健康问题在1%显著性水平上抑制了农户的工资收入；工资收入的提升又在1%显著性水平上抑制了新农保的参与，回归结果见表10-3第（3）、第（4）列。原因在于遭受过健康问题的人群，由于其劳动能力在不同程度上有所损失，从而减少其劳动时间，导致其工作岗位受限，且对工资的议价权弱化，导致工资水平下降，甚至退出劳动市场。这与朱超和王戎（2022）认为受到健康问题冲击后，个体会减少劳动时间，甚至减少劳动参与的结论一致。即便之后可恢复到正常水平，也因休养与社会脱节，其工资水平短时间内难以恢复如初；而收入水平与新农保参与行为之间存在负向关系（柳晨，2017），当工资收入较低时，为使生活多一层保障，农村居民参加新农保的积极性会提升。基于以上分析，验证了假说3。

3. 家庭金融脆弱性

家庭金融脆弱性是个综合性指标，不仅可以反映家庭的风险积累程度，还可以体现家庭应对风险的能力。在此，分别用财务边际和家庭偿付能力来对家庭的风险积累程度以及家庭应对风险的能力进行衡量：

$$\text{家庭财务指标：} FM = Y - LC \tag{10-5}$$

$$\text{家庭偿付能力：} CF = (Y + LA) / LC \tag{10-6}$$

$$家庭金融脆弱性：HFF=\begin{cases}-1，FM\geqslant 0，无脆弱性\\0，FM<0 且 1\leqslant CF<1+LA/LC，低脆弱性\\1，FM<0 且 CF<1，高脆弱性\end{cases} \tag{10-7}$$

式（10-5）中，*FM* 表示财务边际，反映的是家庭当期财务流动性状况；*Y* 表示家庭收入，包括工资收入、个体经营或开办私营企业收入、农业收入以及家庭获得的转移支付收入等；*LC* 表示家庭支出，包括食品支出、日常生活支出、税费和杂费等家庭基本生活支出以及贷款和借款等负债。式（10-6）中，*CF* 表示偿付能力，*LA* 表示现金及银行存款等流动性资产（张冀等，2022）。通过式（10-5）、式（10-6）可以构建家庭金融脆弱性（*HFF*）指标，见式（10-7）。当 $HFF=-1$ 时，表示无脆弱性，即家庭的支出与负债被家庭收入覆盖；当 $HFF=0$ 时，表示低脆弱性，即家庭的支出与负债虽然不能被家庭收入覆盖，但可通过流动性资产对其进行补偿；当 $HFF=1$ 时，则表示高脆弱性，即家庭的支出与负债能被家庭收入覆盖，且流动性资产无法对其进行补偿。

构建了家庭金融脆弱性指标后，按照逐步回归法进行回归，结果显示健康问题在1%显著性水平上提高了家庭金融脆弱性；家庭金融脆弱性的提升又在1%显著性水平上促进了新农保的参与，回归结果见表10-3第（5）、第（6）列。原因在于遭受过健康问题冲击的人群，生活各方面皆受到一定程度的负向影响。为治疗疾病，家庭的医疗支出将增加，更有甚者需举债来治疗疾病，家庭的偿付能力随之下降。李程和李海兴（2020）指出，健康支出是导致居民负债的重要影响因素。家庭金融脆弱性是衡量家庭风险积累程度与应对风险能力的指标。当家族成员遭受健康问题时，家庭金融脆弱性随之提高。为缓解金融脆弱性，遭受健康问题冲击的家庭倾向于参加新农保，因为对于缓解家庭金融脆弱性而言，采用保险的方式比储蓄的方式更合适（张冀等，2016）。以上分析很好地验证了假说4。

**表10-3　中介效应检验**

| 变量 | (1) | (2) | (3) | (4) | (5) | (6) |
|---|---|---|---|---|---|---|
| | 丧失自理能力 | 新农保 | 工资收入 | 新农保 | 家庭金融脆弱性 | 新农保 |
| 健康问题 | 0.223*** | 0.040** | −0.760*** | 0.041** | 0.171*** | 0.045** |
| | (14.74) | (2.16) | (−5.75) | (2.25) | (4.86) | (2.49) |
| 性别 | −0.163*** | −0.011 | 1.536*** | 0.001 | −0.197*** | −0.012 |
| | (−10.73) | (−0.63) | (11.94) | (0.06) | (−5.70) | (−0.68) |

续表

| 变量 | (1) | (2) | (3) | (4) | (5) | (6) |
|---|---|---|---|---|---|---|
| | 丧失自理能力 | 新农保 | 工资收入 | 新农保 | 家庭金融脆弱性 | 新农保 |
| 民族 | -0.061** <br> (-2.18) | 0.074*** <br> (2.58) | 0.712*** <br> (3.17) | 0.080*** <br> (2.80) | -0.026 <br> (-0.42) | 0.072** <br> (2.51) |
| 教育水平 | -0.110*** <br> (-3.25) | -0.046 <br> (-1.33) | 0.218 <br> (0.79) | -0.048 <br> (-1.39) | -0.157** <br> (-2.20) | -0.047 <br> (-1.36) |
| 生活满意度 | 0.021** <br> (2.38) | -0.016 <br> (-1.63) | -0.005 <br> (-0.07) | -0.014 <br> (-1.47) | 0.082*** <br> (4.48) | -0.016* <br> (-1.71) |
| 平均每月支出的对数 | -0.031*** <br> (-4.01) | -0.011 <br> (-1.26) | 0.207*** <br> (3.69) | -0.010 <br> (-1.17) | 0.201*** <br> (15.94) | -0.017* <br> (-1.94) |
| 家庭成员数量 | 0.014 <br> (1.35) | -0.014 <br> (-1.29) | 0.042 <br> (0.51) | -0.012 <br> (-1.15) | -0.134*** <br> (-5.67) | -0.010 <br> (-0.92) |
| 婚姻状况 | -0.035* <br> (-1.93) | 0.018 <br> (0.94) | -0.499*** <br> (-3.48) | 0.009 <br> (0.48) | -0.031 <br> (-0.80) | 0.018 <br> (0.92) |
| 睡眠时间 | -0.008** <br> (-2.20) | -0.001 <br> (-0.25) | 0.011 <br> (0.38) | -0.002 <br> (-0.42) | -0.004 <br> (-0.54) | -0.001 <br> (-0.26) |
| 工作状态 | -0.082*** <br> (-3.56) | -0.011 <br> (-0.44) | 1.167*** <br> (6.64) | 0.003 <br> (0.12) | -0.175*** <br> (-3.71) | -0.009 <br> (-0.35) |
| 年龄 | 0.015*** <br> (19.69) | 0.000 <br> (0.11) | -0.096*** <br> (-14.59) | -0.001 <br> (-0.56) | 0.005*** <br> (2.91) | 0.001 <br> (0.65) |
| 丧失自理能力 | | 0.041** <br> (2.14) | | | | |
| 工资收入 | | | | -0.012*** <br> (-4.96) | | |
| 家庭金融脆弱性 | | | | | | 0.027*** <br> (2.94) |
| *N* | 3053 | 2440 | 3044 | 2433 | 3053 | 2440 |

### 10.4.3 异质性

健康问题与新农保参与行为之间存在正相关性，但对于哪种人群这种相关性更明显不得而知。因此，本章在上文的基础上对模型进行了分样本异质性分析，回归结果见表 10-4。

表 10-4 分组回归检验

| 分组依据 | 教育水平 | | 家庭成员数量 | | 年龄 | |
|---|---|---|---|---|---|---|
| | 高 | 低 | 多 | 少 | 大 | 小 |
| | (1) | (2) | (3) | (4) | (5) | (6) |
| 健康问题 | 0.259**<br>(2.48) | 0.040**<br>(2.20) | 0.093***<br>(3.14) | 0.022<br>(0.95) | 0.012<br>(0.48) | 0.087***<br>(3.30) |
| 性别 | -0.069<br>(-0.81) | -0.018<br>(-1.03) | -0.035<br>(-1.22) | -0.008<br>(-0.38) | -0.005<br>(-0.18) | -0.030<br>(-1.27) |
| 民族 | 0.048<br>(0.35) | 0.075**<br>(2.54) | 0.066<br>(1.51) | 0.089**<br>(2.33) | 0.091**<br>(2.25) | 0.067<br>(1.64) |
| 生活满意度 | -0.034<br>(-0.69) | -0.014<br>(-1.48) | -0.042***<br>(-2.68) | 0.003<br>(0.25) | -0.004<br>(-0.31) | -0.030**<br>(-2.18) |
| 平均每月支出的对数 | -0.058<br>(-1.31) | -0.010<br>(-1.19) | -0.036**<br>(-2.57) | -0.005<br>(-0.47) | -0.000<br>(-0.01) | -0.039***<br>(-2.93) |
| 家庭成员数量 | -0.022<br>(-0.54) | -0.011<br>(-0.95) | | | 0.009<br>(0.46) | -0.018<br>(-1.37) |
| 婚姻状况 | 0.068<br>(0.61) | 0.015<br>(0.75) | 0.036<br>(1.12) | 0.008<br>(0.34) | 0.023<br>(0.90) | 0.005<br>(0.17) |
| 睡眠时间 | -0.004<br>(-0.15) | -0.001<br>(-0.26) | 0.000<br>(0.06) | -0.003<br>(-0.54) | -0.005<br>(-0.94) | 0.003<br>(0.51) |
| 工作状态 | -0.060<br>(-0.49) | -0.012<br>(-0.48) | 0.008<br>(0.20) | -0.030<br>(-0.91) | -0.001<br>(-0.03) | -0.033<br>(-0.85) |
| 年龄 | 0.006<br>(1.01) | 0.001<br>(0.66) | 0.002<br>(1.47) | 0.000<br>(0.01) | | |
| 教育水平 | | | -0.070<br>(-1.38) | -0.032<br>(-0.67) | -0.046<br>(-0.53) | -0.050<br>(-1.27) |
| *N* | 133 | 2307 | 977 | 1463 | 1143 | 1297 |
| 组间系数差异 *p* 值 | 0.05** | | 0.0665* | | 0.048** | |

1. 教育水平的高低

教育水平是衡量一个人受教育程度的指标。本章按照教育水平分组，将初中及以下的分为一组，称为低教育水平组；初中以上的分为另一组，称为高教育水平组，并分别对因变量进行回归，结果见表 10-4 第（1）、第（2）列。由表 10-4 可知，两组样本均在 5%显著性水平上促进了新农保的参与。从高教育水平组来看，健康问题每增加一个单位，新农保增加 0.259 个单位；而从低教育水平组来看，健康问题每增加一个单位，新农保只增加 0.040 个单位。可见，健康问题与新农保参与行为之间的正相关性对于高教育水平的人群来说更明显，且这种差异在统计上显著。原因在于：其一，受教育程度高的人群对于风险的认知水平和识别能力相对较高，倾向于采取各种方式对风险进行适当防范，譬如参加保险。其二，高教育水平的人群对于保险的接受度更高，而教育水平低的人群对于包括新农保在内的保险的了解不是很深入，接受度较低，并不认为参与新农保可让其晚年生活有保障，甚至因为要交保费而对新农保产生抵触情绪。其三，由于老农保没有达到预期的效果，受教育程度低的人群并不相信新农保可以达到预期。因此，对于高教育水平的人群来说，更容易相信新农保，参加新农保的概率也更高。

2. 家庭成员数量

在人们进行某项决策时，经常会将家庭成员数量考虑在内。按照家庭成员数量分组，以家庭成员数量的均值为分割点，将家庭成员数量高于均值的分为一组，等于或低于均值的分为另一组，用两组样本分别对因变量进行回归，结果见表 10-4 第（3）、第（4）列。由表 10-4 可知，两组回归结果存在明显差异，对于家庭成员数量较多的一组来说，健康问题每增加一个单位，新农保增加 0.093 个单位，且在 1%水平上显著；而对于家庭成员数量相对较少的一组来说，回归结果并不显著，且这种差异在统计上显著。原因在于：一方面，对于家庭成员数量较多的中老年人来说，家庭经济压力较大，人均得到的经济支持相对较少，为缩小这种差距，他们倾向于参加新农保；另一方面，对于儿女较多的家庭来说，可能出现大家都不愿意为父母养老的情形，进而导致新农保参与度的提升。对于家庭成员数量较少的一组来说，经济压力相对较小，不倾向于参加新农保。此外，有些家庭只剩受访人本人，他们对生活不乐观，容易产生得过且过的心理，导致该类人群不愿意参加新农保。

3. 年龄

按照年龄分组，以年龄均值为分割点，将年龄大于均值的分为一组，称为高年龄组；等于或小于均值的分为另一组，称为低年龄组。用两组样本分别对因变量进行回归，结果见表 10-4 第（5）、第（6）列。从表 10-4 可见，两组回归结果存在明显差异，对于低年龄组来说，健康问题每增加一个单位，新农保增加 0.087 个单位，且在 1%水平上显著；而对于高年龄组来说，回归结果并不显著，且这种差异在统计上显著。原因在于对于高年龄组来说，一方面其年事已高，领取新农保的时间不会太久；另一方面，由于年龄大，身体容易产生各方面问题，导致其对新农保的认知能力较弱，甚至根本不知道新农保。此外，高年龄组人群相对于低年龄组人群来说，由于身体机能更差，经济来源相对匮乏，没有多余的资金参加新农保，因此参与新农保的概率较低；而对于低年龄组人群来说，其领取新农保的时间相对较长，认知与接受能力也强于高年龄组人群，且收入来源较高年龄组更多，因而倾向于参加新农保。

以上三种分组回归很好地验证了假说5。

### 10.4.4 稳健性

为降低由于各种原因引起的模型估计的可能偏差，接下来对模型进行稳健性检验。本章采用了两种方法，分别为倾向得分匹配（PSM）和工具变量法，结果均显示模型比较稳健。

1. 倾向得分匹配

本章采用了两种匹配方法，第一种为半径匹配，半径取0.05；第二种为最近邻匹配，以1∶2和1∶4进行了两次匹配，匹配前后样本偏差绝对值的分布特征见表10-5。其中，Matched（1）为半径匹配，Matched（2）为1∶2的最近邻匹配，Matched（3）为1∶4的最近邻匹配，结果显示匹配效果较好。

表10-5 匹配前后样本偏差绝对值的分布特征（半径匹配0.05/最近邻匹配）

| 样本 | Ps $R^2$ | LR chi2 | p>chi2 | Mean Bias | Med Bias | B | R | %Var |
|---|---|---|---|---|---|---|---|---|
| Unmatched | 0.061 | 198.59 | 0.000 | 17.2 | 13.6 | 59.3* | 1.38 | 60 |
| Matched（1） | 0.001 | 3.18 | 0.977 | 2.1 | 0.9 | 8.2 | 0.98 | 60 |
| Matched（2） | 0.001 | 3.59 | 0.964 | 2.7 | 1.5 | 8.7 | 0.85 | 60 |
| Matched（3） | 0.001 | 3.42 | 0.970 | 2.4 | 1.5 | 8.5 | 0.90 | 80 |

匹配后再次用健康问题对新农保进行回归，回归结果见表10-6。其中，表10-6第（1）、第（2）列为半径匹配后的回归结果，第（3）、第（4）列为1∶2最近邻匹配的回归结果，第（5）、第（6）列为1∶4最近邻匹配的回归结果。可以发现，无论是哪种匹配方式，无论是否加控制变量，健康问题与新农保参与行为之间的正向关系都在1%水平上显著。尽管这种相关程度在不同的匹配方式下有微小差异，但我们仍然可以认为健康问题与新农保参与行为之间存在显著的正相关性。

表 10-6　匹配后回归结果

| 变量 | (1) | (2) | (3) | (4) | (5) | (6) |
|---|---|---|---|---|---|---|
| | 新农保 | 新农保 | 新农保 | 新农保 | 新农保 | 新农保 |
| 健康问题 | 0.051***<br>(2.60) | 0.051***<br>(2.94) | 0.073***<br>(3.09) | 0.080***<br>(3.73) | 0.061***<br>(2.73) | 0.064***<br>(3.23) |
| 控制变量 | 否 | 是 | 否 | 是 | 否 | 是 |
| *N* | 2433 | 2433 | 1670 | 1670 | 2125 | 2125 |

2. 工具变量法

本章采用“预期寿命”作为核心解释变量“健康问题”的工具变量，选用的问题是“您设想您活到这个年龄的可能性有多大”，将问答选项为“很可能”或“简直一定”的赋值为 1，否则为 0。即非常乐观地认为自己可以活到更大年龄的赋值为 1，较悲观的则赋值为 0。

检验工具变量是否可行的结果见表 10-7 相关指标。由第一阶段的 *F* 值及其对应 *p* 值可知，工具变量与核心解释变量之间存在较强的相关关系，排除弱工具变量问题。由 *Wald* 检验结果可知，核心解释变量存在内生性问题，需要使用工具变量法对模型进行估计。由于本章工具变量个数与内生变量个数相等，故无法进行过度识别检验，只能对模型进行理论上的分析。我们认为“预期寿命”对于模型本身来说具有较强的外生性，可以用其来替代“健康问题”。

缓解内生性问题后再对新农保进行回归，回归结果见表 10-7 第二阶段回归。结果表明，无论是否加控制变量，健康问题与新农保参与行为之间都存在显著的正相关性。可见，健康问题可以对新农保的参与行为产生显著的正向影响，模型稳健。

表 10-7　工具变量法

| 相关指标 | | | 第二阶段回归 | | |
|---|---|---|---|---|---|
| 工具变量 | 预期寿命 | 预期寿命 | 变量 | (1) | (2) |
| 第一阶段 *F* 值 | 66.82<br>(0.00) | 22.89<br>(0.00) | 健康问题 | 新农保<br>0.980*** | 新农保 1.247** |
| *Wald* | 5.68<br>(0.0171) | 5.24<br>(0.0220) | 控制变量 | (2.71)<br>否 | (2.46)<br>是 |
| 控制变量 | 否 | 是 | *N* | 2492 | 2440 |

注：相关指标下括号内为相应检验的 *p* 值；第二阶段回归括号内为稳健标准误。

## 10.5　本章小结与建议

本章基于以上分析验证了开始提出的五个假说，遂得出如下结论：健康问题可以在1%水平上显著促进新农保的参与，且边际效用为5%；在此过程中，“丧失自理能力”“工资收入”以及“家庭金融脆弱性”起到了中介作用，即健康问题使丧失自理能力的概率、工资收入减少的概率以及家庭金融脆弱性提高的概率增加，进而提高了其参与新农保的概率。在健康问题促进新农保参与的过程中，不同的人群之间存在显著差异，具体表现为对不同教育水平的人群参与新农保的促进作用虽然都显著，但对教育水平高的人群促进作用更大；对家庭成员数量大于均值的人群促进作用显著，但对家庭成员数量等于及小于均值的人群促进作用不显著；对年龄小于及等于中位数的人群促进作用显著，但对年龄大于中位数的人群促进作用不显著。

增进民生福祉是发展的根本目的。现阶段由于人口老龄化程度的加剧，家庭的养老压力与日俱增。此外，老年人由于身体机能下降，更容易遭受健康问题。新农保作为基本养老保险，可以使老年人有稳定的收入来源，不仅能有效缓解家庭的养老压力，还可以保障有健康问题的弱势群体的基本生活。因此，政府应加强新农保的宣传力度，使可参保人群对新农保有正确而全面的认识，争取实现百分之百的覆盖率。

基于以上分析，我们认为：其一，对于有健康问题的弱势群体，应该通过讲座以及其他宣传方式使其对风险和新农保有进一步认知，进而促使其积极参与新农保，实现弱有所扶；其二，应当在教育水平较低的人群中大力普及新农保，使其对新农保有更深层次的理解；其三，对于家庭成员数量较少的家庭，需要在普及新农保的同时给予其适当安抚，让其对生活充满信心；其四，至于年龄较大的人群，由于其大多已超过参保年龄，可以适当地给予生活补助以保障其基本生活，此外，对于尚在参保年龄范围内年龄较大的居民，要使其对新农保有正确的认知，不要因为老农保没有达到预期效果而对新农保失去信心。采取措施提高新农保的参与力度，以缓解居民的家庭养老压力，逐步减少对家庭养老的依赖。要逐渐提高新农保保障水平，使居民对新农保有更好的预期，促使其持续缴费，形成参与新农保的长效机制。进一步惠及全体农村居民，使其晚年生活多一层保障。

进一步践行防治相结合的健康理念，不仅要帮助农村居民养成健康的生活方式，还要提高其防控疾病的意识；对于欠发达地区，需增强居民的环境治理意识。此外，鼓舞优秀全科医生下基层，加强优质医疗资源向下扩容的能力，推动基层医疗机构标准化建设，向易受健康问题冲击的人群提供优质便捷的健康服务（韦艳、汤宝民，2022）。要重点关注遭受健康问题冲击的弱势群体。政府需对新农保政策进行针对性改进，以实现对弱势群体的帮扶；对于未享受新农保的弱势群体，要进行及时、有重点的帮扶，减轻弱势群体的家庭经济负担，缓解其家庭金融脆弱性，以保障老年人老有所养，增进民生福祉。

# 11 社会网络视角下提高老年主体福利水平的对策探究

本章基于前文研究，总结了社会互动对老年人家庭资产配置行为及福利水平的重要影响，并基于社会网络视角从家庭资产配置与老年主体福利的互动关系入手，探索提高老年人福利的方法和措施。一方面，要重视老年人社会互动在资产配置决策中的潜在影响；另一方面，要考虑加强社会互动、发展数字经济以及合理配置资产所带来的福利效应，为解决老年主体福利问题、改善养老困境提出针对性建议。促进老年主体社会网络的构建及功能发挥，鼓励金融机构开发更多服务老年群体的金融创新产品，提高老年人互联网可得性以及加快适老化数字经济建设，是提高我国老年人养老质量和改善其福利水平的可行路径。

## 11.1 主要结论

### 11.1.1 亲子关系对老年人家庭资产配置及福利的影响

老年人与其子女之间的代际互动关系作为本书社会互动研究的第一个层面，其对老年人家庭资产配置及福利具有重要影响。老年人与子女关系较为集中地体现于家庭养老方式中。目前，我国正处于第一代独生子女逐步进入中高龄和三孩政策全面放开的社会交叉时期，劳动力占比下降加重了社会的“轻老重幼”倾向。在此背景下，仅靠家庭养老这一主流养老方式难以满足老年群体的养老需求，其生活质量难以得到提升。“十四五”纲要提出要通过培育养老新业态来补充家庭养老功能，形成多层次的养老体系。但从目前来看，政府和企业的社会养老保障难以满足老年人高质量的养老需求，第一和第二养老支柱的建设仍存在保障深度不够、覆盖范围有限等问题，短期内难以得到改善。对此，我国提出要在鼓励子女就近居住、加大家庭养老供给能力的同时促进第三支柱养老保险的发展和规范，充分发挥自我养老的优势。为了使养老模式融合成效最大化，厘清与子女同住和发展养老第三支柱之间的关系，本部分使用 2016 年和 2018 年中国家庭追踪调查（CFPS）数据，着重研究了作为养老第三支柱的重要组成部分，投资养老能否对家庭养老供给不足形成有效补充，这是当前促进老年人积极养老的关键。研究得出以下结论。

1. 亲子关系对老年人参与养老第三支柱、进行资产配置的促进作用

与子女同住与养老第三支柱建设有效互补，且在少子化和老龄化叠加形势下更加显著。其一，与子女同住显著提高了老年人参与金融市场的可能性和投资金额，同时显著增加了老年群体对风险金融资产的投资比重，表明以与子女同住为核心的家庭养老能够有效推动养老第三支柱的建设。异质性分析表明，当老年人为男性、居住于东部地区、子女教育水平和个人收入高时，这种促进效应更显著。机制研究发现，与子女同住带给老年人的安全感，降低了其风险厌恶程度、增加了老年人知识认知和信息接触面，从而促进了老年人金融投资；研究同时发现，老年人给予子女的劳动支持更能促进个人养老金参与，子女对父母的照料则未发现该效应，支持了与子女同住的代际交换动机。其二，子女数量少的父母更加依赖自身的养老投资，少子化反而推动了与子女同住对养老第三支柱的促进作用。据第七次全国人口普查数据，在老年人口占比高、少儿占比低以及人口增速慢的省份与子女同住更有助于对养老第三支柱的建设。

2. 基于亲子关系视角老年人参与养老第三支柱的福利效应

自身养老投资会缓解老年人的抑郁状况，提升其幸福感。其一，在老龄化不断加深的大背景下，老年人的生活处境和身体状况极易产生一系列“副作用”，诱发孤独感并降低其社会参与能力，从而导致老年群体心理抑郁、焦虑等问题频发。研究发现，与子女同住有效推动了老年人进行自我投资养老，而参与养老第三支柱显著地抑制了老年群体的抑郁情绪，表明家庭养老和自我养老的结合可以促进老年人的心理健康，提高其生活幸福感。其二，在少子化和老龄化背景下，同时加强家庭养老与老年人自身养老投资能更好地提升老年人的幸福感、获得感。发展养老第三支柱在子女赡养能力不足的情况下不仅能够满足老年人高质量的自我养老需求，还能提升老年群体的自我获得感和幸福感，让家庭养老负担转化为个人积极养老。

### 11.1.2 社会关系对老年人家庭资产配置的影响

老年主体与其他社会成员间的社会交往作为本书社会互动研究的第二个层面，研究发现其同样对老年人家庭资产配置行为具有重要影响。下面分别从老年人金融市场参与过程和参与风险两个维度展开论证。

1. 参与过程维度

人口老龄化背景下，中老年群体人口规模及其财富拥有量巨大，在金融市场的地位越发重要。但现实中大量中老年人受限于金融素养与传统观念，在正规金融领域依旧秉持高储蓄、低风险投资的传统，表现为正规金融市场的有限参与，而在以民间借贷为代表的非正规金融领域却表现得相对活跃，使得非正规金融参与成为一种特殊却广泛存在的金融投资活动。在中老年群体正规金融风险资产配置相对不足的背景下，探究中老年群体参与潜在风险较高的非正规金融活动的动因与内在逻辑，进一步理解中老年群体资产配置行为，有利于引导中老年家庭资产配置合理化，促进老年人自我养老质量的提升和福利状况的改善。同时，可以为解释“有限参与之谜”提供思路，对于理解我国金融体制的现状与未来发展、深化金融体制改革具有重要意义。基于中国特殊的社会文化传统，“熟人社会”的传统文化观念对中老年群体影响深远，其非正规金融参与行为更容易受到社会互动的影响。社会网络是非正规金融存在、发展和得以运作的核心因素，而社会互动是个体建立与巩固自身社会网络的实践基础。沿着该逻辑链条延伸，社会互动自然是研究居民非正规金融参与决策不可忽视的社会性因素。

因此，本章从社会互动视角切入，聚焦中老年人民间借贷参与行为，利用中国家庭追踪调查（CFPS）2018 年微观数据系统地考察社会互动对于我国中老年人非正规金融参与过程的影响，首次提出并检验了基于社会互动信息传递与心理塑造功能的作用机制。研究得出以下结论：社会互动能够显著促进中老年人民间借贷参与可能性与程度，主要通过潜在信息掌握机制与互助兑付预期机制发挥作用。金融素养、地区普惠金融的发展水平会减弱中老年人由社会互动促动的民间借贷参与，而社会资本会增强社会互动对其民间借贷参与的影响。

2. 参与风险维度

金融受骗是中老年人非正规金融参与风险的主要体现形式。让老年人安享幸福美满的晚年生活，拥有获得感、幸福感、安全感，既是每个家庭的关切，也是国家推动新时代老龄事业高质量发展的宗旨所在。但近年来，以中老年人群体为目标的金融诈骗呈高发态势，严重侵害了中老年人的合法权益。随着年龄的增长，中老年人逐渐退出工作岗位，经济恢复能力差，金融受骗的损失不仅影响其退休生活和晚年规划，更对其身心造成巨大打击。在此背景下，探究中老年人金融受骗风险的影响因素、揭示其受骗的内在机制，对保障中老年人的身心健康和财产安全、加强老年人的权益保障具有重要意义。现有文献多从中老年人个体特征、素养水平等维度讨论金融受骗成因，而忽视了中老年人行为决策中的社会心理因素。实际上，中老年人金融受骗具有鲜明的跟随从众性，诸多非法集资案、保健品诈骗案都表现出明显的群体性特征。[①] 在中国社会文化情境下，社会互动对中老年群体金融受骗的影响尤为突出。

在此背景下，本章将金融受骗作为非正规金融参与的风险维度进行综合考量，利用中国健康与养老追踪调查（CHARLS）数据库 2018 年全国追踪调查数据进行研究。研究过程中将行为金融学的研究思路与老年人金融受骗问题相结合，从非理性角度探究了社会互动对中老年人金融受骗可能性的影响及内在机制。研究发现：社会互动强度越高的中老年人金融受骗的可能性越高，且经过一系列稳健性检验证实结论稳健。机制分析表明，社会互动可以通过提高中老年人幸福感降低其受骗可能性；而通过传递健康负面消息引发健康焦虑、通过同伴信息交流降低了其对于新型骗局的警惕性、通过传递社交同伴投资行为信息引发从众效应，助推了金融骗局在同一社交群体中扩散，提高了中老年人受骗可能性。进一步分析发现，职业声望较高的子女更容易说服中老年人摆脱金融骗局；从事家庭采购活动、具有尽职性人格特质的中老年人往往不容易受骗；有过重大人生失意经历的个体在弱关系社交中有更高的受骗概率。本章的研究结论为制定有效的中老年人反诈政策、保护中老年人金融财产权益提供了实证支持，亦有助于市场主体把握中老年人经济决策行为规律，合理调动银发市场资源，促进国民经济在老龄化背景下健康持续发展提供新思路。

### 11.1.3 社会关系对老年人福利的影响

老年主体与其他社会成员间的社会交往作为本书社会互动研究的第二个层面，进一步探讨了社会关系对老年人福利产生的影响，研究如何高质高效地提升老年人消费福利。基于国家战略视角，可通过推动老年人消费升级来

① 相关新闻屡见报端，参见了张晓鸣的《警惕！老年人群体性被骗现象较为突出》。

实现。消费升级不仅意味着消费规模的扩大，还代表着老年人消费结构的优化，消费升级可以使老年人的生活在质和量上均得到提高。

适度的消费规模和合理的消费结构是老年群体享受养老福利的基本途径。基于当前的政策背景和“国内大循环”新格局，扩大内需是战略基点，而消费升级是提振消费扩大内需的重要驱动力，已成为当前我国经济发展的关注点与着力点。老年群体以其巨大的人口规模及其积累的财富量具备形成超大规模消费市场的潜力，是扩大内需不容忽视的力量。与老年人节俭保守、消费需求低、缺乏消费活力的固有观念不同，老年人不再局限于生活必需品消费，消费重心开始迁移至旅游、美容、健身、美食等享用型消费。老年人消费观念改变推动消费升级为其晚年生活的改善创造了良好条件，成为促进经济发展的重要力量，成为应对人口老龄化“变危为机”的关键。因此，基于事实重新审视老年人的消费行为、剖析老年人消费升级背后的驱动力显得尤为重要。随着研究的深入，发现影响老年人心理特质的社会互动必然会嵌入老年人的消费情境，是解析老年人消费升级内在逻辑不可或缺的视角。

为此，本章基于中国健康与养老追踪调查（CHARLS）微观数据，以老年人多种社交活动的参与情况构建指标，剖析社会互动行为对中老年群体消费升级的影响。同时，关注了时下最受老年人喜爱的社会互动方式——广场舞。考虑广场舞的典型性和独特性，特别考察了跳广场舞对老年人消费升级的影响，揭示了以跳广场舞为代表的社会互动行为的经济价值，评估了社会互动对老年人消费升级的影响与机制。首次以社会互动传递信息的内容差异作为区分社会互动效应机制的标准，剖析了社会互动影响消费者行为的内在机理，并探讨了子女孝心、隔代抚育等不同情境的调节作用。研究发现：首先，社会互动显著促进了老年人的消费升级。以跳广场舞为代表的社会互动促进了老年人生存型和享用型两种类型消费规模的扩大，同时显著提高了享用型消费的比重，促进了消费结构的优化。为克服社会互动与消费升级间潜在的内生性所导致的估计偏误，使用滞后变量和工具变量方法展开稳健性检验，检验结果证实了社会互动对老年人消费升级有显著正向影响。其次，机制检验表明，社会互动的广度和深度发挥作用的机制存在差异。社会互动广度基于消费行为信息的示范效应与消费品信息的认知效应发挥作用；社会互动深度只能通过认知效应影响老年人的消费升级，并未发现示范效应机制发挥作用。这意味着虽然社交广度通过示范效应部分拉升老年人的攀比炫耀性消费，但社会互动中的认知效应切实提高了老年人的生活品质。最后，进一步研究发现亲子关系会对社会关系的消费福利效应产生影响。子女孝心支持可以增强社会互动对老年人消费升级的促进作用，而隔代抚育行为会削弱这种促进作用。本章从社会互动视角探讨老年人消费升级背后的驱动力，有助于理解老年人的消费特征，为促进银发市场发展，构建内循环格局提供思路，助力应对人口老龄化。

### 11.1.4 数字化社会网络对老年人福利的影响

数字经济依托于互联网，能够增强老年主体的社会互动。作为本书社会互动研究的第三个层面，研究发现数字经济作为推动经济发展的重要力量，广泛影响着社会公众的生活方式，促进了老年人生活水平的提高和福利状况的改善。

近年来，以互联网为重要载体的数字经济发展迅速，蕴含巨大的发展潜力，已普遍渗入生产领域和消费领域。国家开始从政策层面推进加快发展数字经济，数字经济已成为构建新发展格局的关键力量。我国老年人因其巨大的数量规模和财富拥有量是扩大内需、构建国内大循环格局不可忽视的重要消费群体，因而研究数字经济对老年人消费的影响成为数字经济发展过程中不可忽视的问题。数字经济通过提高支付便利性、降低信息搜寻成本等多种方式影响老年群体的消费福利。本章特别关注了社会互动对老年人消费升级的促进作用，互联网作为新的信息传播媒介，扩展了传统社会互动形式，互联网以及社交软件的使用提高了老年人与社会群体的社会互动频率。在进行社会互动时，经济水平较高的老年人通过互联网拓宽了消费内容，起到了示范作用，诱发较低经济水平、对互联网接触不深的老年人去效仿，促进了老年群体消费结构的改变。本章试图解释两个问题：其一，研究数字经济发展与老年人消费升级之间的关系，分析数字经济对老年人消费升级影响的差异性和内在机制，了解相对弱势的老年群体是否因为面临“数字鸿沟”而无法享受数字红利，从而影响老年人福利状况的改善；其二，探讨数字经济发展对老年人社会互动的影响，剖析数字经济促进老年人消费升级的重要动因。

本章将腾讯研究院发布的中国“互联网+”指数和2018年中国健康与养老追踪调查（CHARLS）数据相结合，以老年人的消费升级度量了老年人生活的改善程度，研究数字经济发展对老年人消费升级和生活改善的影响，探讨了数字经济发展能否让老年人享受到数字红利这一问题。同时，对数字经济影响老年人消费升级的机制以及不同老年群体在享受数字红利时存在的“强者愈强”效应进行了深入分析。得到的结论主要有：首先，数字经济发展有助于促进老年人消费升级。数字经济发展显著促进了老年人增加生存型和享用型消费规模，让老年人享受到数字红利。本章通过使用工具变量和倾向匹配得分法进一步验证了该结论。其次，存在数字红利享受不平等问题。不同老年群体享受的数字红利并不平等，数字经济发展更能促进城镇老年人的消费升级，并且数字经济发展对老年人消费升级的促进作用依赖于老年人自身的学习能力、接受新事物的能力以及其消费水平。拥有较高学历、财富水平较高以及对新兴事物接受能力较强的老年人更能享受到数字红利，存在一定的“强者愈强”效应。最后，数字经济发展主要通过提高支付便利性、降低搜寻成本、增强社会互动等机制改变老年人的传统消费方式、消费水平和消费结构，进一步推动老年人消费升级。因此，政府在支持数字经济发展的同时应将更多的关注点和资源向享受较少数字红利的老年人倾斜，实现数字红利的普惠性。本章的研究结论可为数字经济全面均衡发展提供新视角，同时有助于释放数字红利激发银发市场发展，助力构建新发展格局。

## 11.2 政策启示

### 11.2.1 基于亲子关系对老年人家庭资产配置及福利影响的政策建议

本章探讨了在社会养老供给不足的当下，家庭养老作为主流养老模式，应通过和养老第三支柱的深度融合，在多机制的共同作用下，化被动养老为主动养老。尽管目前有多项政策利好养老第三支柱建设，但其参与率低的问题依旧突出，应对解决方案要立足于以家庭养老为主流的现实背景，具体建议如下。

首先，与子女同住为核心的家庭养老和第三支柱养老不是非此即彼的替代关系，而是相互融合促进的关系，第三支柱的建设要充分借助老年人与子女同住的促进效应。一方面，为与子女同住扫清制度障碍。对于父母投奔异地子女生活的，政策应在允许随迁和方便随迁两个维度着力。对于前者，可进一步放宽户籍等政策限制，提高父母随迁落户政策的灵活性，允许父母在子女工作生活地落户，简化相关程序；对于后者，实现社保、医保等的异地互联互通，建立养老金的异地支取、医疗保障异地转移的运行机制，与当地居民享受同等待遇。另一方面，加大第三支柱养老的宣讲力度，不仅让老年人了解参与第三支柱养老的益处，更重要的是让老年人的子女意识到养老第三支柱对于家庭养老的补充作用。

其次，养老第三支柱的建设要将老年人的风险承受能力、信息接受能力纳入评估，降低养老第三支柱产品的选择门槛，提升老年人参与养老第三支柱的能力。与子女同住对老年人参与养老第三支柱的促进作用主要通过降低风险厌恶、提升金融素养渠道实现。因此，可以从这两个角度入手提升老年人参与养老第三支柱的能力。中国作为新兴市场国家，股票市场抵御能力较差，金融体系较为脆弱，面对跨境资本流出等风险股票价格跌幅较大（马宇，2023）。对于政府来说，应建立国家适老金融产品目录，加大规范、构建养老金融产品专区专柜建设。同时，建立“专家团队”准入机制，鼓励专家走进社区，为老年人讲解养老金融产品，让老年人听得懂、买得明白。对于企业而言，需建立养老产品的风险预警制度，对不同养老产品进行严格的风险等级划分，针对不同的目标群体，以低波动、收益稳健、风险相对可控的产品为先导，提高养老金融产品的辨识度，与养老财富管理的应用场景有效结合，以契合老年人的养老需求。

最后，少子化和老龄化背景下，子女数量少的父母更加依赖于自身养老投资，更愿意参与养老第三支柱的建设，可将独生子女家庭作为突破口推动养老第三支柱市场的发展。独生子女家庭“421”或“422”的家庭结构，使得一对夫妻要赡养和照料 4 个老人，工作、孝亲、抚幼多重压力叠加。作为计划生育政策的遵从者，不应让独生子女家庭独自承担因遵从政策带来的成本。政府应加大对独生子女家庭养老的政策倾斜力度，让其有更充裕的精力和时间照顾父母。具体措施有：适度提高独生子女家庭养老补贴或者加大对其个人所得税减免力度，缓解家庭养老压力；扩大普惠托育服务供给，降低育儿成本，缓解家庭“抚幼”对“孝亲”的挤压；设立独生子女照料假。此外，少子化或将成为我国长期面临的社会问题。如今，少子化更是叠加老龄化，形成“一老一少”的社会发展问题，鼓励生育是解决少子化问题的重要方式和必然选择。但研究结果显示，子女数量的增加会直接或者通过与子女同住间接减少老年人对自身养老的投入，从而导致顾此失彼的两难困境。因此，在放开三孩政策子女数量增多情形下，如何有效促进老年人与子女同住对养老第三支柱建设的推动至关重要。研究表明，经济支持可以削弱子女数量增多带来的老年人自身养老投入减少的负面影响，因而可以通过鼓励代际交往（例如经济支持）来缓解其不利影响。

### 11.2.2 基于社会关系对老年人家庭资产配置影响的政策建议

1. 参与过程视角

非正规金融与正规金融并存的二元制格局是我国金融市场的重要特征，在人口老龄化程度加剧的现实背景下，非正规金融对老年群体产生的经济效应与社会福利效应值得关注与重视。基于本章相关研究结论可以获得以下关于非正规金融规制与金融体系改革的政策启示。

一是充分认识非正规金融存在的合理性与建设性作用，加强对非正规金融的引导与规制。长期以来，非正规金融对金融弱势群体的生产与生活具有不可替代的作用。因此，承认非正规金融的合法地位、为其提供相对宽松的活动平台、引导非正规金融有序发展、发挥其经济效应，在新时代依旧具有重要意义。本章的研究结论表明，通过社会互动形成的熟人网络的潜在信息机制与互助兑付预期机制是影响居民非正规金融参与的内在机制。该结论证实了非正规金融的运行机制严重依赖熟人网络的关系与信息优势。但值得注意的是，这种依赖熟人网络开展的非正规金融交易存在明显的制度缺陷。非正规金融交易一般建立在交易对手相互信任的基础上，普遍存在交易流程简单、借贷手续不规范、缺少必要担保等问题，大大降低了借款人违约的机会成本。因此，应加强对民间非正规金融的规制，一方面，要通过出台相应的法律法规规范民间非正规金融交易的流程与手续；另一方面，要在制度层面增加非正规借款人的违约成本、优化资金出借人维权渠道与效率，在保持社会网络对非正规金融借款人违约约束力的同时，通过制度安排强化失信社会惩戒和违约信息曝光力度。

二是充分了解非正规金融产生与运作的机理，借鉴其优势方面，发展小型灵活的正规金融机构。研究非正规金融可以映射正规金融体系在经济发展过程中的服务缺位与不足，为深化金融改革提供启示。从本章的研究结论可以发现，民众的金融行为背后隐含着社会属性。这意味着，具有一定地缘渗透力的农村信用社与城市商业银行应积极改变思路，重视社会互动等社会性因素对于民众金融行为的影响。要合法合规地参与到辖区民众的生活与生产实践中，研究非正规金融的操作方式与技术，开发切合民众习惯与需求的业务模式，提升正规金融服务水平。

三是要在现有非正规金融服务领域加快完成正规金融服务的超前布局，大力发展普惠金融。本章研究结论表明，社会互动与社会网络是非正规金融发展的重要基础，居民的非正规金融参与受其对互助兑付预期的影响。这意味着能否从社会网络中获得预期回报的信仰在其行为决策中发挥着重要作用。这种信仰产生并坚定于熟人社会的长期实践。随着经济发展与城市化进程不断推进，乡土情境下稳定的人际关系格局难以为继，关系理念的淡化与熟人社会的逐步瓦解正成为一种趋势。在此背景下，依托于熟人网络具有互助性质的诸多民间非正规金融活动可能逐渐衰落。非正规金融活动在很长的时期内弥补了正规金融在普惠性方面的缺陷，在平滑居民消费、缓解居民资金约束、促进居民创业增收等方面发挥着积极作用。因此，在社会格局与观念迅速变迁的当下，大力发展普惠金融，让正规金融在服务贫困家庭、中小企业等弱势群体的领域“归位”显得迫切且重要。

2. 参与风险视角

老年人被骗，不仅影响其生活与健康，还给其家庭及亲属带来困扰，同时极大损害了社会公信力。因此，帮助中老年人防骗反诈是重要的社会议题，是打好防范化解金融风险攻坚战的重要切入点。相关政策启示如下。

一是为中老年人参与社会互动活动创造机会和空间，鼓励老年人“发挥余热式”的社会参与，提高老年人生活幸福感。这既能发挥社会互动的积极作用，也能降低社会互动带来的负面影响。机制研究发现，幸福感具有遮掩效应。拓展研究发现，从事家庭采购等尽职性活动会增强老年人的防骗意识。社会参与作为老年人实现自身价值的有效方式，是满足其情感需求和提高其幸福感的重要途径。应增加面向老年人的公共文化供给，为其参与社会活动提供条件。鼓励老年人以参加志愿活动等方式发挥余热，丰富老年人的晚年生活，增强老年人的荣誉感和责任感，从而抑制社会互动带来的负面效应。

二是构建家庭情感纽带，给予老年人亲情关怀，从根源上预防诈骗分子以可乘之机。机制研究发现，社会互动主要基于健康焦虑、新事物晕轮效应和从众效应发挥作用。需要注意的是，这种机制的作用根源是老年人缺乏情感的宣泄渠道。家庭作为老年人最重要的情感依托，子女晚辈不仅要提供物质支持，还应关注父母的情感需要，多陪伴老龄父母，让其生活得充实愉快。当前，中国社会家庭普遍重视子代教育投入，而不关心亲代情感需求，应大力弘扬尊老、敬老、养老的传统美德，倡导建立子女与老年人持续性的情感联系。

三是发挥社区组织的作用，借助组织威信帮助老年人识别诈骗诡计，彰显社会人文关怀。研究发现，子女职业声望低不易说服老年人避免参与高风险活动。借助社会组织的权威进行宣传效果更好，为此应多举办健康讲座、反诈宣传活动。研究同时发现，有过重大人生失意经历的个体在弱关系社交中有更高的受骗概率。因此，社区组织应尽可能关注失业、患有重大疾病等弱势老年群体的情感需求，以体现文明社会该有的温度。

### 11.2.3 基于社会关系对老年人福利影响的政策建议

一是要增加专属老年人的公共基础设施和娱乐休闲场所，为老年人进行有益的社会互动创造条件，通过社会互动促进老年人消费观念和行为的转变。从本章的研究结果可以发现，老年人的消费行为背后蕴含着社会属性。在社会互动中，老年人部分消费行为在一定程度上是为了获得在同伴群体中的归属感，这种归属感一方面能增加老年人的幸福感；另一方面为老年人了解消费品信息和进行消费体验提供了驱动力，从而促进老年人消费升级。当前，我国公共文化基础设施覆盖范围虽广，但是属于老年人的专属活动场所较少，这与我国人口老龄化日趋严峻的形势不相匹配。近年来，老年人占用篮球场和社区街道跳广场舞等舆论热点，从侧面反映了老年人口增长和老年人专属活动空间不足之间的矛盾。

二是要重视老年人消费市场的时空集聚效应。研究发现，老年人的消费受到认知效应与示范效应的影响。老年人在做消费决策时会在社会互动过程中和同伴交流消费品的相关信息，进而提高自身对产品的认知。同时，在社会互动过程中观察学习同伴群体的消费行为，并进行相应的消费。老年人消费决策不只有理性的判断，还受非理性因素的影响，如从众心理和攀比效应等。老年人在购买产品时会征求同伴的意见，同时在消费过后劝导同伴消费或者进行炫耀，这使老年人的消费行为在时间和空间上存在集聚效应。从企业的角度考虑，企业要遵循老年消费市场的规律，在产品研发和销售环节紧贴老年人社会互动圈际，紧跟老年人消费潮流，生产适销对路的产品，从而满足老年人的消费需求，激发其消费活力，增进老年人福祉。从政府的角度来看，政府应该加强对老年消费领域的监管。老年消费市场存在的时空集聚效应虽对物美质优产品的销售起到促进作用，但是同时对假冒伪劣产品的扩张起到推波助澜的作用。因此，政府应加强监管，保障老年人的合法权益不受侵害，以使社会互动对老年人消费升级发挥持续的促进作用。

三是应重视当下中青年家庭孝亲抚幼压力日益凸显的社会问题。拓展研究结果显示，子女的孝心支持会增强社会互动对老年人消费升级的促进作用，而隔代抚养会增加老年人的生活负担，从而削弱这种促进作用。因此，政府应制定相关政策，减轻中青年家庭赡养老人的经济负担，鼓励子女为父母提供经济上的孝心支持。同时，为中青年群体抚育子女创造条件和可能，减轻老年人隔代抚育的压力。这样才能激发银发市场活力，改善老年人福祉，缓解当下普遍存在的“空巢老人”与“留守儿童”问题，提高民众的幸福感。

### 11.2.4 基于数字化社会网络对老年人福利影响的政策建议

既要看到数字经济对老年人消费升级的积极影响，也要注意老年人数字融入困难和数字不平等问题。为更好地弥合“数字鸿沟”，挖掘老年人的消费潜力，助力我国双循环新发展格局的构建，提出如下建议。

首先，加强基础设施建设和适老化软件研发，大力发展数字经济。本章已验证了数字经济发展对促进老年人消费升级具有重要作用，老年人也能享受到数字红利，大力推进数字经济发展对提升老年人整体福利有促进作用。与此同时，老年人数字融入困难导致的不平等问题仍然存在。因此，从政府层面来看，需要制定相应政策帮助老年人解决数字融入困难的问题，加大资金的投入力度，加强基础设施建设，尤其是农村以及数字经济发展水平低的地区的基础设施建设。从企业来看，目前已有企业开始关注老年人的需求，如华为、OPPO 等品牌手机推出“大字简易模式”，滴滴打车推出“滴滴老人版”，百度推出“百度大字版”，这些适老化软件的推出对老年人融入数字时代有重要作用。因此，相关科技企业应不断升级信息技术、补齐短板，创新性地推出适老化软件，帮助更多老年人解决数字融入困难的问题。

其次，提高老年人的互联网可得性，提升老年人的智能化素养，让更多老年人享受到数字红利。由于资源条件所限，我国老年人多数学历较低，甚至还有不少老年人是文盲，这限制了老年人的数字参与。为防止数字经济发展带来“数字鸿沟”和社会隔离，应重点提高老年群体，尤其是低教育水平老年群体的数字参与度。互联网可得性是影响不同老年人数字参与的主要因素，为此政府应努力提升互联网覆盖广度和老年网民人数，提高老年人的互联网可得性。要加强针对老年人的教育活动，增加老年人的学识。同时，要引导老年人主动认识互联网，提高其网上支付和网上购物的频率，以享受数字经济带来的红利。

最后，在推动数字经济发展的同时，加强针对老年人的防诈宣传，降低老年人受骗概率。数字经济虽让人们享受到了极大便捷性，但也引发了各种问题，其中，网络诈骗尤甚。老年人认知能力较低，在面对各种新型的网络诈骗时，无法辨别。政府应出台相应政策严厉打击相关违法犯罪行为，以电话、短信、网络直播等形式加强防诈宣传，充分发挥国家反诈中心等 App 的作用。政府、社会和家庭应协同关注老年人的安全问题，帮助老年人树立的安全意识，提高老年人识别诈骗的能力，降低老年人的受骗概率，确保老年人安全融入数字化时代，享受数字红利。

# 参考文献


[1]费孝通．乡土中国生育制度[M]．北京：北京大学出版社，1998.

[2]孙英春．跨文化传播学导论[M]．北京：跨文化传播学导论，2008.

[3]陈经超，黄晨阳．“自我取向”还是“家人取向”？——基于中国情境的大学生流感疫苗接种健康传播策略效果研究[J]．国际新闻界，2020，42(6)：98-113.

[4]Zhang Y，Zhang Z. Guanxi and organizational dynamics in China：a link between individual and organizational levels[J]．Journal of Business Ethics，2006，67(4)：375-392.

[5]Radcliffe-Brown A R. On social structure[J]．The Journal of the Royal Anthropological Institute of Great Britain and Ireland，1940，70(1)：1-12.

[6]张友琴．老年人社会支持网的城乡比较研究——厦门市个案研究[J]．社会学研究，2001(4)：11-21.

[7]刘轶锋．晚年独居意味着孤独吗？——基于社会网络的调节与中介作用分析[J]．人口与发展，2022，28(1)：68-80.

[8]Antonucci T C，Ajrouch K J，Birditt K S. The convoy model：explaining social relations from a multidisciplinary perspective[J]．The Gerontologist，2014，54(1)：82-92.

[9]姚远．中国家庭养老研究述评[J]．人口与经济，2001(1)：33-43.

[10]唐丹，张琨，亓心茹．互联网使用对老年人社会网络及孤独感的影响：基于用途的分析[J]．人口研究，2022，46(3)：88-101.

[11]Bian F，Logan J R，Bian Y. Intergenerational relations in urban China：proximity，contact，and help to parents [J]．Demography，1998，35(1)：115-124.

[12]赵耀辉，王亚峰，陈欣欣，等．中国健康与养老报告[R].2019.

[13]李涛．社会互动、信任与股市参与[J]．经济研究，2006(1)：34-45.

[14]宋涛，吴玉锋，陈婧．社会互动、信任与农民购买商业养老保险的

意愿[J]. 华中科技大学学报(社会科学版), 2012, 26(1): 99-106.

[15]郭士祺, 梁平汉. 社会互动、信息渠道与家庭股市参与——基于2011年中国家庭金融调查的实证研究[J]. 经济研究, 2014, 49(1): 116-131.

[16]魏昭, 蒋佳伶, 杨阳, 等. 社会网络、金融市场参与和家庭资产选择——基于CHFS数据的实证研究[J]. 财经科学, 2018(2): 28-42.

[17]李丁, 丁俊菘, 马双. 社会互动对家庭商业保险参与的影响——来自中国家庭金融调查(CHFS)数据的实证分析[J]. 金融研究, 2019, 469(7): 96-114.

[18]刘金华, 吴静. 社会互动、社会信任对居民商业医疗保险参保行为的影响[J]. 社会保障研究, 2019(6): 73-79.

[19]李媛媛, 单承芸. 我国中老年人金融受骗影响因素研究——基于CHARLS 2015的实证分析[J]. 南方人口, 2020, 35(1): 13-26.

[20]周烁, 张文韬. 互联网使用的主观福利效应分析[J]. 经济研究, 2021, 56(9): 158-174.

[21]王金水, 许琪. 居住安排、代际支持与老年人的主观福祉[J]. 社会发展研究, 2020, 7(3): 193-208.

[22]余央央, 陈杰. 子女近邻而居, 胜于同一屋檐? ——居住安排与中国农村老年人认知健康[J]. 财经研究, 2020, 46(8): 49-63.

[23]吴伟, 周钦. 房价与中老年人居住安排——基于CHARLS两期面板数据的实证分析[J]. 财经科学, 2019(12): 40-52.

[24]孙涛, 王素素, 梁超. 一碗汤的距离: 代际养老中合意居住安排的实证分析[J]. 中国经济问题, 2018(4): 62-75.

[25]许琪. 居住安排对中国老年人精神抑郁程度的影响——基于CHARLS追踪调查数据的实证研究[J]. 社会学评论, 2018, 6(4): 47-63.

[26]刘一伟. 居住方式影响了老年人的健康吗? ——来自中国老年人的证据[J]. 人口与发展, 2018, 24(4): 77-86.

[27]江克忠, 陈友华. 亲子共同居住可以改善老年人的心理健康吗? ——基于CLHLS数据的证据[J]. 人口学刊, 2016, 38(6): 77-86.

[28]沈可, 程令国, 魏星. 居住模式如何影响老年人的幸福感? [J]. 世界经济文汇, 2013(6): 89-100.

[29]宋月萍. 照料责任的家庭内化和代际分担: 父母同住对女性劳动参与的影响[J]. 人口研究, 2019, 43(3): 78-89.

[30]崔颖, 刘宏. 认知能力与中老年家庭金融资产配置[J]. 南开经济研

究，2019(1)：82-99.

[31]沈悦，余若涵．健康状况影响家庭风险金融投资参与了吗？——传导机制检验及异质性探索[J]．中央财经大学学报，2021(8)：26-39.

[32]朱涛，谢婷婷，卢建．老年人与房产：中国文化情境的老年家庭资产配置研究[J]．现代财经(天津财经大学学报)，2014，34(8)：14-25.

[33]杨青，马超，刘维忠．健康冲击对农户民间借贷参与的影响——来自 CHARLS 数据的经验证据[J]．贵州财经大学学报，2016(2)：80-89.

[34]卫小将．中国社会福利发展的动因与机理[J]．吉林大学社会科学学报，2022，62(5)：59-71.

[35]阳义南，肖建华．“以医促养”还是“以养促养”：医疗保险与养老金的健康绩效比较[J]．保险研究，2019(6)：81-95.

[36]Schatz E，G O Mez-Oliv E X，Ralston M，et al. The impact of pensions on health and wellbeing in rural South Africa：does gender matter? [J]. Social Science&Medicine，2012，75(10)：1864-1873.

[37]Michelon L C. The new leisure class[J]. American Journal of Sociology，1954，59(4)：371-378.

[38]Therkelsen A，Gram M. The meaning of holiday consumption：construction of self among mature couples[J]. Journal of Consumer Culture，2008，8(2)：269-292.

[39]林晓珊．家庭老龄化，消费结构与消费分层——基于 CFPS2012 的数据分析[J]．东南大学学报(哲学社会科学版)，2018，20(2)：112-121.

[40]Levine D M，Lipsitz S R，Linder J A. Changes in everyday and digital health technology use among seniors in declining health[J]. The Journals of Gerontology：Series A，2018，73(4)：552-559.

[41]张玲，徐勇，聂宏伟．2000—2010 年中国老年人抑郁患病率的 meta 分析[J]．中国老年学杂志，2011，31(17)：3349-3352.

[42]吴帆．老年人照料负担比：一个基于宏观视角的指数构建及对中国的分析[J]．人口研究，2016，40(4)：66-75.

[43]王萍，李树茁．代际支持对农村老年人生活满意度影响的纵向分析[J]．人口研究，2011，35(1)：44-52.

[44]王俊，龚强，王威．“老龄健康”的经济学研究[J]．经济研究，2012，47(1)：134-150.

[45]Poterba J M. Retirement security in an aging population[J]. American

Economic Review，2014，104(5)：1-30.

[46]楚军红．中国高龄老人经济自立状况与生活自理能力研究[J]．中国人口科学，2001(S1)：68-72.

[47]Lette M，Stoop A，Lemmens L C，et al. Improving early detection initiatives：a qualitative study exploring perspectives of older people and professionals[J]．BMC Geriatrics，2017，17(1)：1-13.

[48]孔泽宇．社会参与对老年人生活质量的影响[J]．调研世界，2021(4)：72-80.

[49]胡宏伟，李延宇，张楚，等．社会活动参与，健康促进与失能预防——基于积极老龄化框架的实证分析[J]．中国人口科学，2017(4)：87-96.

[50]陈英姿，邓俊虎．长春市老年人口生活质量评价[J]．人口学刊，2011(6)：27-34.

[51]McAuley E，Konopack J F，Motl R W，et al. Physical activity and quality of life in older adults：influence of health status and self-efficacy[J]．Annals of Behavioral Medicine，2006，31(1)：99-103.

[52]李建新，刘保中．健康变化对中国老年人自评生活质量的影响——基于CLHLS数据的固定效应模型分析[J]．人口与经济，2015(6)：1-11.

[53]张秀敏，李为群，刘莹圆．社区老年人主观幸福感现状及影响因素分析[J]．人口学刊，2017，39(3)：88-96.

[54]池上新．文化适应对随迁老人身心健康的影响[J]．中国人口科学，2021(3)：112-125.

[55]王越英．我国社区养老志愿服务存在的问题与对策[J]．现代商贸工业，2022，43(17)：80-81.

[56]Ng C F，Northcott H C. Living arrangements and loneliness of South Asian immigrant seniors in Edmonton，Canada[J]．Ageing&Society，2015，35(3)：552-575.

[57]李婷，胡文波．中国家庭的代际同住及其驱动机制变迁——基于CHNS 1991—2015的九期调查数据[J]．人口与经济，2021(6)：54-67.

[58]李涛．社会互动与投资选择[J]．经济研究，2006(8)：45-57.

[59]胡浩，王海燕，张沛莹．社会互动与家庭创业行为[J]．财经研究，2018，44(12)：31-43.

[60]何兴强，李涛．社会互动、社会资本和商业保险购买[J]．金融研

究，2009(2)：116-132.

[61]潘静，陈广汉．家庭决策、社会互动与劳动力流动[J]．经济评论，2014(3)：40-50.

[62]蒋怀滨，林良章．老年人主观幸福感的影响因素及其调适的调查研究[J]．中国老年学杂志，2008，28(24)：2461-2462.

[63]Hong H，Kubik J D，Stein J C. Social interaction and stock-market participation[J]. Journal of Finance，2004，59(1)：137-163.

[64]曹扬．社会网络与家庭金融资产选择[J]．南方金融，2015(11)：38-46.

[65]马光荣，杨恩艳．社会网络、非正规金融与创业[J]．经济研究，2011，46(3)：83-94.

[66]赵剑治，陆铭．关系对农村收入差距的贡献及其地区差异——一项基于回归的分解分析[J]．经济学(季刊)，2010，9(1)：363-390.

[67]Utz S. The function of self-disclosure on social network sites：not only intimate，but also positive and entertaining self-disclosures increase the feeling of connection[J]. Computers in Human Behavior，2015(45)：1-10.

[68]Greysen S R，Garcia C C，Sudore R L，et al. Functional impairment and Internet use among older adults：implications for meaningful use of patient portals[J]. JAMA Internal Medicine，2014，174(7)：1188-1190.

[69]Lagac E M，Charmarkeh H，Laplante J，et al. How ageism contributes to the second-level digital divide：the case of Canadian seniors[J]. Journal of Technologies and Human Usability，2015，11(4)：1-13.

[70]Lusardi A，Mitchell O S. The economic importance of financial literacy：theory and evidence[J]. Journal of Economic Literature，2014，52(1)：5-44.

[71]Gaudecker H M V. How does household portfolio diversification vary with financial literacy and financial advice? [J]. The Journal of Finance，2015，70(2)：489-507.

[72] Guiso L，Sodini P. Household finance：an emerging field [M]// Handbook of the Economics of Finance. Elsevier，2013：1397-1532.

[73] Badarinza C，Campbell J Y，Ramadorai T. International comparative household finance[J]. Annual Review of Economics，2016(8)：111-144.

[74] Calvet L E，Sodini P. Twin picks：disentangling the determinants of risk-taking in household portfolios[J]. The Journal of Finance，2014，69(2)：

867-906.

[75]尹志超，宋全云，吴雨．金融知识、投资经验与家庭资产选择[J]．经济研究，2014，49(4)：62-75.

[76]尹志超，吴雨，甘犁．金融可得性、金融市场参与和家庭资产选择[J]．经济研究，2015，50(3)：87-99.

[77]吴卫星，荣苹果，徐芊．健康与家庭资产选择[J]．经济研究，2011，46(S1)：43-54.

[78]陈斌开，李涛．中国城镇居民家庭资产—负债现状与成因研究[J]．经济研究，2011，46(S1)：55-66.

[79]孟亦佳．认知能力与家庭资产选择[J]．经济研究，2014，49(S1)：132-142.

[80]罗良针，余正台．基于 CiteSpace 的国内积极心理学研究演进路径分析[J]．西南民族大学学报(人文社科版)，2017，38(2)：214-220.

[81]Dimmock S G，Kouwenberg R，Mitchell O S，et al. Ambiguity aversion and household portfolio choice puzzles：empirical evidence[J]．Journal of Financial Economics，2016，119(3)：559-577.

[82]Horneff V，Maurer R，Mitchell O S，et al. Optimal life cycle portfolio choice with variable annuities offering liquidity and investment downside protection[J]．Insurance：Mathematics and Economics，2015(63)：91-107.

[83]Lusardi A，Mitchell O S. Baby boomer retirement security：the roles of planning，financial literacy，and housing wealth[J]．Journal of Monetary Economics，2007，54(1)：205-224.

[84]Hastings J S，Madrian B C，Skimmyhorn W L. Financial literacy，financial education，and economic outcomes[J]．Annu. Rev. Econ.，2013，5(1)：347-373.

[85]Bover O，Hospido L，Villanueva E. The impact of high school financial education on financial knowledge and choices：evidence from a randomized trial in Spain[R]．IZA Discussion Papers，2018.

[86]陈华，杨铖．商业保险、流动性约束与家庭风险金融资产选择[J]．投资研究，2021，40(7)：4-20.

[87]易行健，王静雪，陈俊，等．金融资产对家庭消费的影响——基于资产结构视角的实证检验[J]．消费经济，2020，36(5)：3-16.

[88]魏先华，张越艳，吴卫星，等．我国居民家庭金融资产配置影响因

素研究[J]. 管理评论，2014，26(7)：20-28.

[89]李丽芳，柴时军，王聪．生命周期、人口结构与居民投资组合——来自中国家庭金融调查(CHFS)的证据[J]. 华南师范大学学报(社会科学版)，2015(4)：13-18.

[90]王稳，孙晓珂．医疗保险、健康资本与家庭金融资产配置研究[J]. 保险研究，2020(1)：87-101.

[91]王英，单德朋，庄天慧．中国城镇居民金融素养的性别差异——典型事实与影响因素[J]. 中南财经政法大学学报，2019(5)：115-123.

[92]李凤，罗建东，路晓蒙，等．中国家庭资产状况、变动趋势及其影响因素[J]. 管理世界，2016(2)：45-56.

[93]杨虹，张柯．认知能力、社会互动方式与家庭金融资产选择[J]. 金融论坛，2021，26(2)：70-80.

[94]葛洪申．金融知识、投资经验对我国家庭金融市场参与及资产配置的影响[D]. 成都：西南财经大学，2013.

[95]Guiso L，Sapienza P，Zingales L. Trusting the stock market[J]. The Journal of Finance，2008，63(6)：2557-2600.

[96]何兴强，史卫，周开国．背景风险与居民风险金融资产投资[J]. 经济研究，2009，44(12)：119-130.

[97]Heaton J，Lucas D. Portfolio choice and asset prices：the importance of entrepreneurial risk[J]. The Journal of Finance，2000，55(3)：1163-1198.

[98]Peijnenburg K. Life-cycle asset allocation with ambiguity aversion and learning[J]. Journal of Financial and Quantitative Analysis，2018，53(5)：1963-1994.

[99]邹小秡，杨芊芊．主观预期寿命对家庭资产配置的影响——基于CHARLS数据的经验分析[J]. 经济理论与经济管理，2019(2)：44-61.

[100]Christelis D，Georgarakos D，Haliassos M. Differences in portfolios across countries：economic environment versus household characteristics[J]. Review of Economics and Statistics，2013，95(1)：220-236.

[101]丁博，赵纯凯，奚君羊．宗教信仰对家庭金融排斥的影响研究——来自CHFS2013的经验证据[J]. 社会学评论，2021，9(1)：125-143.

[102]杨娜．宗教信仰、经济态度与中国家庭资产选择[D]. 泉州：华侨大学，2016.

[103]Campbell J Y. Household finance[J]. The Journal of Finance，2006，

61(4): 1553-1604.

[104]Odean T. Are investors reluctant to realize their losses? [J]. The Journal of Finance, 1998, 53(5): 1775-1798.

[105]史代敏，宋艳．居民家庭金融资产选择的实证研究[J]．统计研究，2005(10): 43-49.

[106]Samuelson P A. Lifetime portfolio selection by dynamic stochastic programming[J]. Stochastic Optimization Models in Finance, 1975: 517-524.

[107]Merton R C. Lifetime portfolio selection under uncertainty: the continuous-time case[J]. The Review of Economics and Statistics, 1969: 247-257.

[108]Sinai T, Souleles N S. Owner-occupied housing as a hedge against rent risk[J]. The Quarterly Journal of Economics, 2005, 120(2): 763-789.

[109]张大永，曹红．家庭财富与消费：基于微观调查数据的分析[J]．经济研究，2012，47(S1): 53-65.

[110]李波．中国城镇家庭金融风险资产配置对消费支出的影响——基于微观调查数据 CHFS 的实证分析[J]．国际金融研究，2015(1): 83-92.

[111]Davidoff T, Brown J R, Diamond P A. Annuities and individual welfare [J]. American Economic Review, 2005, 95(5): 1573-1590.

[112]叶德珠，周丽燕．幸福感会影响家庭金融资产的选择吗？——基于中国家庭金融调查数据的实证分析[J]．南方金融，2015(2): 24-32.

[113]雷晓燕，周月刚．中国家庭的资产组合选择：健康状况与风险偏好[J]．金融研究，2010(1): 31-45.

[114]Guiso L, Sapienza P, Zingales L. The role of social capital in financial development[J]. American Economic Review, 2004, 94(3): 526-556.

[115]Manski C F. Economic analysis of social interactions[J]. Journal of Economic Perspectives, 2000, 14(3): 115-136.

[116]张文宏．社会资本：理论争辩与经验研究[J]．社会学研究，2003(4): 23-35.

[117]Durlauf S N, Ioannides Y M. Social interactions[J]. Annual Review of Economics, 2010, 2(1): 451-478.

[118]陆铭，李爽．社会资本、非正式制度与经济发展[J]．管理世界，2008(9): 161-165.

[119]方航，陈前恒．社会互动效应研究进展[J]．经济学动态，2020(5): 117-131.

[120]Bourdieu P. Le capital social[J]. Actes De La Recherche En Sciences Sociales, 1980, 31(1): 2-3.

[121]叶静怡，武玲蔚．社会资本与进城务工人员工资水平——资源测量与因果识别[J]. 经济学(季刊)，2014，13(4)：1303-1322.

[122]郭云南，姚洋．宗族网络与农村劳动力流动[J]. 管理世界，2013(3)：69-81.

[123]Nakajima R, Tamura R, Hanaki N. The effect of collaboration network on inventors' job match, productivity and tenure[J]. Labour Economics, 2010, 17(4): 723-734.

[124]章元，许庆，邬璟璟．一个农业人口大国的工业化之路：中国降低农村贫困的经验[J]. 经济研究，2012，47(11)：76-87.

[125]张春泥，谢宇．同乡的力量：同乡聚集对农民工工资收入的影响[J]. 社会，2013，33(1)：113-135.

[126]郭云南，姚洋，Jeremy Foltz. 宗族网络与村庄收入分配[J]. 管理世界，2014(1)：73-89.

[127]周晔馨．社会资本是穷人的资本吗？——基于中国农户收入的经验证据[J]. 管理世界，2012(7)：83-95.

[128]Yin J, Shi S. Social interaction and the formation of residents' low-carbon consumption behaviors: an embeddedness perspective[J]. Resources, Conservation and Recycling, 2021(164): 105116.

[129]Jorczak R L. An information processing perspective on divergence and convergence in collaborative learning[J]. International Journal of Computer-Supported Collaborative Learning, 2011, 6(2): 207-221.

[130]Clauss T, Breitenecker R J, Kraus S, et al. Directing the wisdom of the crowd: the importance of social interaction among founders and the crowd during crowdfunding campaigns[J]. Economics of Innovation and New Technology, 2018, 27(8): 709-729.

[131]Mailath G J, Postlewaite A. The social context of economic decisions[J]. Journal of the European Economic Association, 2003, 1(2-3): 354-362.

[132]Xiong Y, Cheng Z, Liang E, et al. Accumulation mechanism of opinion leaders' social interaction ties in virtual communities: empirical evidence from China[J]. Computers in Human Behavior, 2018(82): 81-93.

[133]Haliassos M, Bertaut C C. Why do so few hold stocks? [J]. The Eco-

nomic Journal，1995，105(432)：1110-1129.

[134]柴时军．社会网络、年龄结构对家庭金融资产选择的影响[D]．广州：暨南大学，2016.

[135]胡枫，陈玉宇．社会网络与农户借贷行为——来自中国家庭动态跟踪调查(CFPS)的证据[J]．金融研究，2012(12)：178-192.

[136]刘佳奇．社会网络对农户信贷获取的实证研究[J]．时代金融，2015(11)：275-278.

[137]李丹，张兵．社会资本能持续缓解农户信贷约束吗[J]．上海金融，2013(10)：9-13.

[138]许燕．关系强度、社会互动与农民购买商业养老保险意愿——基于修订的S-O-R模型[J]．金融理论与实践，2016(4)：84-89.

[139]尹志超，黄倩．股市有限参与之谜研究述评[J]．经济评论，2013(6)：144-150.

[140]王聪，柴时军，田存志，等．家庭社会网络与股市参与[J]．世界经济，2015，38(5)：105-124.

[141]刘民权，徐忠，俞建拖．信贷市场中的非正规金融[J]．世界经济，2003(7)：61-73.

[142]Shaw E S. Financial deepening in economic development[M]. New York：Oxford University Press，1973.

[143]张杰．中国农村金融制度[M]．北京：中国人民大学出版社，2003.

[144]林毅夫，孙希芳．信息、非正规金融与中小企业融资[J]．经济研究，2005(7)：35-44.

[145]Hoff K，Stiglitz J E. Introduction：imperfect information and rural credit markets：puzzles and policy perspectives[J]. The World Bank Economic Review，1990，4(3)：235-250.

[146]杨坤，曹晖，孙宁华．非正规金融、利率双轨制与信贷政策效果——基于新凯恩斯动态随机一般均衡模型的分析[J]．管理世界，2015，260(5)：41-51.

[147]Allen F，Qian M，Xie J. Understanding informal financing[J]. Journal of Financial Intermediation，2019(39)：19-33.

[148]Fisman R，Love I. Trade credit，financial intermediary development，and industry growth[J]. The Journal of Finance，2003，58(1)：353-374.

[149] Giné X. Access to capital in rural Thailand: an estimated model of formal vs. informal credit[J]. Journal of Development Economics, 2011, 96(1): 16-29.

[150]黄惠春，袁俊丽，高仁杰，等. 社区非正规金融活跃度对家庭创业的影响——基于 CLDS 数据的实证分析[J]. 财贸研究，2021，32(11)：47-61.

[151]谭燕芝，张子豪. 社会网络、非正规金融与农户多维贫困[J]. 财经研究，2017，43(3)：43-56.

[152]南永清，周勤，黄玲. 社会网络、非正规金融与农户消费行为——基于中国家庭追踪调查数据的经验证据[J]. 农村经济，2018(6)：80-86.

[153]卢娟，李斌. 社会网络、非正规金融与居民幸福感——基于 2016 年中国家庭追踪调查数据的实证研究[J]. 上海财经大学学报，2018，20(4)：46-62.

[154]武力超，陈凤兰，林奇炼. 正规与非正规金融对异质性企业技术创新的影响研究[J]. 经济科学，2020(5)：59-71.

[155]刘政，杨先明. 非正规金融促进了本土企业产品创新吗？——来自中国制造业的证据[J]. 经济学动态，2017(8)：88-98.

[156]聂高辉，邱洋冬. 非正规金融研究述评[J]. 南方金融，2017(4)：25-32.

[157]冯兴元，何广文，赵丙奇. 民间金融风险研究[M]. 北京：中国社会科学出版社，2013.

[158]史晋川. 人格化交易与民间金融风险[J]. 浙江社会科学，2011(12)：25-26.

[159] Titus R M, Heinzelmann F, Boyle J M. Victimization of persons by fraud[J]. Crime & Delinquency, 1995, 41(1): 54-72.

[160] Copes H, Kerley K R, Mason K A, et al. Reporting behavior of fraud victims and black's theory of law: an empirical assessment[J]. Justice Quarterly, 2001, 18(2): 343-363.

[161] Deliema M, Shadel D, Pak K. Profiling victims of investment fraud: mindsets and risky behaviors[J]. Journal of Consumer Research, 2020, 46(5): 904-914.

[162] Ross M, Grossmann I, Schryer E. Contrary to psychological and popular opinion, there is no compelling evidence that older adults are disproportionately vic-

timized by consumer fraud[J]. Perspectives on Psychological Science, 2014, 9(4): 427-442.

[163]James B D, Boyle P A, Bennett D A. Correlates of susceptibility to scams in older adults without dementia. [J]. Journal of Elder Abuse & Neglect, 2014, 26(2): 107-122.

[164]Vishwanath A, Harrison B, Ng Y J. Suspicion, cognition, and automaticity model of phishing susceptibility[J]. Communication Research, 2018, 45(8): 1146-1166.

[165]Carlson J R, Zmud R W. Channel expansion theory and the experiential nature of media richness perceptions[J]. Academy of Management Journal, 1999, 42(2): 153-170.

[166]Ashton M C, Lee K. The HEXACO-60: a Short measure of the major dimensions of personality[J]. Journal of Personality Assessment, 2009, 91(4): 340-345.

[167]Judges R A, Gallant S N, Yang L, et al. The role of cognition, personality, and trust in fraud victimization in older adults[J]. Frontiers in Psychology, 2017(8): 588.

[168]Parrish Jr J L, Bailey J L, Courtney J F. A personality based model for determining susceptibility to phishing attacks[J]. Little Rock: University of Arkansas, 2009: 285-296.

[169] Halevi T, Lewis J, Memon N. A pilot study of cyber security and privacy related behavior and personality traits: proceedings of the 22nd international conference on world wide web, Rio de Janeiro, 2013[C]. CERN.

[170]Gosling S D, Rentfrow P J, Swann Jr W B. A very brief measure of the Big-Five personality domains[J]. Journal of Research in Personality, 2003, 37(6): 504-528.

[171]Putnam R. The prosperous community: social capital and public life[J]. The American Prospect, 1993, 13(4): 35-42.

[172]李磊，胡博，郑妍妍．肥胖会传染吗？[J]．经济学(季刊)，2016，15(2)：429-452.

[173]Kuhn P, Kooreman P, Soetevent A, et al. The effects of lottery prizes on winners and their neighbors: evidence from the Dutch postcode lottery[J]. The American Economic Review, 2011, 101(5): 2226-2247.

［174］Roth C. Conspicuous consumption and peer effects：evidence from a randomized field experiment：SSRN，2015［C］.

［175］Angelucci M，De Giorgi G. Indirect effects of an aid program：how do cash transfers affect ineligibles' consumption？［J］. American Economic Review，2009，99（1）：486-508.

［176］张喜艳，刘莹．经济政策不确定性与消费升级［J］．经济学家，2020（11）：82-92.

［177］杨赞，赵丽清，陈杰．中国城镇老年家庭的消费行为特征研究［J］．统计研究，2013，30（12）：83-88.

［178］李涛，徐翔，张旭妍．孤独与消费——来自中国老年人保健消费的经验发现［J］．经济研究，2018，53（1）：124-137.

［179］石贝贝．我国城乡老年人口消费的实证研究——兼论"退休—消费之谜"［J］．人口研究，2017，41（3）：53-64.

［180］臧文斌，刘国恩，徐菲，等．中国城镇居民基本医疗保险对家庭消费的影响［J］．经济研究，2012（7）：75-85.

［181］祝仲坤．互联网技能会带来农村居民的消费升级吗？——基于CSS2015 数据的实证分析［J］．统计研究，2020，37（9）：68-81.

［182］罗家德．关系与圈子：中国人工作场域中的圈子现象［J］．管理学报，2012（2）：165-171.

［183］翟学伟．人情、面子与权力的再生产——情理社会中的社会交换方式［J］．社会学研究，2004（5）：48-57.

［184］田子方．集体主义与居民家庭消费——来自中国的经验发现［J］．金融研究，2020（5）：132-150.

［185］李涛，方明，伏霖，等．客观相对收入与主观经济地位：基于集体主义视角的经验证据［J］．经济研究，2019，54（12）：118-133.

［186］汤凌霄，潘文东．隔代照料对家庭金融资产配置的影响——基于CHFS 数据的实证分析［J］．消费经济，2021，37（1）：39-49.

［187］卢亚娟，孟丹丹，刘澍．农村家庭结构对金融资产选择的影响分析［J］．财贸研究，2019，30（6）：61-73.

［188］穆怀中．家庭子女养老与个人养老"互补替代"效应：理论与实证［J］．人口研究，2022，46（1）：82-96.

［189］费孝通．家庭结构变动中的老年赡养问题——再论中国家庭结构的变动［J］．北京大学学报（哲学社会科学版），1983（3）：7-16.

[190]卢洪友，余锦亮，杜亦譞．老年父母照料家庭与成年子女劳动供给——基于 CFPS 微观数据的分析[J]．财经研究，2017，43(12)：4-16.

[191]靳永爱，周峰，翟振武．居住方式对老年人心理健康的影响——社区环境的调节作用[J]．人口学刊，2017，39(3)：66-77.

[192]程新峰，姜全保．隔代照料与老年人年龄认同：子女代际支持的中介效应[J]．人口学刊，2019，41(3)：63-76.

[193]吴培材．照料孙子女对城乡中老年人身心健康的影响——基于 CHARLS 数据的实证研究[J]．中国农村观察，2018(4)：117-131.

[194]邓婷鹤，何秀荣，王佳友．居住模式对老人福利的影响：基于代际关系的视角——来自我国老人膳食质量的证据[J]．财经研究，2016，42(12)：39-48.

[195]王萍，连亚伟，李树茁．居住安排对农村老人认知功能的影响——12 年跟踪研究[J]．人口学刊，2016，38(5)：92-101.

[196]张川川，陈斌开．"社会养老"能否替代"家庭养老"？——来自中国新型农村社会养老保险的证据[J]．经济研究，2014，49(11)：102-115.

[197]刘一伟．互补还是替代："社会养老"与"家庭养老"——基于城乡差异的分析视角[J]．公共管理学报，2016，13(4)：77-88.

[198]李俏，陈健．农村自我养老的研究进路与类型诠释：一个文献综述[J]．华中农业大学学报(社会科学版)，2017(1)：98-104.

[199]邓敏．社会关系、心理健康水平与老年人主观幸福感改进——基于 CGSS2015 数据的实证分析[J]．人口与发展，2019，25(3)：85-93.

[200]易祯，朱超．人口结构与金融市场风险结构：风险厌恶的生命周期时变特征[J]．经济研究，2017，52(9)：150-164.

[201]胡振，臧日宏．收入风险、金融教育与家庭金融市场参与[J]．统计研究，2016，33(12)：67-73.

[202]段军山，崔蒙雪．信贷约束、风险态度与家庭资产选择[J]．统计研究，2016，33(6)：62-71.

[203]张苏，王婕．养老保险、孝养伦理与家庭福利代际帕累托改进[J]．经济研究，2015，50(10)：147-162.

[204]江克忠，裴育，夏策敏．中国家庭代际转移的模式和动机研究——基于 CHARLS 数据的证据[J]．经济评论，2013(4)：37-46.

[205]慈勤英，宁雯雯．家庭养老弱化下的贫困老年人口社会支持研究[J]．中国人口科学，2018(4)：68-80.

[206]王子城．人口抚养负担、金融市场参与和家庭资产配置[J]．金融与经济，2016(6)：21-27.

[207]李婧，许晨辰．家庭规划对储蓄的影响："生命周期"效应还是"预防性储蓄"效应？[J]．经济学动态，2020(8)：20-36.

[208]单德朋．金融素养与城市贫困[J]．中国工业经济，2019(4)：136-154.

[209]尹志超，张号栋．金融知识和中国家庭财富差距——来自CHFS数据的证据[J]．国际金融研究，2017(10)：76-86.

[210]周广肃，梁琪．互联网使用、市场摩擦与家庭风险金融资产投资[J]．金融研究，2018(1)：84-101.

[211]宗庆庆，刘冲，周亚虹．社会养老保险与我国居民家庭风险金融资产投资——来自中国家庭金融调查(CHFS)的证据[J]．金融研究，2015(10)：99-114.

[212]陈英姿，孙伟．老年人与子女同住对老年健康的影响分析[J]．人口学刊，2020，42(1)：85-98.

[213]Dardanoni V. Precautionary savings under income uncertainty：a cross-sectional analysis[J]. Applied Economics，2008，23(1)：153-160.

[214]贾宪军，王爱萍，胡海峰．金融教育投入与家庭投资行为——基于中国城市居民家庭消费金融调查数据的实证分析[J]．金融论坛，2019，24(12)：27-37.

[215]吴卫星，李雅君．家庭结构和金融资产配置——基于微观调查数据的实证研究[J]．华中科技大学学报(社会科学版)，2016，30(2)：57-66.

[216]Agarwal S，Pan J，Qian W. Age of decision：pension savings withdrawal and consumption and debt response[J]. Management Science，2020，66(1)：43-69.

[217]Bao L，Cheung W，Unger S. Hedging housing price risks：some empirical evidence from the US[J]. Quantitative Finance，2020，20(12)：1997-2013.

[218]魏下海，万江滔．人口性别结构与家庭资产选择：性别失衡的视角[J]．经济评论，2020(5)：152-164.

[219]萧端，吕俞璇．教育背景与我国家庭股票市场参与——基于CFPS微观数据的实证分析[J]．经济理论与经济管理，2018(6)：80-95.

[220]Ma S，Wen F. Who coresides with parents? an analysis based on sibling

comparative advantage[J]. Demography, 2016, 53(3): 623-647.

[221]吴卫星，沈涛. 学历的年代效应与股票市场投资者参与[J]. 金融研究，2015(8)：175-190.

[222]刘降斌，张洪建，杜思宇. 家庭金融风险资产的影响因素研究——基于中国家庭金融调查(CHFS)的实证分析[J]. 哈尔滨商业大学学报(社会科学版)，2016(5)：3-10.

[223]王广州. 独生子女死亡总量及变化趋势研究[J]. 中国人口科学，2013(1)：57-65.

[224]杨汝岱，陈斌开，朱诗娥. 基于社会网络视角的农户民间借贷需求行为研究[J]. 经济研究，2011，46(11)：116-129.

[225]苏岚岚，彭艳玲，孔荣. 社会网络对农户创业绩效的影响研究——基于创业资源可得性的中介效应分析[J]. 财贸研究，2017，28(9)：27-38.

[226]胡金焱，张博. 社会网络、民间融资与家庭创业——基于中国城乡差异的实证分析[J]. 金融研究，2014(10)：148-163.

[227]Scott J C. The moral economy of the peasant[M]. New Haven: Yale University Press, 1977.

[228]湛礼珠. 人际信任的自我削弱与熟人社会变迁[J]. 华南农业大学学报(社会科学版)，2022，21(1)：118-129.

[229]谭燕芝，张子豪，眭张媛. 非正规金融能否促进农户脱贫——基于CFPS 2012年微观数据的实证分析[J]. 农业技术经济，2017(2)：41-50.

[230]李涛，张文韬. 人格特征与股票投资[J]. 经济研究，2015，50(6)：103-116.

[231]李树，于文超. 幸福的社会网络效应——基于中国居民消费的经验研究[J]. 经济研究，2020，55(6)：172-188.

[232]温忠麟，叶宝娟. 中介效应分析：方法和模型发展[J]. 心理科学进展，2014，22(5)：731-745.

[233]DeLiema M. Elder fraud and financial exploitation: application of routine activity theory[J]. The Gerontologist, 2018, 58(4): 706-718.

[234]Spreng R N, Karlawish J, Marson D C. Cognitive, social, and neural determinants of diminished decision-making and financial exploitation risk in aging and dementia: a review and new model[J]. Journal of Elder Abuse & Neglect, 2016, 28(4-5): 320-344.

[235]Hoff K, Stiglitz J E. Striving for balance in economics: towards a theory

of the social determination of behavior[J]. Journal of Economic Behavior & Organization, 2016(126): 25-57.

[236]崔家新，池忠军．新中国成立以来集体主义价值观的演进历史与新时代发展[J]. 思想理论教育，2019(11): 59-64.

[237]马永庆．集体主义话语权的重构[J]. 道德与文明，2016(4): 106-113.

[238]Liu M, Yang Y, Sun Y. Exploring health information sharing behavior among Chinese older adults: a social support perspective [J]. Health Communication, 2019, 34(14): 1824-1832.

[239]古若雷，施媛媛，杨璟，等．焦虑对社会决策行为的影响[J]. 心理科学进展，2015，23(4): 547-553.

[240]王文彬，赵延东．自雇过程的社会网络分析[J]. 社会，2012，32(3): 78-97.

[241]肖欣荣，刘健．基于网络理论的金融传染与投资者行为研究进展[J]. 经济学动态，2015(5): 139-146.

[242]Edwards W. The theory of decision making[J]. Psychological Bulletin, 1954, 51(4): 380.

[243]饶育蕾，陈地强，彭叠峰，等．幸福感能降低中老年人受骗风险吗？——基于CHARLS数据的实证研究[J]. 计量经济学报，2021，1(2): 303-317.

[244]Shao J, Zhang Q, Ren Y, et al. Why are older adults victims of fraud? Current knowledge and prospects regarding older adults' vulnerability to fraud[J]. Journal of Elder Abuse & Neglect, 2019, 31(3): 225-243.

[245]Dimmock S G, Gerken W C, Graham N P. Is fraud contagious? Co-worker influence on misconduct by financial advisors[J]. The Journal of Finance, 2018, 73(3): 1417-1450.

[246]Brenner L, Meyll T, Stolper O, et al. Consumer fraud victimization and financial well-being[J]. Journal of Economic Psychology, 2020(76): 102243.

[247]Guven C, Hoxha I. Rain or shine: happiness and risk-taking[J]. The Quarterly Review of Economics and Finance, 2015(57): 1-10.

[248]Guven C. Reversing the question: does happiness affect consumption and savings behavior? [J]. Journal of Economic Psychology, 2012, 33(4): 701-717.

[249]Lane T. How does happiness relate to economic behaviour? A review of

the literature[J]. Journal of Behavioral and Experimental Economics，2017(68)62-78.

[250]乔海曙，李亦博．金融企业声誉风险传导及效应研究[J]．经济问题，2013(9)：87-92.

[251]曹国华．从众行为理论及其创新[J]．经济学动态，1998(1)：57-60.

[252]雷晓燕，许文健，赵耀辉．高攀的婚姻更令人满意吗？婚姻匹配模式及其长远影响[J]．经济学(季刊)，2015，14(1)：31-50.

[253]林晓珊．情感、权力与消费劳动中的性别不平等——以家庭日常采购为例[J]．青年研究，2018(5)：69-81.

[254]Banks J，Bassoli E，Mammi I. Changing attitudes to risk at older ages：the role of health and other life events[J]. Journal of Economic Psychology，2020(79)102208.

[255]张世虎，顾海英．信息渠道变革引致乡村居民多样化高质量就业的逻辑[J]．劳动经济研究，2020，8(4)：121-144.

[256]韩秉志．银发经济待升级[N]．经济日报，2019-04-18.

[257]吴玉韶，党俊武，刘芳，等．中国老龄产业发展报告(2014)[M]．北京：社会科学文献出版社，2014.

[258]邓大松，杨晶．养老保险、消费差异与农村老年人主观幸福感——基于中国家庭金融调查数据的实证分析[J]．中国人口科学，2019(4)：43-55.

[259]杨凡，潘越，黄映娇．中国老年人消费结构及消费升级的影响因素[J]．人口研究，2020，44(5)：60-79.

[260]周铭山，孙磊，刘玉珍．社会互动、相对财富关注及股市参与[J]．金融研究，2011(2)：172-184.

[261]卢衍衡，钱俊希．从"熟人社会"到"生人社会"：广场舞与中国城市公共性[J]．地理研究，2019，38(7)：1609-1624.

[262]姚华松，周春山，黄耿志，等．空间的力量：广场舞的社会文化意义与地方认同效应[J]．地理研究，2019，38(5)：1136-1146.

[263]Guo F，Wang J，Wang F，et al. Measuring the development of digital inclusive finance in China：index compilation and spatial characteristics[J]. Econometrics(Quarterly)，2020，19(4)：1418.

[264]陆铭，张爽．"人以群分"：非市场互动和群分效应的文献评论[J]．

经济学(季刊)，2007(3)：991-1020.

[265]董占奎，任传普．社会互动对股票投资行为的影响：一个文献综述[J]．金融评论，2019，11(6)：109-119.

[266]代祺，周庭锐，胡培．情境视角下从众与反从众消费行为研究[J]．管理科学，2007，20(4)：38-47.

[267]Lascua D，Zinkhanb G. Consumer Conformity：review and applications for marketing theory and practice. [J]．Journal of Marketing Theory and Practice，1999，7(3)：1-12.

[268]Fromkin H L，Snyder C R. Uniqueness，the human pursuit of difference [M]．New York：Plenum Publishers，1980.

[269]Hunter J E. Cognitive ability，cognitive aptitudes，job knowledge，and job performance[J]．Journal of Vocational Behavior，1986，29(3)：340-362.

[270] Christelis D，Jappelli T，Padula M. Cognitive abilities and portfolio choice[J]．European Economic Review，2010，54(1)：18-38.

[271] Kahneman D. Maps of bounded rationality：psychology for behavioral economics[J]．The American Economic Review，2003：1449-1475.

[272]Mansour H，Mckinnish T. Who marries differently aged spouses? ability，education，occupation，earnings，and appearance[J]．The Review of Economics and Stats，2014，96(3)：577-580.

[273] Christelis D，Jappelli T，Padula M. Cognitive abilities and portfolio choice[J]．European Economic Review，2008，54(1)：18-38.

[274]Dohmen T，Falk A，Huffman D，et al. On the relationship between cognitive ability and risk preference[J]．Munich Reprints in Economics，2018，32(2)：115-134.

[275]Kuksov D，Villas-Boas J M. When more alternatives lead to less choice [J]．Marketing Science，2011，29(3)：507-524.

[276]温忠麟．实证研究中的因果推理与分析[J]．心理科学，2017，40(1)：200-208.

[277]陈云松．农民工收入与村庄网络　基于多重模型识别策略的因果效应分析[J]．社会，2012，32(4)：68-92.

[278]温忠麟，张雷，侯杰泰，等．中介效应检验程序及其应用[J]．心理学报，2004(5)：614-620.

[279]何圆，王伊攀．隔代抚育与子女养老会提前父母的退休年龄

吗？——基于 CHARLS 数据的实证分析［J］．人口研究，2015，39（2）：78-90.

［280］肖雅勤．隔代照料对老年人健康状况的影响——基于 CHARLS 的实证研究［J］．社会保障研究，2017（1）：33-39.

［281］何宗樾，宋旭光．数字金融发展如何影响居民消费［J］．财贸经济，2020，41（8）：65-79.

［282］陆杰华，韦晓丹．老年数字鸿沟治理的分析框架、理念及其路径选择——基于数字鸿沟与知沟理论视角［J］．人口研究，2021，45（3）：17-30.

［283］杜鹏，韩文婷．互联网与老年生活：挑战与机遇［J］．人口研究，2021，45（3）：3-16.

［284］吕明阳，彭希哲，陆蒙华．互联网使用对老年人就业参与的影响［J］．经济学动态，2020（10）：77-91.

［285］向国成，石校菲，邝劲松．数字经济发展提高了居民消费水平吗?［J］．消费经济，2021，37（5）：44-55.

［286］彭小辉，李颖．互联网促进了老年群体的消费吗？［J］．消费经济，2020，36（5）：46-56.

［287］孙早，许薛璐．产业创新与消费升级：基于供给侧结构性改革视角的经验研究［J］．中国工业经济，2018（7）：98-116.

［288］方娴，金刚．社会学习与消费升级——来自中国电影市场的经验证据［J］．中国工业经济，2020（1）：43-61.

［289］马香品．数字经济时代的居民消费变革：趋势、特征、机理与模式［J］．财经科学，2020（1）：120-132.

［290］龚雅娴．数字经济下的消费行为：述评与展望［J］．消费经济，2021，37（2）：89-96.

［291］马德功，韩喜昆，赵新．互联网消费金融对我国城镇居民消费行为的促进作用研究［J］．现代财经（天津财经大学学报），2017，37（9）：19-27.

［292］Zeng M，Reinartz W. Beyond online search：the road to profitability［J］. California Management Review，2003，45（2）：107-130.

［293］刘向东，刘雨诗，陈成漳．数字经济时代连锁零售商的空间扩张与竞争机制创新［J］．中国工业经济，2019（5）：80-98.

［294］李晓华．数字技术推动下的服务型制造创新发展［J］．改革，2021（10）：72-83.

［295］焦瑾璞．移动支付推动普惠金融发展的应用分析与政策建议［J］．

中国流通经济，2014，28(7)：7-10.

[296]Bakos J Y. Reducing buyer search costs：implications for electronic marketplaces[J]. Management Science，1997，43(12)：1676-1692.

[297]Choi Y J，Suh C S. The death of physical distance：an economic analysis of the emergence of electronic marketplaces[J]. Papers in Regional Science，2005，84(4)：597-614.

[298]方福前，邢炜．居民消费与电商市场规模的U型关系研究[J]. 财贸经济，2015(11)：131-147.

[299]杜丹清．互联网助推消费升级的动力机制研究[J]. 经济学家，2017(3)：48-54.

[300]何圆，佘超，王伊攀．社会互动对老年人消费升级的影响研究——兼论广场舞的经济带动效应[J]. 财经研究，2021，47(6)：124-138.

[301]何宗樾，张勋，万广华．数字金融、数字鸿沟与多维贫困[J]. 统计研究，2020，37(10)：79-89.

[302]党琳，李雪松，申烁．数字经济、创新环境与合作创新绩效[J]. 山西财经大学学报，2021，43(11)：1-15.

[303]李连梦，吴青，聂秀华．电子商务能缩小城乡居民消费差距吗?[J]. 技术经济，2020，39(2)：125-133.

[304]Rosenbaum P，Rubin D. The central role of the propensity score in observational studies for causal effects[J]. Biometrika，1983(70)：41-55.

[305]郭峰，王靖一，王芳，等．测度中国数字普惠金融发展：指数编制与空间特征[J]. 经济学(季刊)，2020，19(4)：1401-1418.

[306]孙浦阳，张靖佳，姜小雨．电子商务、搜寻成本与消费价格变化[J]. 经济研究，2017，52(7)：139-154.

[307]邓大松，王增文．我国的养老风险及其规避问题探究——从风险理论的视角[J]. 河南社会科学，2008(5)：25-28.

[308]史清华．民生化时代中国农民社会保险参与意愿与行为变化分析——来自国家农村固定观测点2003~2006年的数据[J]. 学习与实践，2009(2)：20-36.

[309]葛延风，王列军，冯文猛，等．我国健康老龄化的挑战与策略选择[J]. 管理世界，2020，36(4)：86-96.

[310]高明，艾美彤，贾若．家庭金融参与中的信任重建——来自农村社会养老保险的证据[J]. 经济研究，2021，56(8)：174-191.

[311]张川川，朱涵宇．新型农村社会养老保险参与决策中的同群效应[J]．金融研究，2021(9)：111-130.

[312]乔海曙，粟亚亚．创伤经历、风险偏好与家庭资产选择——基于全国基线调查微观数据的证据[J]．南方金融，2019(12)：43-53.

[313]蔡庆丰，郭春松，黄凯松．社会关系与社会经历对资本市场影响研究进展[J]．经济学动态，2016(2)：126-140.

[314]富茜楠，曲世友，田波平，等．基于健康冲击视角的中国老年家庭金融资产决策研究[J]．预测，2020，39(6)：83-89.

[315]柳晨．农民参与新农保的影响因素[J]．西北农林科技大学学报(社会科学版)，2017，17(4)：114-120.

[316]李云峰，徐书林．金融知识与新农保参与行为[J]．中南财经政法大学学报，2020(4)：96-107.

[317]张若瑾，邓啓平，刘科．新农保参保行为影响因素的中西部跨省研究——基于1010份问卷的实证分析[J]．辽宁大学学报(哲学社会科学版)，2017，45(6)：56-67.

[318]郑雄飞，黄一倬．社会公平感知对农村养老保险参与行为的影响——基于中国综合社会调查(CGSS)的实证研究[J]．社会保障研究，2020(5)：3-18.

[319]张川川，John Giles，赵耀辉．新型农村社会养老保险政策效果评估——收入、贫困、消费、主观福利和劳动供给[J]．经济学(季刊)，2015，14(1)：203-230.

[320]谭华清，周广肃，王大中．新型农村社会养老保险对城乡劳动力转移的影响：基于CFPS的实证研究[J]．经济科学，2016(1)：53-65.

[321]何泱泱，周钦．“新农保”对农村居民主观福利的影响研究[J]．保险研究，2016(3)：106-117.

[322]何晖，李小琴．新农保政策对农村居民消费的影响评估[J]．江西财经大学学报，2020(3)：61-72.

[323]李琴，赵锐，张同龙．养老保险制度是否缓解了丧偶对老年健康的不利冲击[J]．世界经济，2021，44(9)：180-206.

[324]杜兴艳，王小增，李中斌．新农保能延缓农村老年人的“失智”状况吗？[J]．科学决策，2022(5)：57-70.

[325]李忠旭，庄健．健康冲击降低了粮农收入吗？——基于农业机械化引入视角[J]．中国农机化学报，2021，42(4)：197-204.

[326]朱超，王戎．健康冲击下的劳动力供给——基于人口老龄化视角[J]．现代经济探讨，2022(3)：1-13.

[327]何兴强，史卫．健康风险与城镇居民家庭消费[J]．经济研究，2014，49(5)：34-48.

[328]李昊，张昭．健康冲击对家庭教育投资影响的实证分析[J]．统计与决策，2020，36(24)：65-69.

[329]张冀，史晓，曹杨．动态健康冲击下的中老年家庭金融风险评估[J]．财经研究，2022，48(2)：153-168.

[330]张冀，祝伟，王亚柯．家庭经济脆弱性与风险规避[J]．经济研究，2016，51(6)：157-171.

[331]叶明华，汪荣明，吴苹．风险认知、保险意识与农户的风险承担能力——基于苏、皖、川3省1554户农户的问卷调查[J]．中国农村观察，2014(6)：37-48.

[332]王聪，姚磊，柴时军．年龄结构对家庭资产配置的影响及其区域差异[J]．国际金融研究，2017(2)：76-86.

[333]朱光伟，杜在超，张林．关系、股市参与和股市回报[J]．经济研究，2014，49(11)：87-101.

[334]李程，李海兴．健康支出对居民过度负债的影响研究——基于处理效应模型的实证分析[J]．金融发展评论，2020(12)：80-94.

[335]韦艳，汤宝民．健康冲击、社会资本与农村家庭贫困脆弱性[J]．统计与信息论坛，2022，37(10)：103-116.

[336]马宇．新兴经济体跨境资本流量合意区间测算研究[M]．北京：中国社会科学出版社，2023.